"创新设计思维"

数字媒体与艺术设计类新形态丛书

Pr　Ae

Premiere+After Effects+AIGC

数字媒体后期制作 |微课版|

邓强 戴文华 主编

叶雪军 阮艳 副主编

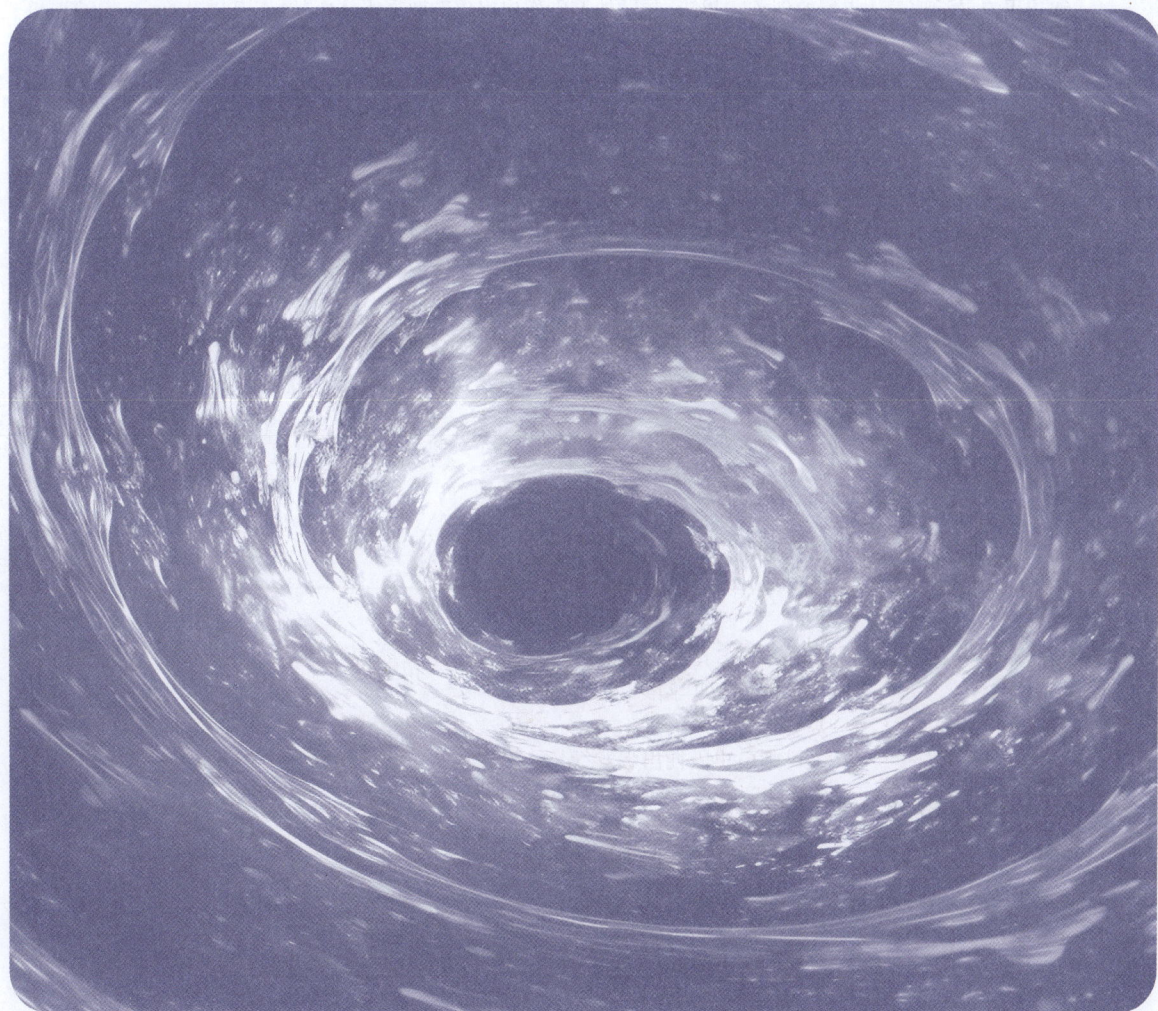

人民邮电出版社

北 京

图书在版编目（CIP）数据

Premiere +After Effects+AIGC 数字媒体后期制作：微课版 / 邓强，戴文华主编. -- 北京：人民邮电出版社，2025. --（"创新设计思维"数字媒体与艺术设计类新形态丛书）. -- ISBN 978-7-115-65425-0

Ⅰ. TP317.53；TP391.413

中国国家版本馆 CIP 数据核字第 2024BC1200 号

内 容 提 要

Premiere 和 After Effects 作为两款功能强大的后期制作软件，为用户提供了广阔的创意空间，能够让用户灵活地表达自己的创意和想法，帮助他们创作出出色的数字媒体作品。本书以 Premiere 2023 和 After Effects 2023 为蓝本，讲解 Premiere 和 After Effects 在数字媒体后期制作中的各种应用，主要内容包括数字媒体后期制作基础知识（第 1、2 章）、Premiere 视频剪辑与制作（第 3 ～ 5 章）、After Effects 特效制作与合成（第 6 ～ 8 章），以及 AIGC 辅助工具（第 9 章）和使用 Premiere、After Effects 和 AIGC 辅助工具创作各类作品（第 10 章）。

本书理论与实践紧密结合，以课前预习帮助读者理解课堂内容、培养学习兴趣；以课堂案例带动知识点的讲解，且每个案例都配有详细的图文操作说明及操作视频，能够全方位展示使用 Premiere 和 After Effects 进行后期制作的具体过程。本书还提供"提示""行业知识""知识拓展""资源链接"等小栏目辅助学习，帮助读者高效理解并快速解决常见问题。

本书不仅可以作为高等院校和职业院校数字媒体技术、影视制作等专业的软件应用基础课程教材，还可供 Premiere 和 After Effects 初学者自学，或作为相关行业工作人员的学习和参考用书。

◆ 主 编 邓 强 戴文华
　　副 主 编 叶雪军 阮 艳
　　责任编辑 许金霞
　　责任印制 陈 犇

◆ 人民邮电出版社出版发行　　北京市丰台区成寿寺路 11 号
　　邮编 100164　　电子邮件 315@ptpress.com.cn
　　网址 https://www.ptpress.com.cn
　　三河市中晟雅豪印务有限公司印刷

◆ 开本：787×1092　1/16
　　印张：15.75　　　　　　　2025 年 2 月第 1 版
　　字数：430 千字　　　　　　2025 年 7 月河北第 2 次印刷

定价：69.80 元

读者服务热线：(010)81055256　印装质量热线：(010)81055316
反盗版热线：(010)81055315

前言 PREFACE

数字媒体作品作为现代文化传播的关键载体，其价值和意义不言而喻。基于此，我们紧密结合党的二十大报告中关于推进文化自信自强的精神要求，精心策划并推出本书，本书在巧妙地融入中华传统文化元素，致力于传授数字媒体后期制作软件操作技巧的同时，引导读者创作出既有技术深度又富有文化内涵的优秀作品，展现新时代的精神风貌。除此之外，本书注重理论与实践相结合，通过丰富的案例实践帮助读者提升操作技能，激发创新思维，成为一名符合市场需求的高技能应用型人才。

教学方法

本书精心设计"学习引导→扫码阅读→课堂案例→知识讲解→综合实训→课后练习"6段教学法，能够细致而巧妙地讲解理论知识，制作较为典型的商业案例，从而激发学生的学习兴趣，训练学生的动手能力，提高学生的实际应用能力。

学习引导	扫码阅读	课堂案例	知识讲解	综合实训	课后练习
素养目标 学习要点	案例欣赏 课前预习	制作要求 操作要点 案例效果图 操作讲解 微课视频教学	融入 AIGC 应用 理论体系完善 知识讲解深入 强调实际应用	案例背景 制作要求 设计思路 关键步骤提示 微课视频教学	制作要求 操作提示 练习参考效果图 提供素材效果文件

本书特色

本书以案例制作带动知识点的方式，结合AIGC知识，全面讲解Premiere和 After Effects后期制作的相关知识，其特色可以归纳为以下4点。

● 紧跟时代，拥抱 AI：本书聚焦人工智能生成内容(AIGC)，介绍了宣传片、科普短视频、活动广告等视频领域的 AI 应用。通过精选课堂案例，本书不仅介绍了 AIGC 的重要工具，还展示了如何在实际项目中运用这些工具，提升视频后期制作效率。在综合案例中，本书也融入了前沿的 AIGC工具，旨在帮助读者掌握 AI技能，为未来的职业发展奠定坚实基础。

● **理实结合，技能提升**：本书围绕数字媒体后期制作知识展开，以课堂案例引导知识点讲解，在案例的制作与学习过程中融入Premiere和 After Effects 软件操作，并结合 AI 工具进行视频后期的编辑与制作，理实一体，提高读者实操与独立完成能力。

● **结构明晰，模块丰富**：本书从数字媒体后期制作基础知识展开，涵盖了剪辑、调色、动画、特效等主要后期类型，并设计了课堂案例、综合实训和课后练习等模块，帮助读者构建立体全面的知识体系。

● **商业案例，配套微课**：本书精选商业设计案例，由常年深耕教学一线、富有教学经验的教师，以及设计经验丰富的设计师共同开发。同时，本书配备教学微课视频等丰富资源，读者可以利用计算机和移动终端学习。

教学资源

本书提供以下立体化教学资源，以丰富教师教学手段。本书教学资源的下载地址为：www.ryjiaoyu.com。

素材和效果文件　　微课视频　　PPT、大纲和教学教案　　设计理论基础　　拓展设计资源

编者
2024年4月

目录 CONTENTS

第3章 视频剪辑与过渡

第4章 视频调色

第5章 添加字幕与音频

第6章 动画制作

第7章 视频特效

第 8 章 视频抠像与合成

第 9 章 AIGC 辅助工具

第 10 章 综合案例

第 1 章　数字媒体后期制作基础

近年来，随着数字技术的飞速发展，数字媒体已经成为日常生活中不可或缺的一部分。无论是在社交媒体上分享照片、观看视频，还是播放音乐，数字媒体都在不断地改变着人们的生活和交流方式。因此，学习数字媒体后期制作技术，掌握数字媒体内容的创作和编辑方法，对于媒体从业人员来说是非常有必要的。

学习要点

◎ 了解数字媒体的基本概念和发展过程。
◎ 熟悉数字媒体的常用术语。
◎ 熟悉数字媒体的后期制作流程。

素养目标

◎ 培养对数字媒体行业的学习兴趣，保持对知识的持续学习。
◎ 紧跟行业发展趋势，具备使用AI工具的能力，同时遵守知识产权、版权等法律法规。

扫码阅读

课前预习

1.1
认识数字媒体

在当前的信息化社会中，数字媒体已成为主要的信息载体，并渗透到生活的方方面面，同时也推动了多个行业的创新和发展。

1.1.1 数字媒体的基本概念

数字媒体是指以二进制数的形式记录、处理、传播、获取过程的信息载体。这些载体包括数字化的文本、图形、图像、声音、视频影像和动画等感觉媒体，以及表示这些感觉媒体的存储媒体（如硬盘、光盘、U 盘）等。相较于传统媒体（如印刷书籍、报纸和杂志等），数字媒体的表现形式更复杂，更具视觉冲击力，且具有以下 4 个主要特性。

- 可互动性：数字媒体为用户提供了与媒体内容进行互动的机会。用户可以通过点击、滑动、评论等方式与媒体内容进行交互，提高用户的参与度和参与感。
- 即时性：数字媒体能够实时地传递信息和新闻。用户可以通过数字媒体及时获取最新的消息和事件，而不必等待传统媒体的发布。
- 传播性：数字媒体的信息可以通过互联网在全球范围内迅速传播。用户可以通过社交媒体、电子邮件、即时通信工具等渠道将感兴趣的内容分享给他人，从而扩大信息的传播范围。
- 数据可评估性：通过数字媒体可以收集用户的行为数据，而这些数据可以帮助媒体机构了解用户的兴趣和需求，从而优化内容策略和广告投放。

1.1.2 数字媒体技术的发展

数字媒体技术是指利用计算机技术和网络技术来创建、编辑、传播和展示数字内容的技术。数字媒体技术的发展是一个涉及信息技术、通信技术、多媒体技术等多个领域的复杂过程。从早期的文本、图像处理到现在的 VR（Virtual Reality，虚拟现实）、AR（Augmented Reality，增强现实）和 AI（Artificial Intelligence，人工智能），数字媒体技术的发展不仅极大地改变了人们的生活方式，也促进了信息的快速传播和知识的广泛共享。在数字媒体技术的发展过程中，主要经过了以下 4 个重要阶段。

1. 数字化阶段

数字化阶段主要依赖于计算机硬件和软件的进步，如扫描技术、数字音频和视频编码技术等。这些技术使得模拟信号（如音频、视频）可以被转换为数字信号，从而进行存储、编辑和传输。

数字化阶段为数字媒体的发展奠定了基础，人们开始用数字方式创作、存储和分享音频、视频和图像。例如，数字音乐、数字电影和数字摄影开始流行，为人们的生活带来了更多娱乐化的选择。

2. 网络化阶段

网络化阶段依赖于互联网技术，如 TCP/IP（Transmission Control Protocol/Internet Protocol，是一组用于互联网和许多私有网络的通信协议）、HTTP（Hypertext Transfer Protocol，超文本传输

协议，是一种用于传输超文本数据的应用层协议）、流媒体技术（是一种用于在网络上实时传输音频、视频和其他多媒体内容的技术）等。这些技术使得数字媒体可以在网络上实时传输和播放，为人们提供在线音乐、在线视频和实时通信等服务。网络化阶段使得数字媒体可以轻松地在全球范围内传播和分享，使用户可以通过互联网随时随地查看各种媒体作品，同时能进一步加强人与人之间的互动，极大地促进信息的交流。

3. 智能化阶段

智能化阶段依赖于人工智能技术，如机器学习、深度学习、自然语言处理等。这些技术使得数字媒体可以自动进行内容识别、分类、推荐和生成等操作，为用户提供更加个性化的体验。数字媒体内容可以根据用户的喜好和行为进行个性化推荐，如音乐软件可以根据用户平时的听歌习惯和偏好，推荐类似风格或相似艺人的音乐作品；购物软件则可以根据用户平时的浏览习惯，推荐用户感兴趣的商品，如图 1-1 所示。

图 1-1

4. 智慧化阶段

智慧化阶段主要依赖于物联网、云计算、大数据等先进技术。这些技术使得数字媒体可以与其他设备和系统相联系，实现更加智能和高效的交互和管理，给人们的生活带来极大的便利。例如，在智慧城市建设中，可以实现智能交通、智能安防、智能环保等功能；在智能家居中，可以实现家居设备的互联互通和智能化控制，为人们创造更加舒适和便捷的生活环境。图 1-2 所示为华为全屋智能智慧场景，利用智能化主机连接家中的窗帘、监控、灯具、空调等设备，智能控制家中的光线、空气、温度、湿度等，给人们带来惬意便捷的体验。

图 1-2

1.1.3 数字媒体的文件格式

在数字媒体的编辑与制作中，用户可能会使用到各种格式的文件，因此有必要了解一些常见的图像、视频、音频文件格式，以便更好地进行文件的存储与输出操作。

1. 图像格式

常用的图像格式有以下 6 种。

（1）JPEG 格式

JPEG 格式是常用的图像文件格式之一，文件的后缀名为 ".jpg" 或 ".jpeg"。该格式属于有损压缩格式，能够将图像压缩在很小的存储空间中，但在一定程度上也会损失部分图像质量。

（2）TIFF 格式

TIFF 格式是一种灵活的位图格式，文件的后缀名为 ".tif"。该格式的应用范围非常广泛，可以在多个图像软件之间转换，且支持多种颜色模式（是指用来描述图像颜色的方式）。

（3）PNG 格式

PNG 格式是一种采用无损压缩算法的位图格式，文件的后缀名为 ".png"。该格式的优点有文件小、无损压缩、支持透明效果等。

（4）PSD 格式

PSD 格式是图像处理软件 Photoshop 的专用文件格式，文件的后缀名为 ".psd"。该格式的文件可以保留图层、通道等多种信息，以便在其他软件中使用。

（5）AI 格式

AI 格式是矢量制图软件 Illustrator 的专用文件格式，文件的后缀名为 ".ai"。与 PSD 格式文件相同，AI 格式文件中的每个对象也都是独立存在的。

（6）GIF 格式

GIF 格式是一种无损压缩的文件格式，文件的后缀名为 ".gif"。该格式支持无损压缩来减小图像大小，能有效缩短图像文件在网络上传输的时间，还可以保存动态效果。

2. 视频格式

常用的视频格式有以下 7 种。

（1）MP4 格式

MP4 格式是一种标准的数字多媒体容器格式，文件的后缀名为 ".mp4"。该格式既可以存储数字音频及数字视频，又可以存储字幕和静态图像。

（2）AVI 格式

AVI 格式是一种音频和视频交错的视频文件格式，文件的后缀名为 ".avi"。该格式将音频和视频数据包含在一个文件容器中，并允许音视频同步回放，常用于保存电视、电影等各种影像信息。

（3）MPEG 格式

MPEG 格式是一种统一的视频标准，包含 MPEG-1、MPEG-2 和 MPEG-4 等多种视频格式，文件的后缀名为 ".mpeg"。其中，MPEG-1 和 MPEG-2 属于早期使用的第一代数据压缩编码技术；MPEG-4 则是基于第二代压缩编码技术制定的国际标准，以视听媒体对象为基本单元，采用基于内容的压缩编码，以实现数字视频、音频、图形合成应用，以及交互式多媒体的集成。

（4）WMV 格式

WMV 格式是 Microsoft 公司开发的一系列视频编解码和其相关视频编码格式的统称，文件的后缀名为 ".wmv"。该格式是一种视频压缩格式，可以将视频文件大小压缩至原来的二分之一。

（5）MOV 格式

MOV 格式是 Apple 公司开发的 QuickTime 播放器生成的视频格式，文件的后缀名为 ".mov"。该格式支持 25 位彩色，支持领先的集成压缩技术，其画面效果比 AVI 格式的画面效果更好。

（6）FLV 格式

FLV 格式是一种网络视频格式，文件的后缀名为 ".flv"，主要用作流媒体格式，可以有效解决视频文件导入 Flash 后，再导出的 SWF 文件过大，导致文件无法在网络中使用的问题。该格式具有文件极小、加载速度极快、方便在网络上传播的优点。

（7）MKV 格式

MKV 格式是一种多媒体封装格式，文件的后缀名为 ".mkv"，可以将多种不同编码的视频，以及 16 条或以上不同格式的音频和语言不同的字幕封装到一个 Matroska Media 文档内。该格式具有提供较好交互功能的优点。

3. 音频格式

常用的音频格式有以下 3 种。

（1）MP3 格式

MP3 格式是一种有损压缩的音频格式，文件的后缀名为 ".mp3"。该格式虽然大幅度地降低了音频数据量，但仍然可以满足绝大多数应用，而且文件较小。

（2）WAV 格式

WAV 格式是一种无损的音频格式，文件的后缀名为 ".wav"。该格式能记录各种单声道或立体声的声音信息，且保证声音不失真，但文件较大。

（3）WMA 格式

WMA 格式是微软公司推出的与 MP3 格式齐名的一种音频格式，文件的后缀名为 ".wma"。该格式在压缩比和音质方面都超过了 MP3 格式，即使在较低的采样频率下也能产生较好的音质。

1.1.4 　数字媒体技术的应用领域

在信息技术飞速发展的当下，数字媒体技术已经深入应用于日常生活中的各个领域，如影视动画、设计、教育、广告营销、交通、医疗等，这一趋势正改变着人们的生活方式。

1. 影视动画

数字媒体技术在影视动画领域的应用非常广泛，包括后期制作、栏目包装、特效制作、动画设计等。它可以丰富各种作品的表现形式，为创作者提供更多的可能性，同时也为用户带来更加精彩的视听享受。例如，利用数字媒体技术，设计师能够创建出逼真的三维角色和场景，以及各种震撼人心的特效，这不仅增强了作品的沉浸感和真实感，还提高了视觉效果和表现力。图 1-3 所示为电影《飞驰人生》中利用数字媒体技术制作的赛车竞技的特效画面。

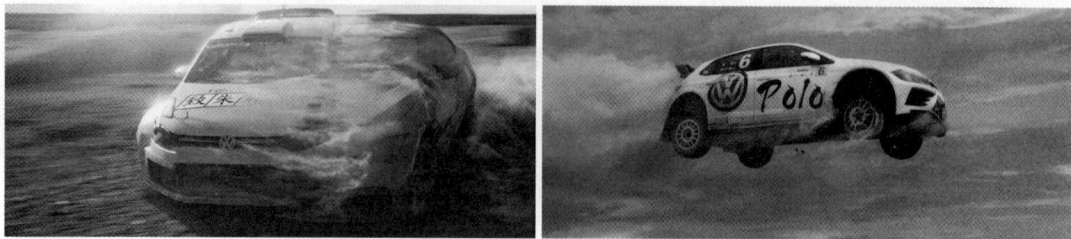

图1-3

2. 平面设计

数字媒体技术在平面设计领域的应用包括海报设计（见图1-4）、界面设计（见图1-5）、包装设计（见图1-6）、图标设计等。它不仅丰富了设计作品的表现形式和创作手段，还推动了设计行业的创新和发展，为用户带来了更加精彩和独特的视觉体验。

图1-4

图1-5

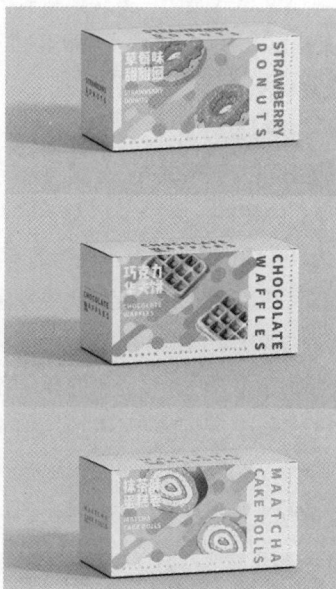

图1-6

3. 教育

数字媒体技术为教育领域提供了丰富的教学资源和工具，可以帮助学生更好地理解知识和提升学习效果。例如，在线课程（见图1-7）、虚拟实验室、数字化课堂（见图1-8）等，通过数字化内容和互动式学习方式使学习过程更加有趣、高效。

图1-7

图1-8

4. 广告营销

数字媒体技术为广告营销带来了更多的可能性。例如，多样化的广告类型、通过大数据分析以实现精准广告投放、利用社交媒体平台进行互动营销等，可以帮助企业更好地与目标受众进行互动和传播信息。图1-9所示为利用数字媒体技术制作的电煮锅视频广告；图1-10所示为利用数字媒体技术制作的煮茶器主图广告。

图1-9   图1-10

5. 交通

数字媒体技术在交通领域的应用包括智能交通管理、公共交通信息发布、智能导航系统、交通安全监控和交通大数据分析。它可以提升交通运输效率、改善交通环境、提高交通安全水平，并为城市交通管理和规划提供科学依据，如图1-11所示。

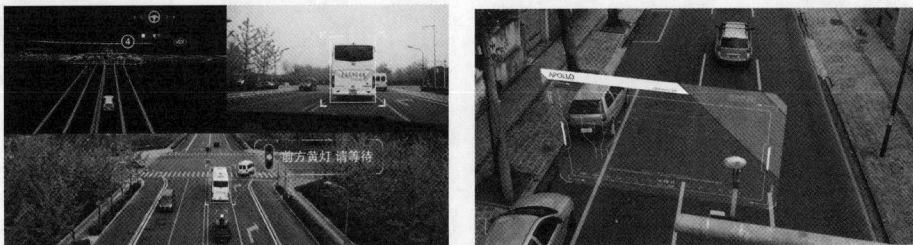

图1-11

6. 医疗

数字媒体技术在医疗领域的应用包括医学影像处理、远程医疗、虚拟现实手术模拟等。它可以帮助医护人员做出更准确的诊断，提高手术成功率，并改善医疗服务的效率和质量。

1.2
数字媒体的常用术语

在熟悉了数字媒体与数字媒体技术后，读者还需要适当了解一些常用的术语，以便更加精准地把握数字媒体制作的方向。

1.2.1 位图与矢量图

位图与矢量图是数字媒体中常见的两种图像类型，它们有着不同的特点和应用场景，了解它们的区别可以更好地选择合适的类型来满足特定的需求。

1. 位图

位图又称点阵图或像素图，它由多个像素点构成，能够将灯光、透明度和深度等逼真地表现出来。将位图放大到一定程度后，可看到位图是由一个个小方块组成的，这些小方块就是像素。位图的质量由分辨率决定，单位面积内的像素越多，分辨率就越高，图像效果也就越好。但当位图放大到一定比例时，图像会变模糊。图 1-12 所示为位图原图和放大后的效果。

2. 矢量图

矢量图又称向量图，是指使用一系列计算机指令来描述和记录的图像。它由点、线、面等元素组成，所记录的对象主要包括几何形状、线条粗细和色彩等。与位图不同的是，矢量图的清晰度和光滑度不受图像缩放的影响。图 1-13 所示为矢量图原图和放大后的效果。矢量图随意缩放不会受影响的特点使其可在任何打印设备上以高分辨率输出。

 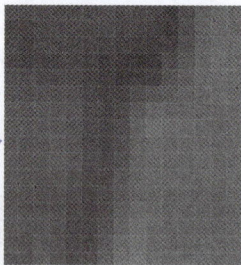

图 1-12

图 1-13

1.2.2 像素与分辨率

像素与分辨率影响着数字媒体作品的成像质量，在后期制作时需要根据实际需求进行设置。其中，像素是构成画面的最小单位；而分辨率是画面在单位长度内包含的像素数量，其表示方法为：画面横向的像素数量 × 纵向的像素数量。例如 1920（宽）×1080（高）的分辨率就表示画面中共有 1080 条水平线，且每一条水平线上都包含了 1920 个像素。

像素与分辨率对画面的影响较大，更高的分辨率意味着更高的像素密度，能使画面更加清晰。在数字媒体作品中，高分辨率的画面可以提供更多的细节和更好的色彩渐变，但也会导致文件变得更大，从而增加文件的存储和传输成本。

需要注意的是，如果显示器或其他数字媒体设备无法支持高分辨率，则画面可能会失真或变得模糊。因此，用户在选择分辨率时，需要考虑设备能力、存储和传输需求及所需画面质量等因素。目前，数字媒体视频作品中常用的分辨率有 1280 像素 ×720 像素、1920 像素 ×1080 像素和 4096 像素 ×2160 像素。

知识
拓展

随着数字媒体技术的不断发展，视频画面的画质效果也经历了从标清、高清到 4K 超高清、8K 超高清的发展过程，其画质效果就是由分辨率决定的。

标清（Standard Definition，SD）：是指分辨率小于 1280 像素 ×720 像素的视频。

高清（High Definition，HD）：是指分辨率高于或等于 1280 像素 ×720 像素的视频。

超高清（Ultra High Definition，UHD）：目前可分为 4K 超高清和 8K 超高清，其中的 1K=1024 像素，因此 4K 超高清通常是指分辨率为 4096 像素 ×2160 像素的视频；8K 超高清通常是指分辨率为 7680 像素 ×4320 像素的视频。

1.2.3　帧与帧速率

在数字媒体中，帧是视频后期制作的重要概念。它是视频中最小的时间单位，相当于电影胶片上的每一格镜头，一帧就是一个静止的画面，而播放连续的多帧就能形成动态效果。

帧速率则是指视频画面每秒传输的帧数，以 fps（Frames Per Second，帧 / 秒）为单位，如 24fps 代表在一秒钟内播放 24 个画面。一般来说，帧速率越大，播放的视频画面越流畅，视频播放速度也越快，但同时视频文件也越大，进而会影响到后期编辑、渲染，以及视频的输出等环节。数字媒体视频作品常见的帧速率主要有 23.976fps、24fps、25fps、29.97fps 和 30fps。

1.2.4　视频扫描方式

视频扫描方式是指视频显示设备（如电视机、计算机显示器等）在显示视频画面时，电子束（是一束由电子组成的粒子流）按照一定的顺序和规律在屏幕上进行扫描的方式。它决定了视频画面的稳定性和清晰度，主要有隔行扫描和逐行扫描两种类型。

1. 隔行扫描

隔行扫描的每一帧都由两个场组成，一个是奇场，指帧的全部奇数场，又称上场；另一个是偶场，指帧的全部偶数场，又称下场。场以水平分隔线的方式隔行保存帧的内容，在显示视频画面时会先显示第 1 个场的交错间隔内容，再显示第 2 个场，让第 2 个场的内容填充第 1 个场留下的缝隙，如图 1-14 所示。隔行扫描虽然可以降低传输的数据量，但可能会造成画面闪烁，或画面中的移动物体出现残影等问题。

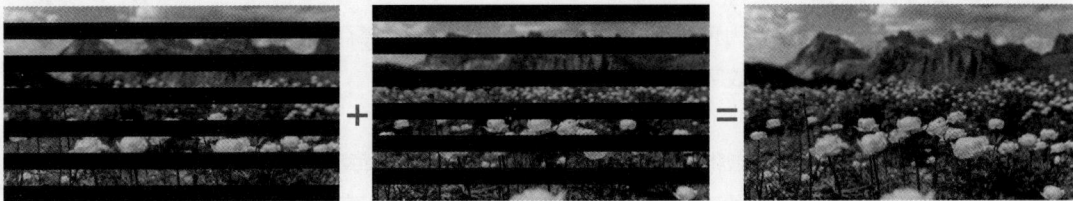

图 1-14

2. 逐行扫描

逐行扫描会同时显示视频画面中每帧的所有像素，从显示屏的左上角一行接一行地扫描到右下角，扫描一遍便可显示一幅完整的图像，即无场，如图 1-15 所示。逐行扫描的优点是画面清晰、稳定，没有闪烁感，特别适用于展示快速移动的画面。

图 1-15

1.2.5 视频制式

视频制式是指一个国家或地区播放节目时，用来显示电视图像或声音信号所采用的一种技术标准，主要有 NTSC、PAL 和 SECAM 3 种视频制式。不同的视频制式具有不同的分辨率、帧速率等标准。

其中，NTSC（National Television System Committee，国家电视制式委员会）制式是北美、日本等地使用的一种视频制式，它使用 60Hz 的交流电作为基准频率，帧速率为 30fps。PAL（Phase Alteration Line，改变线路）制式是欧洲、澳大利亚、中国等地使用的一种视频制式，它使用 50Hz 的交流电作为基准频率，帧速率为 25fps。SECAM（Sequential Color and Memory System，按顺序传送彩色与存储）制式是法国、俄罗斯等地使用的一种视频制式，它使用 50Hz 的交流电作为基准频率，帧速率为 25fps。

1.2.6 时间码

时间码是指摄像机在记录图像信号时，为每一幅图像的出现时间设置的时间编码。时间码以"小时 : 分钟 : 秒钟 : 帧数"的形式确定每一帧的位置，以数字表示小时、分钟、秒钟和帧数，如 00:01:15:14 表示 1 分钟 15 秒 14 帧。需要注意的是，当视频的帧速率不同时，时间码中帧数的取值范围也会不同。例如帧速率为 30fps 时，帧数的取值范围为 00 ~ 29；帧速率为 25fps 时，帧数的取值范围为 00 ~ 24。

1.2.7 采样频率、量化位数和声道数

可以被人耳所识别的声波称为声音，声音经过数字化处理后便成了数字音频。采样频率、量化位数和声道数这 3 个参数直接影响着数字音频的质量。

1. 采样频率

采样频率又称取样频率，是指将模拟的声音波形转换为音频时，每秒钟所抽取声波幅度样本的次数。采样频率越高，经过离散数字化的声波越接近其原始波形，所需的信息存储量就越多，这意味着音频的保真度越高，质量也越好。目前，通用的标准采样频率有 11.025kHz、22.05kHz、44.1kHz 等。

2. 量化位数

量化位数又称取样大小，是每个采样点能够表示的数据范围。例如，8 位量化位数可以表示为 2^8，

即 256 个不同的量化值；16 位量化位数可表示为 2^{16}，即 65 536 个不同的量化值。

量化位数的大小决定了音频的动态范围，即被记录和重放的音频最高值与最低值之间的差值。量化位数越高，音频越好，数据量也越大。在实际工作中，设置数字音频的量化位数时，经常需要在音频文件的大小和音质质量之间进行权衡。

3. 声道数

声道是指在录制或播放声音时，在不同空间位置采集或回放相互独立的音频信号。而声道数是录制声音时的音源数量，或回放声音时相应的扬声器数量。

1.3
数字媒体后期制作流程

数字媒体后期制作主要是指利用计算机和相关软件工具，结合文本、图形、动画、字幕、声音等多种元素，按照一定的制作思路进行编辑，以提高媒体内容的质量和吸引力，使其更符合制作者的意图和观众的需求。数字媒体后期制作流程主要可分为输入、编辑和输出 3 个步骤，而随着数字媒体技术的发展，又可进一步细分为多个子步骤。本书以视频的后期制作流程为例进行介绍，主要包括素材收集、素材处理、视频编辑、后期特效和导出视频 5 个步骤。

1.3.1　素材收集

在进行视频后期制作之前，通常需要明确视频的制作目的和受众群体，了解视频的用途、主题、风格及所传达的信息，以便获得清晰的剪辑思路，并明确需要收集哪些类型的素材。

视频后期制作中常见的素材主要有文本、图像、音频、视频等类型，用户可以通过客户提供、网络收集、拍摄与录制等方式收集素材，然后按照不同类型进行分类管理。

- 客户提供：从客户处获得后期制作中需要的素材。
- 网络收集：在互联网上通过各种资源网站进行收集，但在使用时要注意版权问题。
- 拍摄与录制：为制作出更符合实际需求的媒体内容，还可以根据实际情况自行拍摄图像、视频素材或录制音频等。

近年来，随着人工智能技术的快速发展和应用，使用 AI 来辅助工作已经成为一种趋势。AI 可以快速生成、分析和处理大量的信息，为后期制作提供丰富的素材和创意灵感。图 1-16 所示为使用文心一言的对话功能撰写"白露"节气海报的宣传语。

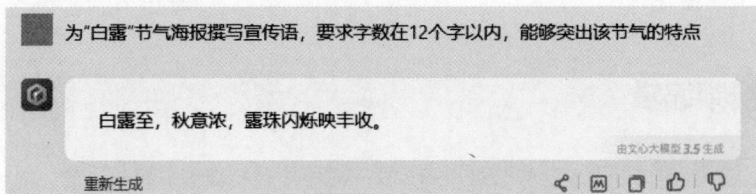

图 1-16

AI 工具可按照其功能进行简单分类，下面是常用的一些 AI 工具。

- AI 对话工具：文心一言、讯飞星火、百度 Chat、清华智谱清言。
- AI 图像工具：无限画、美图设计室、文心一格、无界 AI、一键抠图、Picup。
- AI 视频剪辑：腾讯智影、一帧秒创、绘影字幕、来画、万彩微影。
- AI 设计工具：稿定 AI、MasterGo AI、即时 AI、Pixso AI。
- AI 写作工具：秘塔写作猫、易撰、度加创作工具、笔灵 AI 写作、深言达意。
- AI 配音工具：魔音工坊、讯飞智作。

1.3.2　素材处理

收集好素材后，若发现素材不符合制作需求，如文件的格式和尺寸不对、图像背景不合适等，可以先利用一些工具进行简单处理。

1. 格式转换

数字媒体文件类型多样，其格式也有不同的特点。然而，并不是所有格式都适用于后期制作，如有些格式可能在后期制作软件中无法正常播放或编辑；有些格式可能会导致画质损伤和音质丢失，甚至会影响整个成品的质量。此时就可以使用在线工具、AI 工具或者专业的格式转换软件进行简单处理。图 1-17 所示为格式工厂软件界面的部分截图，在其中可以对视频进行格式转换及其他处理，并在生成新文件时可单独设置视频的其他参数。

2. 抠取图像

在后期制作中，若图像素材中的主体不突出，或背景杂乱，就可以通过抠取图像，将图像中的特定对象或区域选取并分离出来，使其与背景分离，以便对主体元素进行进一步编辑。在背景较为简单的图像素材中，可直接采用专业设计软件、在线工具或 AI 工具进行处理。图 1-18 所示为抠取橙汁图像素材前后的对比效果。

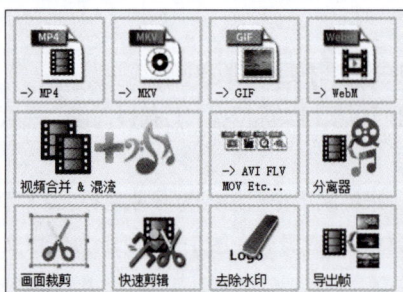

图 1-17

图 1-18

1.3.3　视频编辑

素材处理结束后，便可以进入视频编辑步骤。这一步主要包括视频剪辑与过渡、视频调色、添加字幕与音频 3 个操作。

1. 视频剪辑与过渡

视频剪辑是指从原始视频素材中移除或压缩不必要片段，以获得更好的视觉效果和更流畅的节奏。另外，还可以适当添加一些过渡效果，使视频片段之间过渡流畅且无缝衔接。

2. 视频调色

视频调色是指利用视频编辑软件对视频素材进行颜色和光影的调整，以达到更出色的视觉效果和观看体验。

3. 添加字幕与音频

在视频编辑中，通常还会添加字幕和音频，这是因为字幕可以帮助观众更好地理解视频内容，而音频则可以增强视频的表现力和情感表达。

1.3.4 后期特效

为了提高视频画面的丰富度和冲击力，可以再利用动画制作、视频特效和抠像与合成技术进行优化，从而提高观众的观看体验。

1. 动画制作

动画是指将静态图像以一定速度连续播放，从而营造出一种连贯、流畅的运动感。用户可以在视频中添加动画效果，或直接利用动画的特征将静态的素材制作为视频。

2. 视频特效

视频特效是指在原始视频素材上添加特殊效果，如光效、火焰等，以达到更好的视觉效果。

3. 视频抠像与合成

视频抠像是指将视频画面中的特定对象或区域选取并分离出来，使其与背景分离。视频合成是指将抠取出来的对象与其他图像或素材加以组合。通过这些操作能够实现各种创意效果，提升视频质感。

1.3.5 视频导出

完成前面的步骤后，一个完整的视频已制作完成。此时，还要导出视频，使视频能通过多媒体设备进行传播与播放，让更多观众看到。需要注意的是，在导出视频前应先保存源文件，以便后续再度使用或修改内容。

1.4
综合实训——转换视频文件格式

某景区拍摄了一段宣传视频，但由于视频的尺寸和文件过大，需要先进行处理。表1-1所示为转换视频文件格式制作任务单，任务单中明确给出了实训背景、制作要求和参考效果。

表 1-1　转换视频文件格式制作任务单

实训背景	将某景区拍摄的视频素材转换为其他格式，同时适当进行压缩处理
尺寸要求	1920 像素 × 1080 像素
大小要求	20MB 以内
制作要求	将视频素材转换为所占空间更小的 MP4 格式文件，并压缩文件大小
参考效果	
素材位置	配套资源 : \ 素材文件 \ 第 1 章 \ 综合实训 \ 风景素材 .avi
效果位置	配套资源 : \ 效果文件 \ 第 1 章 \ 综合实训 \ 风景素材 .mp4

操作提示如下。

STEP 01 将 "风景素材 .avi" 素材拖至格式工厂，在打开的 "风景素材 .avi" 对话框左侧单击选择 "MP4" 格式，然后单击 ⊙ 配置 按钮，打开 "视频设置" 对话框，设置屏幕大小为 "1080p"，再单击 ⊘ 确定 按钮完成设置。

STEP 02 在 "风景素材 .avi" 对话框下方的 输出至源文件目录 ∨ 下拉列表中设置输出文件夹，然后单击 ➡ 确定 → 开始 按钮，处理完成后便可在输出文件夹中查看。

视频教学:
转换视频文件
格式

1.5
课后练习——使用AI工具收集素材

【**制作要求**】为某视频号收集关于四季的介绍文案和图像素材，要求文案能够准确介绍四季，图像素材具有多样性和代表性，能够充分展现每个季节的特点和美景。

【**操作提示**】先利用 AI 对话工具或写作工具生成四季介绍文案，再为不同的季节想好关键词，利用 AI 图像工具生成图像。参考效果如图 1-19 所示。

【**效果位置**】配套资源 :\ 效果文件 \ 第 1 章 \ 课后练习 \ "收集素材" 文件夹

为春、夏、秋、冬分别写一段介绍语，要求能够体现不同季节的特点

春天，万物复苏的季节。它带着生机和希望，像一幅温暖的画卷在我们眼前展开。春天的风，轻轻拂过大地，唤醒了沉睡的生命。冰雪消融，河流开始欢快地流淌，树木抽出新芽，花朵绽放，世界仿佛被五彩斑斓的色彩点缀。春天的阳光温暖而柔和，给人带来无尽的惬意和舒适。

夏天，热情奔放的季节。它像一首充满活力的歌曲，让人感受到生活的热烈和欢乐。夏天的阳光炽热而灿烂，照耀着大地上的每一个角落。绿树成荫，鸟语花香，蝉鸣声声入耳，构成了一幅生动的夏日画卷。夏天的海滩，是人们欢聚的乐园，沙滩上的欢笑和海浪的拍击声交织成一首欢快的交响乐。

秋天，丰收的季节。它像一首宁静而深沉的诗篇，诉说着岁月的流转和生命的厚重。秋天的风，带着一丝凉意，吹黄了稻谷，染红了枫叶，让大地披上了五彩斑斓的华服。秋天的果实丰硕而甘甜，是人们辛勤劳动的回报。秋天的夜晚，明月高悬，星光闪烁，给人带来无尽的宁静和遐想。

冬天，静谧的季节。它像一幅洁白的画卷，给人以纯净和安详。冬天的风，寒冷而凛冽，吹落了树叶，凝结了河流，让大地披上了银装素裹的外衣。冬天的雪花，轻盈而洁白，纷纷扬扬地飘落，将世界装点得如诗如画。冬天的夜晚，寂静而神秘，星星点点的灯光在雪地上投下温暖的光影，给人带来无尽的宁静和温馨。

由文心大模型3.5生成

图1-19

第 **2** 章 数字媒体后期制作软件

在数字媒体后期制作中，软件扮演着至关重要的角色。软件不只是一种编辑工具，更是创作者们发挥想象力的舞台。Premiere 和 After Effects 作为数字媒体后期制作软件中的佼佼者，更是为数字媒体作品的创作注入了无限可能。无论是创作者还是普通用户，都可以通过这些软件获得全新的视听体验。

📖 学习要点

◎ 熟悉Premiere和After Effects的工作界面。
◎ 掌握Premiere的基本操作。
◎ 掌握After Effects的基本操作。

✧ 素养目标

◎ 培养探索和钻研精神，能够研究不同后期制作软件的共通性。
◎ 培养审美意识和创意思维，具备将想象转化为实际作品的能力。

◈ 扫码阅读

案例欣赏

课前预习

2.1

Adobe Premiere

Adobe Premiere 是一款专业的视频编辑软件，可以帮助用户高效地完成视频剪辑、视频过渡、视频调色、添加字幕和音频等工作。

2.1.1　熟悉 Premiere 的工作界面

图 2-1 所示为 Premiere Pro 2023 的工作界面，主要由菜单栏、界面切换栏、快捷按钮组和工作区中的各个面板组成。

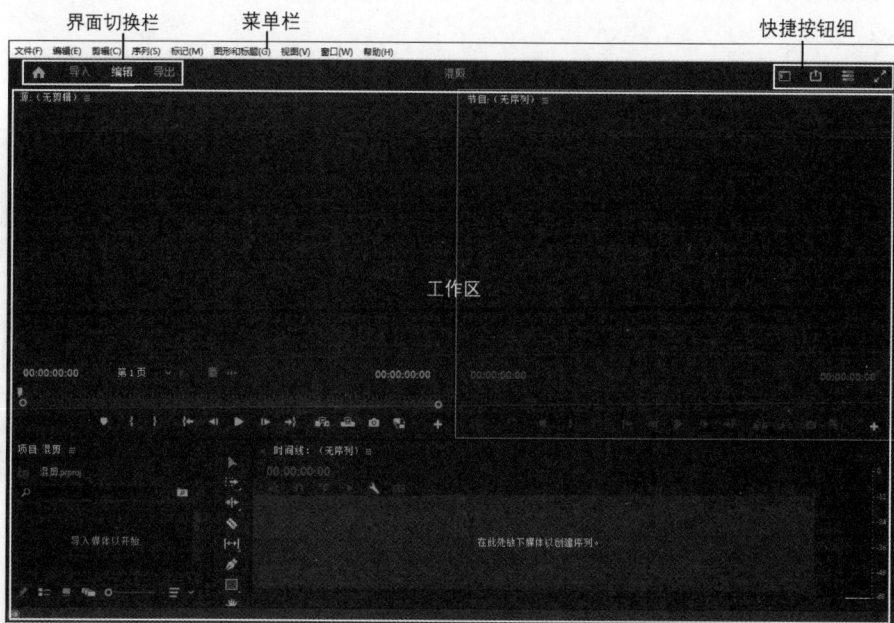

图2-1

1. 菜单栏

菜单栏包括 Premiere 中的所有菜单命令，分为以下 9 个类型。用户选择需要的菜单，可在弹出的子菜单中选择需要执行的子命令。

- "文件"菜单：用于新建文件，打开、关闭、保存、导入、导出项目等操作。
- "编辑"菜单：用于一些基本的文件操作，如撤销、重做、剪切、查找等。
- "剪辑"菜单：用于剪辑视频、替换素材等操作。
- "序列"菜单：用于设置序列等操作。
- "标记"菜单：用于标记入点、标记出点、标记剪辑等操作。
- "图形和标题"菜单：用于从 Adobe Fonts 添加字体、安装动态图形模板、新建图层等操作。
- "视图"菜单：用于显示标尺和参考线，锁定、添加和清除参考线等操作。

- **"窗口"菜单**：用于显示和隐藏 Premiere 工作界面中的各个面板。
- **"帮助"菜单**：用于快速访问 Premiere 的帮助手册和相关教程，以了解 Premiere 的相关法律声明和系统信息。

2. 界面切换栏

界面切换栏主要用于切换不同的界面。单击"主页"按钮，可切换到 Premiere 的主页界面，该界面用于新建项目或打开项目；单击"导入"选项卡，可切换到用于导入素材的界面；单击"编辑"选项卡，可切换到视频编辑界面，即工作界面；单击"导出"选项卡，可切换到用于导出媒体文件的界面。

3. 快捷按钮组

单击快捷按钮组中的"工作区"按钮，可在弹出的下拉菜单中选择不同类型的工作区进行切换，或调整工作区的相关设置；单击"快速导出"按钮，可在弹出的面板中选择某种预设以快速导出文件；单击"打开进度仪表盘"按钮，可在弹出的面板中查看后台进程；单击"全屏视频"按钮，可将视频画面放大至全屏，以便观看效果。

4. "源"面板

"源"面板主要用于查看素材的原画面效果，如图 2-2 所示。在"项目"面板中双击素材，"源"面板中即可显示该素材的画面，而通过面板下方的工具栏可以对源素材进行以下操作。

（1）添加标记

在"源"面板中单击"添加标记"按钮，可依据当前时间指示器所在位置，在该面板中添加一个没有编号的标记。

（2）应用入点和出点

"标记入点"按钮和"标记出点"按钮分别用于将当前时间指示器所在位置设置为入点（素材的起点）和出点（素材的终点）。"转到入点"按钮和"转到出点"按钮分别用于将当前时间指示器快速跳转到入点位置和出点位置，以节省手动跳转的时间。

图2-2

（3）预览视频画面

若需要查看视频素材的画面效果，则单击"播放－停止切换"按钮（也可以按【空格】键）进行预览。"后退一帧"按钮和"前进一帧"按钮分别用于跳转到上一帧位置和下一帧位置。若需要将某一帧的画面作为封面或单独的素材，则单击"导出帧"按钮，将其快速导出为图像文件。

（4）编辑视频

在编辑视频时，单击"插入"按钮可将正在查看的素材插入"时间轴"面板当前的时间指示器位置，当前时间指示器之后的素材都将向后推移；单击"覆盖"按钮可将正在查看的素材覆盖到"时间轴"面板当前的时间指示器位置，当前时间指示器之后的素材与添加素材重叠的部分会被覆盖。

🔔 **提示**

若在编辑视频时计算机较为卡顿，则可单击"源"面板中的"切换代理"按钮，使用低分辨率的代理文件进行编辑，而不是直接使用高分辨率的原始素材，以减少对计算机系统资源的需求，提高整体的编辑流畅度。

5. "节目"面板

"节目"面板主要用于预览"时间轴"面板中当前时间指示器所处位置的帧效果，也是预览最终视频输出效果的面板。在"节目"面板中可以设置序列标记，并指定序列的入点和出点，还可通过"比较视图"按钮■来对比素材中的两个画面。"节目"面板的工具栏中各个按钮的作用与"源"面板类似，此处不再赘述。

6. "项目"面板

"项目"面板（见图2-3）主要用于存放项目文件中的所有素材文件（包括视频、音频、图像等），以及在 Premiere 中创建的序列文件等。另外，单击左下角的"项目可写"按钮■，可以在"只读"（不能编辑项目）与"读/写"（可以编辑项目）之间切换项目文件的读取模式，以防止项目文件的内容被意外修改或编辑。在"项目"面板中还可以进行以下操作。

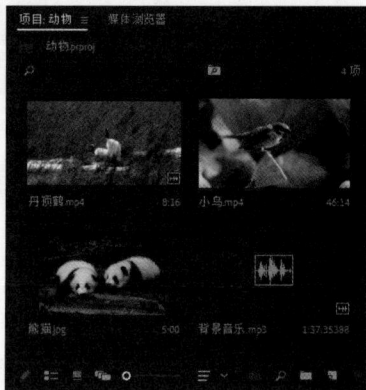

图2-3

（1）查看文件

根据用户的使用习惯，可为文件选择不同的显示方式，单击"列表视图"按钮■，或按【Ctrl+Page Up】组合键，可让文件以列表的形式显示，并显示素材的详细信息；也可单击"图标视图"按钮■，或按【Ctrl+Page Down】组合键，让文件以图标的形式显示，并显示素材的画面内容（即缩览图）。

左右拖曳"调整图标和缩览图的大小"滑块■■■，可放大或缩小"项目"面板中文件图标和缩览图的显示比例。

（2）管理文件

为了更加方便地调用文件，可单击"自由变换视图"按钮■，以自由地调整和排列面板中的文件；也可在"排序图标"下拉列表■中选择不同选项，以对应的方式排序。

当"项目"面板中的文件较多时，可单击"新建素材箱"按钮■新建素材箱，以分类管理文件；单击"查找"按钮■，可在打开的"查找"对话框中通过名称、标记等关键信息快速查找对应的文件。对于多余的文件，可将其选中后，单击"清除"按钮■删除。

（3）新建和添加文件

若需要新建序列文件、Premiere 自带素材等文件，可单击"新建项"按钮■，在弹出的快捷菜单中选择相应命令。

若需要一次性将多个素材添加到"时间轴"面板中，可按住【Ctrl】键不放，并同时单击选择多个素材，然后单击"自动匹配序列"按钮■，在打开的"自动序列化"对话框中设置参数，将素材自动添加到"时间轴"面板中。

> **知识拓展**
>
> 在"项目"面板中，若文件图标右下角带有■图标，则表示该文件自带音频；若文件右下角带有■图标，则表示该文件已被添加到序列中使用；若文件图标右下角带有■图标，则表示该文件为序列。另外，在图标视图模式下，将鼠标指针从视频素材文件图标左侧移至右侧，可直接在"项目"面板中预览画面效果。

7. "工具"面板

"工具"面板用于存放 Premiere 提供的所有工具，如图 2-4 所示。这些工具能够编辑"时间轴"面板中的素材，在"工具"面板中单击需要的工具可将其激活。另外，有些工具右下角有一个小三角图标，表示该工具位于一个工具组中，该工具组中还隐藏有其他工具。在该工具组上按住鼠标左键不放，可显示该工具组中的所有工具。

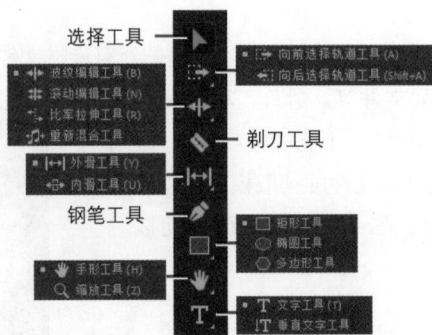

图2-4

8. "时间轴"面板

在 Premiere 中，编辑视频的大部分操作都在"时间轴"面板中进行，在该面板中可以轻松地执行素材的剪辑、插入、复制与粘贴等操作。图 2-5 所示为"时间轴"面板。

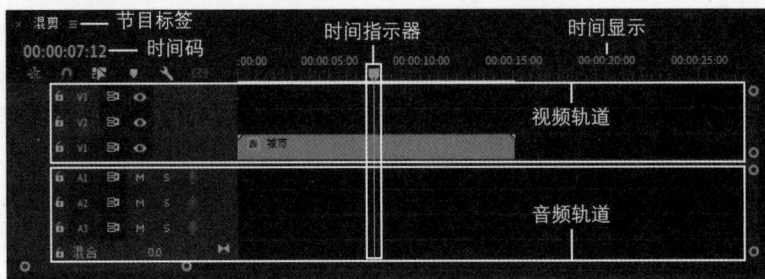

图2-5

- 节目标签：用于显示当前正在编辑的序列名称。如果项目文件中有多个序列，则可单击标签进行切换。
- 时间码：用于显示当前时间指示器所在帧的位置。
- 时间指示器：拖动时间指示器可调整时间码。按住【Shift】键不放并拖动时间指示器，可将其自动吸附到邻近的素材边缘（需保证"在时间轴中对齐"按钮 为选中状态）。按【←】键可将时间指示器移至当前帧的上一帧，按【→】键可将时间指示器移至当前帧的下一帧；按【Home】键可将时间指示器移至第一帧，按【End】键可将时间指示器移至最后一帧。
- 时间显示：用于显示当前素材的时间位置。
- 视频轨道：用于编辑视频的轨道，默认有 3 个（V1、V2、V3）。
- 音频轨道：用于编辑音频的轨道，默认有 4 个（A1、A2、A3 和混合）。

9. "效果控件"面板

"效果控件"面板（见图 2-6）主要用于控制素材的运动、不透明度和时间重映射。另外，为素材

添加效果后，可在"效果控件"面板中设置该效果
的相关参数。"效果控件"面板左侧为参数设置区，
右侧为时间轴视图，与"时间轴"面板类似，通过
拖动时间指示器来调整时间码。

在左侧的参数设置区可调整不同属性的参数，
"运动"栏用于定位、旋转和缩放素材的宽度，调
整素材的防闪烁滤镜；"不透明度"栏用于降低素材
的不透明度，以及设置混合模式；"时间重映射"栏
用于减速、加速、倒放素材的任何部分，也可以将
素材冻结。对应属性右侧的蓝色数值即为对应的参
数，在其上单击鼠标左键，或按住鼠标左键不放并
左右拖曳都可修改数值。

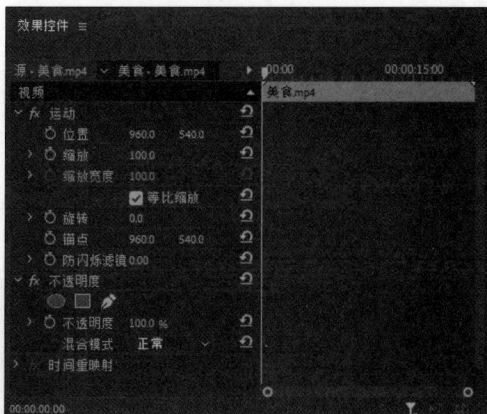

图 2-6

> **知识拓展**
>
> 工作区是编辑与制作视频的主要区域，由不同作用的多个面板组成。用户在工作区操作时，若对其中部分面板的大小、位置，或对界面的亮度和色彩不太满意，则可以自行调整。
>
> 调整工作区后，可通过【窗口】/【工作区】/【另存为新工作区】命令保存当前对工作区的设置。另外，还可选择【窗口】/【工作区】/【重置为保存的布局】命令，使当前工作区返回到初始设置。
>
> 资源链接：
> 调整工作区

2.1.2 课堂案例——制作文房四宝科普视频

【制作要求】为某教育机构制作一个文房四宝科普视频，要求分辨率为"1920 像素 ×1080 像素"，画面以古朴典雅为主，并设计一个片头封面，再结合旁白介绍文房四宝。

【操作要点】导入相关素材并进行管理分类；调整素材的大小和位置，制作片头效果；依次添加视频素材和音频到轨道上。参考效果如图 2-7 所示。

【素材位置】配套资源 :\ 素材文件 \ 第 2 章 \ 课堂案例 \ "文房四宝素材"文件夹

【效果位置】配套资源 :\ 效果文件 \ 第 2 章 \ 课堂案例 \ 文房四宝科普视频 .prproj

图 2-7

具体操作如下。

STEP 01 启动 Premiere，在主页中单击 新建项目 按钮，或按【Ctrl+Alt+N】组合键打开"导入"界面，设置项目名为"文房四宝科普短视频"，然后单击"项目位置"下拉列表右侧的 ▼ 按钮，在打开的下

拉列表中选择"选择位置"选项，打开"项目位置"对话框，设置好项目的存储位置后，单击 选择文件夹 按钮。

STEP 02 在"导入"界面左侧选择存储素材的磁盘或文件夹，在中间区域打开素材所在文件夹，选择除文本外的其他素材，然后单击 创建 按钮创建项目，如图 2-8 所示。

视频教学：
制作文房四宝
科普短视频

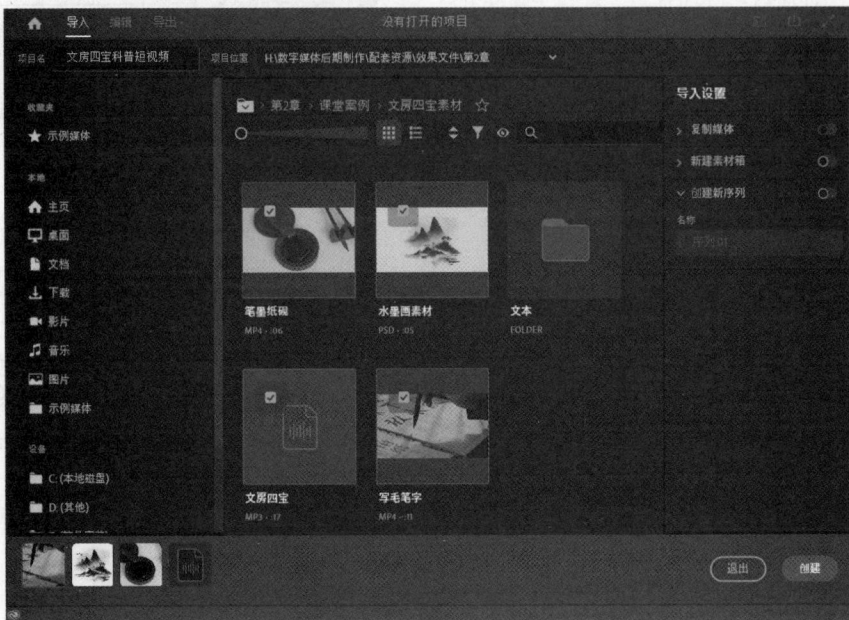

图2-8

STEP 03 此时进入"编辑"界面，由于导入的素材中有 PSD 文件，因此打开"导入分层文件：水墨画素材"对话框，先设置导入为为"各个图层"、素材尺寸为"文档大小"，然后单击 确定 按钮，如图 2-9 所示。在"项目"面板中新建一个名为"水墨画素材"的素材箱（见图 2-10），并且其中包含"水墨画素材 .psd"素材中的所有图层内容。

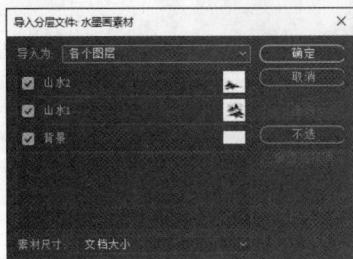

图2-9

图2-10

STEP 04 按【Ctrl+I】组合键，打开"导入"对话框，打开"文本"文件夹，选择"文本_000.png"素材，勾选"图像序列"复选框，然后单击 打开(O) 按钮，如图2-11所示。此时"项目"面板中出现一个名为"文本_000.png"的素材，如图2-12所示。在该素材的名称处单击鼠标左键，激活文本框，然后重命名为"文本"，按【Enter】键确认。

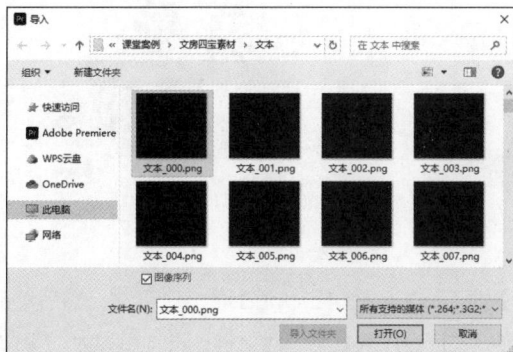

图2-11

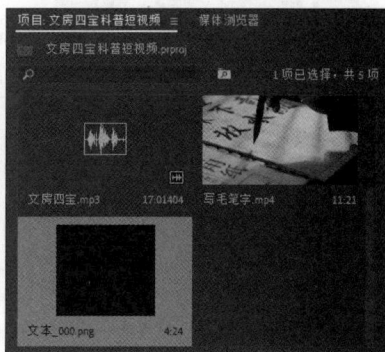

图2-12

STEP 05 单击"项目"面板中的"新建项"按钮 ，在弹出的下拉菜单中选择"序列"命令，打开"新建序列"对话框，再单击"设置"选项卡，设置时基为"25.00帧/秒"、帧大小为"1920×1080"、序列名称为"文房四宝科普视频"，然后单击 确定 按钮，如图2-13所示。

STEP 06 在"项目"面板中双击打开"水墨画素材"素材箱，将鼠标指针移至"背景"素材上方，按住鼠标左键不放并将其拖动至"时间轴"面板的V1轨道上，然后依次拖动"山水2""山水1"素材至V2和V3轨道上，如图2-14所示。

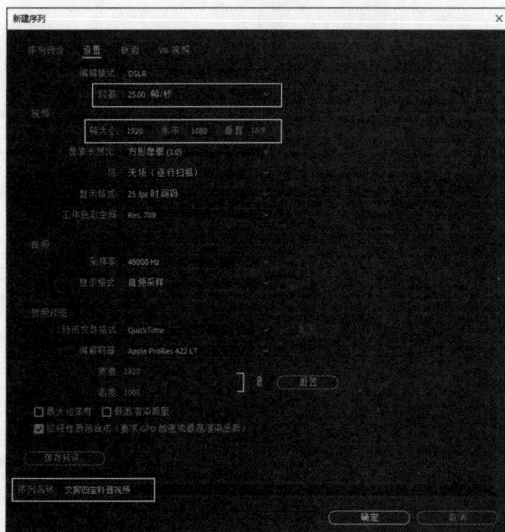

图2-13

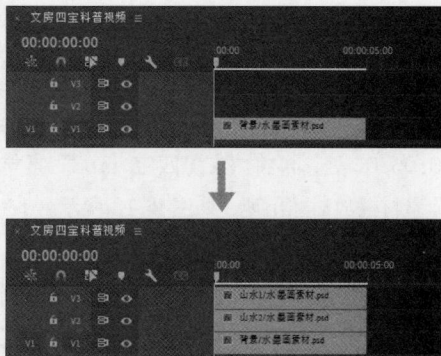

图2-14

STEP 07 此时两个山水素材在画面中重叠，需要调整。在"时间轴"面板中单击选择"山水1"素材，然后在"效果控件"面板中适当调整位置属性的参数，将其移至画面右侧，此处设置为"1468.0 510.0"，如图2-15所示。

STEP 08 在"时间轴"面板中单击选择"山水 2"素材，使用与步骤 07 相同的方法，设置位置为"157.0 706.0"，将其移至画面左下角，效果如图 2-16 所示。

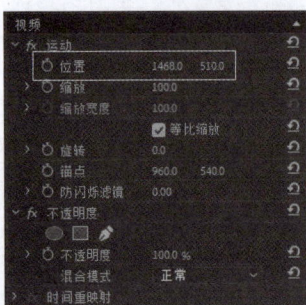

图2-15

图2-16

STEP 09 在"时间轴"面板中按住【Shift】键不放，依次单击轨道上的 3 个素材，然后单击鼠标右键，在弹出的快捷菜单中选择"嵌套"命令，打开"嵌套序列名称"对话框，设置名称为"背景"，再单击 确定 按钮。

STEP 10 拖动"文本"素材至 V2 轨道上，在"效果控件"面板中设置位置为"592.0 607.0"，预览视频效果，如图 2-17 所示。

图2-17

🔔 **提示**

预览视频的画面效果，除了可以通过拖动时间指示器改变时间点来查看，也可以直接按【空格】键，Premiere 将自动从当前时间指示器所在的时间点播放，再次按【空格】键将停止播放。

STEP 11 依次拖动"笔墨纸砚""写毛笔字"素材至 V1 轨道上，然后将时间指示器移至00:00:05:00 处，再将"文房四宝 .mp3"素材拖动至 A1 轨道上时间指示器所在位置，使其在"笔墨纸砚"素材播放时才出现，如图 2-18 所示。

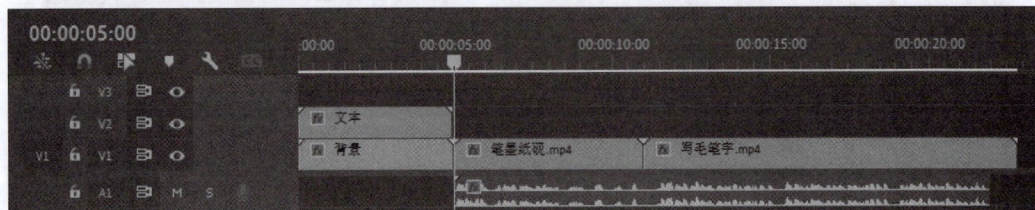

图2-18

STEP 12 预览视频画面效果，最后按【Ctrl+S】组合键保存项目文件。

2.1.3 新建与保存项目文件

在 Premiere 中，项目文件类似一个容器，包含了从后期制作开始到结束所需的所有元素和设置，因此在操作之前需要先掌握新建与保存项目文件的方法。

1. 新建项目文件

启动 Premiere，单击 新建项目 按钮，或选择【文件】/【新建】/【项目】命令，或按【Ctrl+Alt+N】组合键，打开"导入"界面，如图 2-19 所示。在其中设置完成后，单击 创建 按钮，进入"编辑"界面。

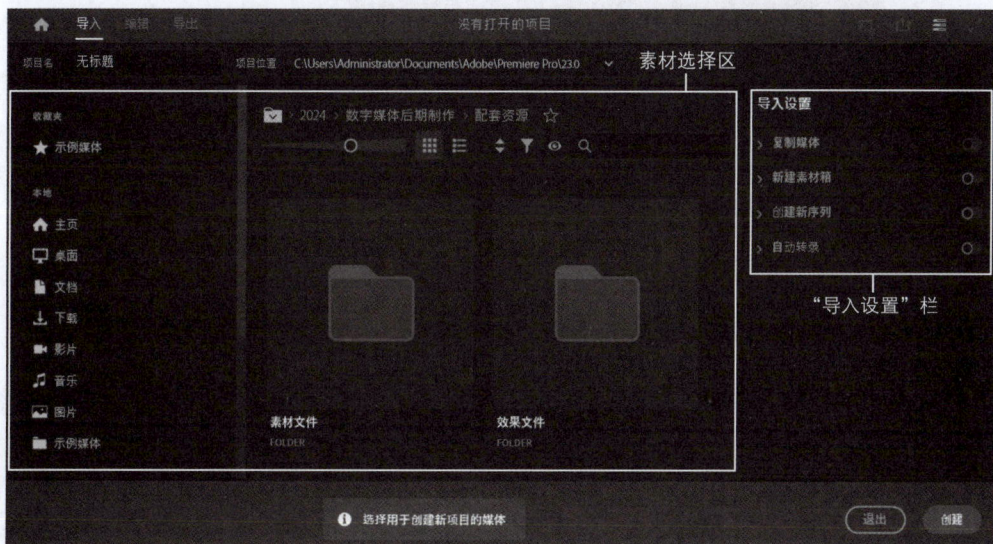

图 2-19

（1）项目名和项目位置

"项目名"文本框用于设置项目名称。"项目位置"下拉列表用于设置项目的存储位置。

（2）素材选择区

在 Premiere 中用于创建新项目的媒体即为素材，在界面左侧可选择本地磁盘或文件夹，然后在右侧双击进入素材所在文件夹，接着单击选中素材，此时选中的素材将在最下方展示，以便用户查看。

（3）"导入设置"栏

该栏包含 4 个功能栏，单击功能栏右侧的 按钮，使其呈激活状态 ，可进行相关设置。

- 复制媒体：开启该功能，可复制所选素材到项目文件所在的文件夹中，以避免原素材文件丢失。
- 新建素材箱：开启该功能，可新建一个素材箱，并将所选素材添加到其中。
- 创建新序列：开启该功能，可基于所选素材创建一个序列。
- 自动转录：开启该功能，可在后台将所选素材中的对话转录为文本。

在 Premiere Pro 2023 中，有关项目文件的详细设置参数不会出现在"导入"界面，若用户需要修改项目文件的详细设置，则选择【文件】/【项目设置】命令，在打开的子菜单中选择对应的命令。图 2-20 所示为选择"常规"命令后，打开的"项目设置"对话框。

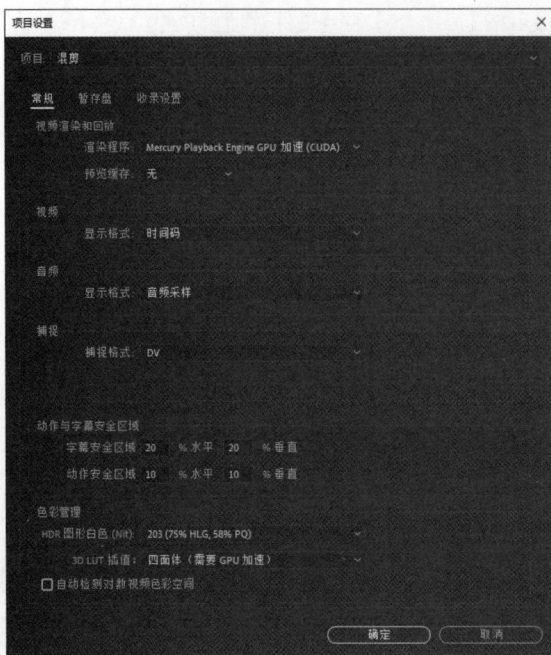

图 2-20

资源链接:
"项目设置"对
话框详解

2. 保存项目文件

创建或编辑项目文件后,还需要保存该项目文件,以便后续操作。用户可根据需要选择不同的命令保存项目文件。

选择【文件】/【保存】命令,或按【Ctrl+S】组合键,可直接保存当前项目文件;选择【文件】/【另存为】命令,或直接按【Ctrl+Shi+S】组合键,打开"保存项目"对话框,输入文件名,设置保存类型和位置,单击 保存(S) 按钮,可另存项目文件;选择【文件】/【保存副本】命令,在"保存项目"对话框中设置保存的位置和名称后,单击 保存(S) 按钮可将项目文件以副本形式保存。

知识
拓展

"另存为"命令和"保存副本"命令都能产生一个新的项目文件,但使用"另存为"命令时,当前项目文件会随着该操作的结束而自动关闭,再次操作时,修改的是新的项目文件;而使用"保存副本"命令时,新的项目文件不会自动打开,修改的仍然是原始的项目文件。

2.1.4 导入素材

新建项目文件后,若需要继续导入外部素材,则除了可以返回"导入"界面选择素材,还可以直接在"编辑"界面进行导入操作。不同类型素材的导入方法有所区别,用户应结合素材自身特点来选择合适的导入方法。

1. 导入常用素材

在导入 MP4、AVI、JPEG、MP3 等常用格式的素材时,直接选择【文件】/【导入】命令,或在"项目"面板的空白区域双击鼠标左键,或在"项目"面板的空白区域单击鼠标右键,在弹出的快捷菜单中选择

"导入"命令，或直接按【Ctrl+I】组合键，都可打开"导入"对话框，在其中选择需要导入的一个或多个常用素材文件后，单击 打开(O) 按钮，如图 2-21 所示。

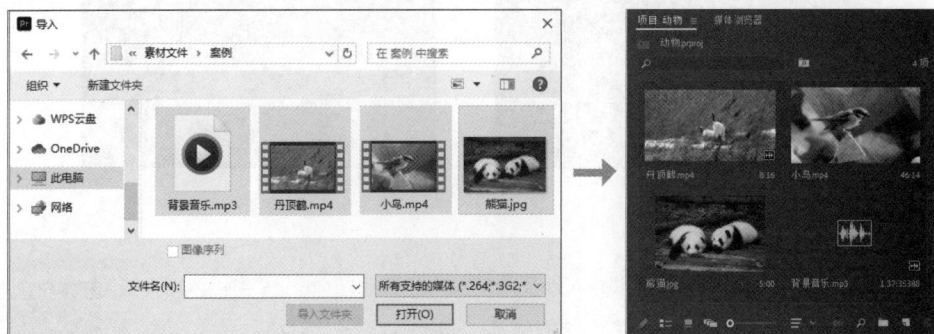

图2-21

2. 导入序列素材

序列素材是指一组名称连续且后缀名相同的素材文件，如"流星 000.jpg""流星 001.jpg""流星 002.jpg"。使用与导入常用素材相同的方式打开"导入"对话框后，选择"流星 000.jpg"文件，勾选"图像序列"复选框，然后单击 打开(O) 按钮，将自动导入所有名称连续且后缀名相同的素材文件，并在"项目"面板中显示为单个文件，在"源"面板中可预览图像序列的播放效果，每一帧都对应一张图像，如图 2-22 所示。

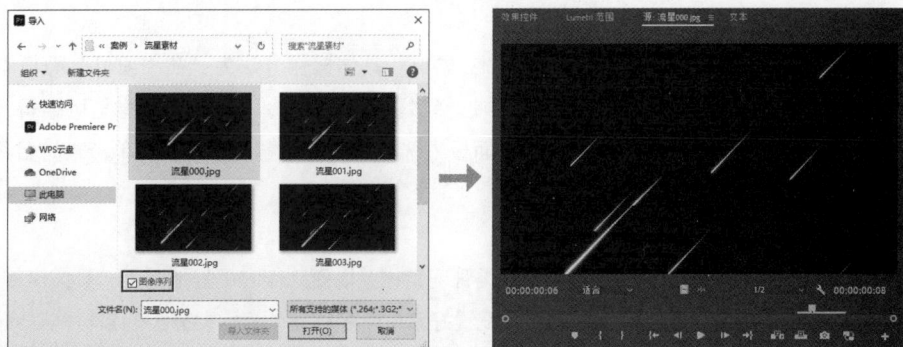

图2-22

3. 导入分层素材

当需要导入含有图层信息的素材文件时，可以通过设置保留素材文件中的图层信息。例如，在"导入"对话框中选择 PSD 格式文件后，单击 打开(O) 按钮，将打开"导入分层文件"对话框，打开其中的"导入为"下拉列表（见图 2-23），选择"合并所有图层"选项，可将素材文件中的所有图层合并为一个图层后再导入；选择"合并的图层"选项，可勾选部分图层左侧的复选框，然后将所选图层合并为一个图层后导入；选择"各个图层"选项，可分别将各个图层单独导入，且在"项目"面板中新建一个与素材文件同名的文件夹，展开可查看素材文件中的所有图层内容，如图 2-24 所示；选择"序列"选项，可根据 PSD 文件的尺寸创建一个与之匹配的新序列，并在"时间轴"面板中按照素材文件图层的顺序排列在每个轨道上。

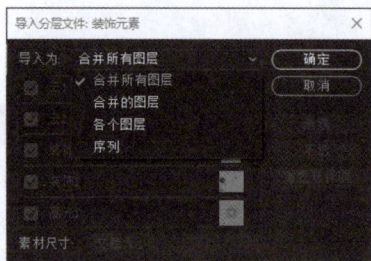

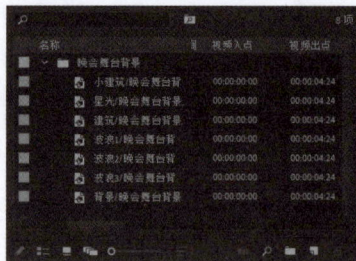

图2-23　　　　　　　　　　　　　　　　图2-24

知识拓展　　在 Premiere 中不仅可以导入外部素材，还能使用 Premiere 自带素材，如调整图层、彩条、黑场视频、颜色遮罩、通用倒计时片头、透明视频。使用这些素材时，需要先进行创建，创建后的自带素材将自动位于"项目"面板中，可直接将其拖到"时间轴"面板中使用，不同类型的自带素材具有不同作用。

资源链接：Premiere 自带素材详解

2.1.5　整理素材

导入素材后，可通过以下 4 种整理素材的方法来提高后期制作效率。

1. 重命名素材

为了便于区分导入的素材，可根据需要重命名素材。具体操作方法为：在"项目"面板中需重命名的素材上单击鼠标右键，在弹出的快捷菜单中选择"重命名"命令，素材名称将呈可编辑状态，输入新名称后，按【Enter】键确认；也可以在该面板中选择需要重命名的素材，再单击素材名称，或按【Enter】键，素材名称同样将呈可编辑状态。

2. 分类管理素材

当"项目"面板中的素材过多时，就需要分类管理素材，以便制作时更好地调用。具体操作方法为：单击"项目"面板中的"新建素材箱"按钮■，设置好素材箱名称后，将需要分类的素材拖到素材箱中，如图 2-25 所示。

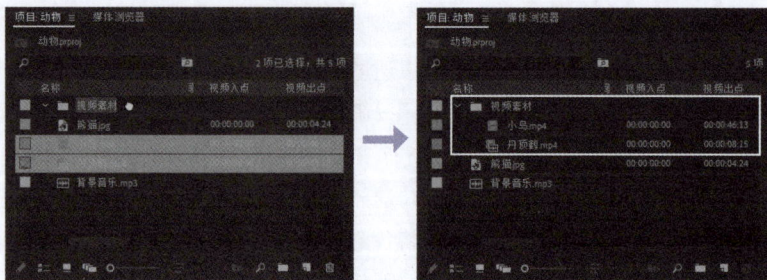

图2-25

3. 复制与粘贴素材

若需要重复利用某个导入的素材，可在"项目"面板中选择素材后，按【Ctrl+C】组合键复制素材，按【Ctrl+V】组合键粘贴素材，将生成与原素材名称一致的复制文件。也可以在选择需要复制的素材后，选择【编辑】/【重复】命令，该素材的一个副本文件将出现在"项目"面板中。

4. 链接脱机素材

若"项目"面板中的素材存储位置发生了改变、素材的源文件名称被修改或源文件被删除，就会导致素材丢失，同时会打开"链接媒体"对话框，如图2-26所示。此时可单击 查找 按钮，在打开的对话框中重新链接对应的素材。

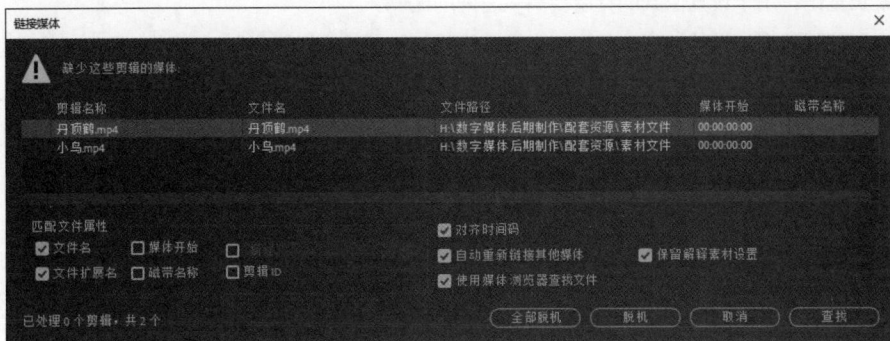

图2-26

2.1.6　新建与编辑序列

在Premiere中，序列是一组素材在时间线上编辑的集合，大部分编辑工作都是在其中完成的。因此，用户在编辑视频前，需要先新建序列，再通过优化序列来为后续编辑视频做准备。

1. 新建序列

用户可根据制作需要，通过以下两种方式新建序列。

（1）新建空白序列

在"项目"面板右下角单击"新建项"按钮，在弹出的下拉菜单中选择"序列"命令，或选择【文件】/【新建】/【序列】命令，都能打开"新建序列"对话框。用户可以直接在"序列预设"选项卡中选择已经设置好参数的选项，也可以在"设置"选项卡（见图2-27）中设置完参数后，单击 确定 按钮创建一个空白序列。

在"新建序列"对话框的"设置"选项卡中，部分参数保持默认即可，设置较多的参数介绍如下。

● 编辑模式：用于设置预览和播放文件的视频格式，由"序列预设"选项卡

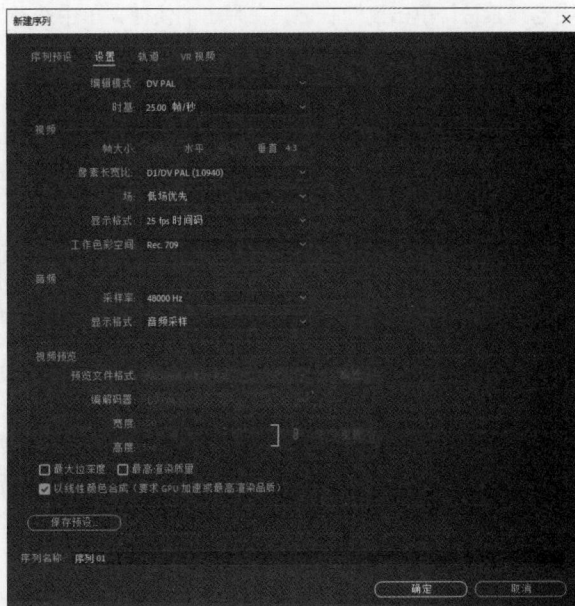

图2-27

中所选的参数决定。

- **时基**：时基就是时间基准，用于决定 Premiere 的视频帧数。帧数越高，在 Premiere 中的渲染效果越好。在大多数项目中，时基应该匹配视频的帧速率。
- **帧大小**：帧大小是指以像素为单位的宽度和高度。第一个数值框中的数值代表画面的宽度，第二个数值框中的数值代表画面的高度。帧大小用于设置指定播放序列时帧的尺寸（以像素为单位）。大多数情况下，项目的帧大小与源文件的帧大小保持一致。
- **像素长宽比**：用于设置像素的宽度与高度之间的比例。
- **场**：用于设置指定帧的场序，包括"无场（逐行扫描）""高场优先""低场优先"3 个选项。
- **"视频"栏中的"显示格式"**：用于设置多种时间码格式。更改"显示格式"选项不会改变剪辑或序列的帧速率，只会改变其时间码的显示方式。另外，该下拉列表中的各个选项与新建项目时"视频显示格式"栏中的选项基本相同。
- **工作色彩空间**：用于设置视频的颜色范围。
- **保存预设** 按钮：单击该按钮，将打开"保存序列预设"对话框，可在其中进行命名、描述序列的操作，并保存当前序列的相关设置。
- **序列名称**：用于设置序列的名称。

> **知识拓展**
>
> 在"新建序列"对话框的"轨道"选项卡中，用户可以选择序列中需要的视频和音频轨道数量，并设置音频轨道的属性和布局；在"VR 视频"选项卡中，用户可以创建用于虚拟现实视频的序列，并设置与 VR 视频处理相关的参数。

（2）基于素材新建序列

除了新建空白序列，用户直接将"项目"面板中的素材拖到"时间轴"面板中，或在"项目"面板中选择素材，单击鼠标右键，在弹出的快捷菜单中选择"从剪辑新建序列"命令，都可基于选择的素材创建一个与该素材名称相同的序列。

2. 优化序列

用户在使用序列时，只需将要添加的素材拖到"时间轴"面板的轨道上。若是素材较多或杂乱，导致序列的显示效果不佳，则可以通过以下 3 种基本操作进行优化。

（1）重构序列

在 Premiere 中调整视频素材大小时，如果同一序列中需要调整的数量较多，逐一手动调整会非常耽误时间，此时可以使用"自动重构序列"功能自动调整视频素材大小。该功能可智能识别视频中的动作，并针对不同的画面长宽比重构剪辑。

选择需要调整的视频素材，然后选择【序列】/【自动重构序列】命令，打开"自动重构序列"对话框，如图 2-28 所示。在"目标长宽比"下拉列表中选择指定的长宽比（也可以自定义）选项，然后单击 **创建** 按钮，Premiere 将自动生成一个调整好的新序列，并放置到"时间轴"面板中，如图 2-29 所示。

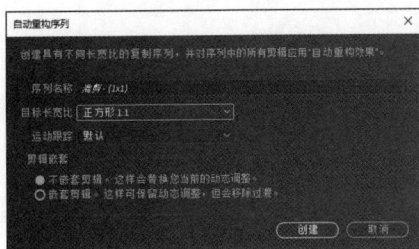

图2-28

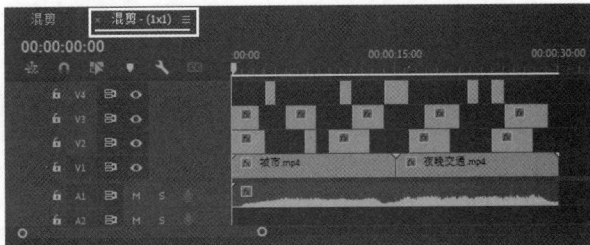

图2-29

（2）简化序列

简化序列能够自动删除不需要的轨道，以及删除序列上的标记等，让序列看上去更加简洁美观。

选择需要简化的序列，然后选择【序列】/【简化序列】命令，打开"简化序列"对话框，如图2-30所示。设置相应操作后单击 简化 按钮，将新建一个简化后的序列副本，序列简化前后的对比效果如图2-31所示。

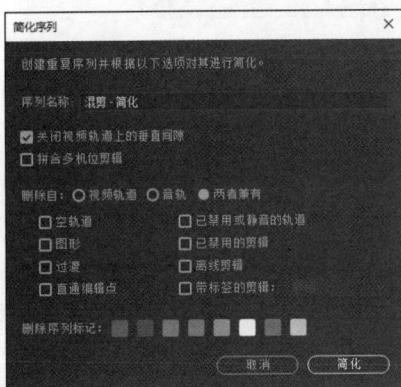

图2-30

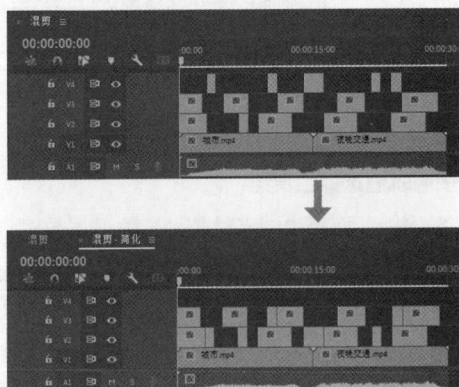

图2-31

（3）嵌套序列

在后期制作时，若创建的序列较多，则可通过嵌套序列将多个序列文件合并为一个序列，使其在"时间轴"面板中仅占用一个轨道。这样不仅可以节省轨道数量，还可以统一对嵌套序列中的素材进行裁剪、移动等修改操作，从而节省操作时间。

在"时间轴"面板中选择需要嵌套的序列，在其上单击鼠标右键，在弹出的快捷菜单中选择"嵌套"命令，打开"嵌套序列名称"对话框，在其中自定义序列名称，如图2-32所示。单击 确定 按钮，"时间轴"面板中所选择的多个序列将转换为一个嵌套序列文件。图2-33所示为嵌套序列前后的对比效果。

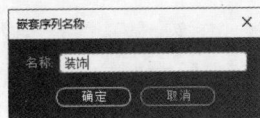

图2-32

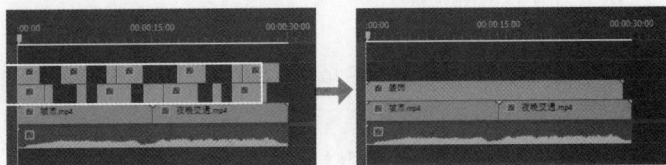

图2-33

2.1.7 选择与移动素材

在"时间轴"面板中经常需要移动单个素材或多个素材的位置，而在进行移动操作前，需要先选择该素材，这就需要用到"选择工具" ▶ 和轨道选择工具组。

1. 使用选择工具

选择"选择工具" ▶ ，单击素材可选中该素材，选中的素材周围将出现白色的矩形框；按住【Shift】键不放并连续单击，可选择多个素材；按住鼠标左键不放并拖曳鼠标，可创建一个选取框，如图2-34所示。释放鼠标后，选取框中的素材都将被选中；选择"时间轴"面板后，按【Ctrl+A】组合键可全选轨道上的所有素材。

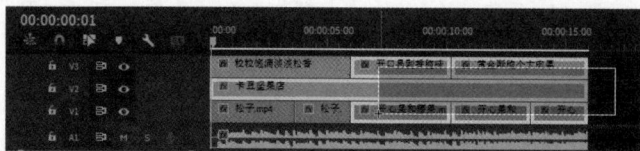

图2-34

选择素材后，按住【Ctrl】键不放并拖曳鼠标，可移动素材位置。若没有按住【Ctrl】键，则移动素材将会直接覆盖目标位置处的素材。

2. 使用轨道选择工具组

当"时间轴"面板中的素材较多、轨道层数多且时间线比较长时，使用"选择工具" ▶ 选择和移动素材可能容易出错。此时可使用轨道选择工具组快速选择多个或单个轨道上的素材，再执行移动操作。

- 向前轨道选择工具：选择"向前轨道选择工具" 🔳 后，将鼠标指针移动到轨道上，此时鼠标指针变为 🔳 形状，单击轨道上的素材后，可选择鼠标单击位置及其右侧所有轨道上的所有素材；若在按住【Shift】键不放的同时单击，则可选择鼠标单击位置及其右侧该轨道上的所有素材。
- 向后轨道选择工具：选择"向后轨道选择工具" 🔳 后，将鼠标指针移动到轨道上，此时鼠标指针变为 🔳 形状，单击轨道上的素材后，可选择鼠标单击位置及其左侧所有轨道上的所有素材；若在按住【Shift】键不放的同时单击，则可选择鼠标单击位置及其左侧该轨道上的所有素材。

另外，使用轨道选择工具组选择素材后，按住鼠标左键不放并左右拖曳，可在同一轨道上水平移动素材位置；按住鼠标左键不放并上下拖曳，可移动素材至其他轨道上。

2.1.8 替换素材

在后期制作过程中，若素材不符合制作需求，则需要替换新的素材，其主要可分为替换源素材和替换"时间轴"面板中的素材两种类型。

1. 替换源素材

在"项目"面板中选择源素材，单击鼠标右键，在弹出的快捷菜单中选择"替换素材"命令，在打开的对话框中选择新的素材，再单击 选择 按钮完成替换，同时所有应用源素材的内容都会同步进行替换。

2. 替换"时间轴"面板中的素材

在"项目"面板中选择新素材，按住【Alt】键不放，拖动素材至"时间轴"面板中需要替换的素材（即原素材）上方，如图2-35所示。当原素材周围出现墨绿色边框时，释放鼠标便可完成替换，且原素材的相关设置都将应用到新素材中。

图2-35

2.1.9 使用 Premiere 渲染与导出

　　在查看视频效果时，通常需要先渲染视频，让视频在播放时更加流畅；而将制作好的视频导出为不同格式的视频文件，可以方便用户查看效果，同时也便于传播。用户在渲染与导出视频之前，需要先了解渲染条颜色的含义，再熟悉渲染命令与导出视频的方法。

1. 渲染条

　　Premiere 中的渲染条位于视频轨道与时间显示之间，主要有绿色、黄色和红色3种状态，如图2-36所示。其中，绿色渲染条表示已经渲染的部分，播放时会非常流畅；黄色渲染条表示无须渲染即能以全帧速率实时回放的未渲染部分，播放时会有些卡顿；红色渲染条表示需要渲染才能以全帧速率实时回放的未渲染部分，播放时会非常卡顿。

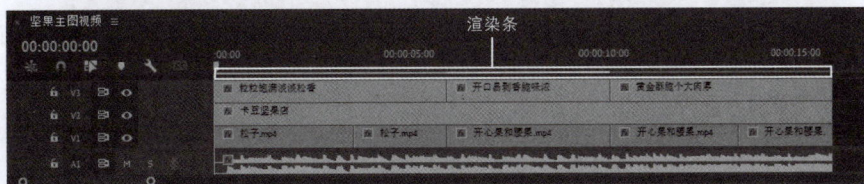

图2-36

2. 渲染命令

选择"序列"菜单命令，在其中可以看到不同的渲染命令，用户可根据具体需要选择以下命令进行渲染。

● 渲染入点到出点的效果：将渲染包含红色渲染条的入点和出点内的视频轨道部分，常用于只渲染添加了效果的视频片段，适用于添加效果导致视频变卡顿的情况。

● 渲染入点到出点：将渲染包含红色渲染条或黄色渲染条入点和出点内的视频轨道部分，常用于渲染入点到出点这一范围内的完整视频片段。渲染完成后，整段视频的渲染条将变为绿色，表示已经生成了渲染文件。

● 渲染选择项：将渲染在"时间轴"面板中选中的轨道部分。

● 渲染音频：将渲染位于音频轨道部分的预览文件。

● 删除渲染文件：将删除一个序列中的所有渲染文件。

● **删除入点到出点的渲染文件**：将删除入点到出点这一范围内关联的所有渲染文件。

另外，渲染完成后，在"节目"面板中会自动播放渲染后的视频效果，渲染文件也会自动保存到暂存盘中。

> **知识拓展**
>
> 若项目文件过大导致渲染速度较慢，用户可选择【文件】/【项目设置】/【暂存盘】命令，在"项目设置"对话框中修改文件的暂存位置；或选择【文件】/【项目设置】/【常规】命令，在"项目设置"对话框中开启 GPU 加速；或选择【编辑】/【首选项】/【媒体缓存】命令，在"首选项"对话框中删除缓存文件。这些操作都能有效提升渲染速度。

3. 导出视频

选择要导出的序列，按【Ctrl+M】组合键，或单击"导出"选项卡，切换到"导出"界面，如图 2-37 所示。在其中可以设置导出文件的基本信息，设置完成后单击 导出 按钮，便可开始导出视频。

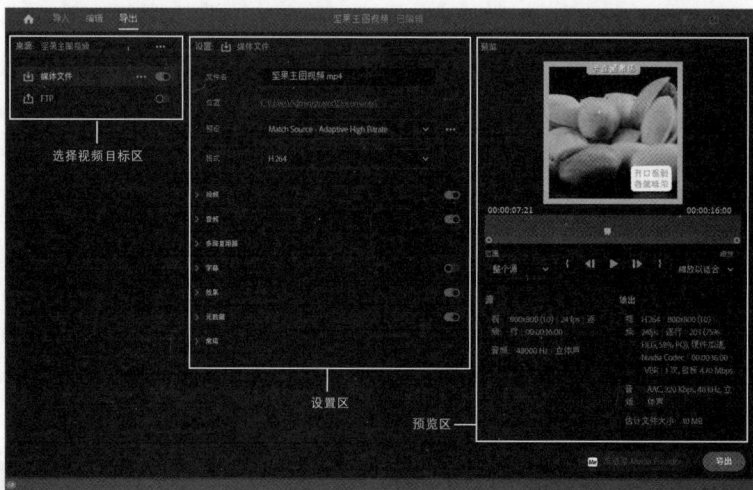

图 2-37

"导出"界面分为选择视频目标区、设置区和预览区 3 个区域，导出的工作流程从左至右依次进行。

（1）选择视频目标区

该区域包含 2 个视频目标选项，其中"媒体文件"选项用于将视频导出到计算机中，"FTP"选项用于将视频上传到 FTP 站点（FTP 全称为 File Transfer Protocol，意思是文件传输协议，FTP 站点则是利用该协议进行传输的网络平台）中。单击这两个选项右侧的 ▣ 按钮，可使它们呈激活状态 ◉ 。

（2）设置区

在该区域上方可设置导出文件的文件名、位置、预设和格式等参数，在该区域下方可在以下参数栏中进行更加详细的设置。

● **"视频"栏**：在该栏中单击 匹配源 按钮，可自动匹配导出设置与源设置，若想单独修改帧大小、帧速率、场序、长宽比等参数，则需要先取消勾选相应参数右侧的复选框，以激活对应下拉列表，再修改设置；单击 更多 按钮，可展开显示更多设置，如编码设置、比特率设置、高级设置等。

● **"音频"栏**：在该栏中可设置音频格式、音频编解码器、采样率、声道和比特率等参数。

● **"多路复用器"栏**：当选择导出 H.264、HEVC（H.265）和 MPEG 等格式的文件时，将出现该栏，用于设置视频和音频流多路复用的标准，以及指定要回放媒体的设备类型（仅限 H.264）。若设置"多路复用器"为"无"，则视频和音频流将分别导出为单独的文件。

- "字幕"栏：若要导出的视频中包含字幕，则可在该栏中设置字幕导出的相关选项，具体参数与所添加的字幕样式有关。
- "效果"栏：在该栏中可向导出的文件添加各种效果，如色调映射、Lumetri Look/LUT、SDR 遵从情况、图像叠加、文本叠加等。
- "元数据"栏：元数据是指有关媒体文件的一组说明性信息，包含创建日期、文件格式和时间轴标记等，可以作为单独的文件保存，也可以嵌入媒体文件。在该栏中单击 元数据对话框 按钮，可打开"元数据导出"对话框，在其中设置相关参数后，再单击 确定 按钮。
- "常规"栏：在该栏中，"导入项目中"复选框用于将已导出的文件自动导入 Premiere 的项目文件中；"使用预览"复选框用于使用之前为序列生成的预览文件进行导出，而不用再渲染一次序列，可以加快导出速度，但可能会影响质量；"使用代理"复选框用于使用之前为序列生成的代理文件进行导出，而不用再渲染一次序列，可以提高导出性能。

（3）预览区

在该区域中可预览导出文件的效果，通过"范围"下拉列表可设置导出范围；通过 ◀ ▶ ▶ 按钮组可设置预览效果的入点、出点，以及控制预览的画面；若序列的大小与导出文件的大小不同，则可通过"缩放"下拉列表调整序列的适应方式。

2.2　Adobe After Effects

Adobe After Effects 是一款专业的视觉特效软件，可以帮助用户制作各种高质量的视觉特效，如动画特效、视频特效、视频抠像与合成等。

2.2.1　熟悉 After Effects 工作界面

After Effects 2023 的工作界面主要由菜单栏、工具箱和工作区中的各个面板组成，如图 2-38 所示。

1. 菜单栏

菜单栏包括 After Effects 中的所有菜单命令，分为以下 9 个类型。用户选择需要的菜单，可在弹出的子菜单中选择需要执行的子命令。

- "文件"菜单：用于新建、打开、保存、关闭、导入、导出文件等管理操作。
- "编辑"菜单：用于撤销或还原操作，或对当前所选对象（如关键帧、图层）进行剪切、复制、粘贴等操作。
- "合成"菜单：用于新建合成、设置合成等与合成相关的操作。
- "图层"菜单：用于新建各种类型的图层，并对图层进行创建蒙版、遮罩、形状路径等与图层相关的操作。

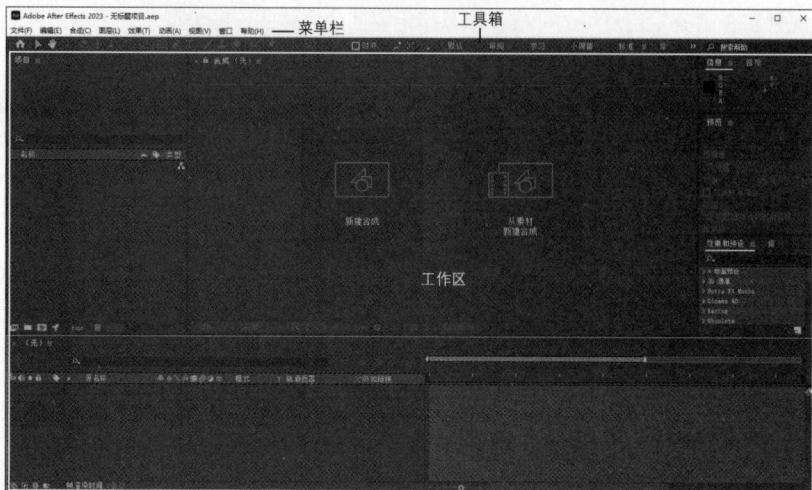

图2-38

- "效果"菜单：用于对"时间轴"面板中所选的图层应用 After Effects 预设的各种效果。
- "动画"菜单：用于管理"时间轴"面板中的关键帧，如设置关键帧插值、调整关键帧速度、添加表达式等。
- "视图"菜单：用于控制"合成"面板中显示的内容，如标尺、参考线等，也可调整"合成"面板的大小和显示方式。
- "窗口"菜单：用于开启和关闭各种面板。选择该菜单后，各面板对应的子命令左侧若出现标记，则代表该面板已经显示在工作界面中；再次选择该子命令，标记会消失，说明该面板已未显示在工作界面中。
- "帮助"菜单：用于了解 After Effects 的具体情况和各种帮助信息。

2. 工具箱

工具箱位于菜单栏下方，左侧区域为 After Effects 提供的各种工具，单击某个工具对应的按钮，当其呈蓝色显示时，说明该工具处于激活状态，此时可使用该工具进行操作，同时在工具箱的中间区域将显示与其相关的参数设置。工具箱的右侧区域提供了默认、审阅、学习、小屏幕、标准和库 6 种不同模式的工作界面，设计师可根据需求自行选择，也可选择【窗口】/【工作区】命令，在弹出的子菜单中选择相应的命令切换为对应模式的工作界面。

若工具对应的按钮右下角有■符号，则表示该工具位于一个工具组中，此时在该按钮上按住鼠标左键不放或单击鼠标右键，可显示工具组中的所有工具。图 2-39 所示为工具箱中的所有工具。

3. "项目"面板

"项目"面板用于管理项目文件中的所有素材，包括导入 After Effects 中的视频、音频、图像、新建的合成和文件夹等，以及项目文件的相关设置。在"项目"面板中单击选择某个素材时，该面板的上方区域可显示对应的缩略图、使用次数和属性等信息，如图 2-40 所示。

（1）管理素材

当"项目"面板中的文件过多时，可在搜索框中输入需要查找的文件名进行查找，也可以单击左侧的■按钮，在打开的下拉列表中选择相应的选项来查找符合已使用、未使用、缺失字体、缺失效果或缺失素材的文件。

图2-39

若需要修改素材的属性，则在选择素材后，单击"解释素材"按钮，在打开的"解释素材"对话框中设置素材的 Alpha、帧速率等属性。

另外，"新建文件夹"按钮用于新建一个空白文件夹；"新建合成"按钮用于新建一个空白合成；"删除所选项目"按钮用于删除所选文件。

（2）设置项目文件参数

若需要修改项目文件的设置，则单击按钮，打开"项目设置"对话框，在其中可设置视频渲染和效果、时间显示样式、颜色、音频和表达式等选项卡中的参数。另外，单击 8 bpc 按钮，同样可打开"项目设置"对话框，并自动选择"颜色"选项卡，在其中可设置深度、工作空间、色彩管理等参数。

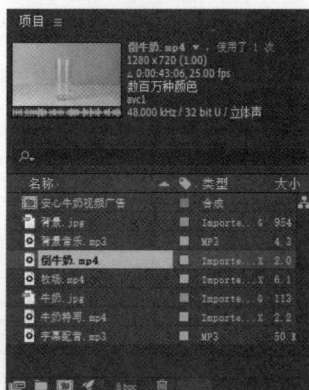

图2-40

4."合成"面板

"合成"面板（见图 2-41）主要用于预览当前合成的画面，可通过 50% 调整放大率，通过 完整 设置画面显示的分辨率。另外，"合成"面板还具有以下功能。

（1）画面显示设置

在预览画面时，若画面的显示效果不利于编辑操作，则可通过以下选项进行调整。

图2-41

● "快速预览"按钮：单击该按钮，可在弹出的快捷菜单中选择预览方式，如自适应分辨率、线框等。

● "切换透明网格"按钮：单击该按钮，合成中的背景将以透明网格的方式显示。

● "切换蒙版和形状路径可见性"按钮：单击该按钮，可在画面中显示或隐藏蒙版和形状路径。

● "目标区域"按钮：添加蒙版后，单击该按钮，可显示画面中的目标区域。

● "选择网格和参考线选项"按钮：单击该按钮，可在弹出的快捷菜单中选择网格、标尺、参考线等辅助工具，以更加精确地编辑素材。

（2）画面色彩及亮度设置

若对画面的显示效果不满意，则可通过以下选项进行调整。

- **"显示通道及色彩管理设置"按钮**：单击该按钮，可在弹出的快捷菜单中选择画面中的通道选项，选择"设置项目工作空间"选项，也可以打开"项目设置"对话框中的"颜色"选项卡，进行色彩管理设置。
- **"重置曝光度"按钮**：单击该按钮可重置曝光度参数，单击鼠标左键或按住鼠标左键不放并左右拖动右侧的蓝色数字可修改曝光度参数。

（3）调整预览时间

单击"预览时间"按钮 `0:00:00:00`，将打开"转到时间"对话框，在其中可设置时间指示器跳转的具体时间点。

（4）查看前后对比效果

After Effects 提供了一个快照功能，主要用于查看画面的前后对比效果。单击"拍摄快照"按钮，可将当前合成中的画面保存在 After Effects 缓存文件中，然后单击"显示快照"按钮，便可显示上一张拍摄的合成文件，以便用户进行对比。需要注意的是，保存的图片仅供查看，无法调出使用。

5. "时间轴"面板

"时间轴"面板是 After Effects 的核心面板之一，分为左侧的图层控制区和右侧的时间线控制区，左上方为当前编辑的合成名称，如图 2-42 所示。

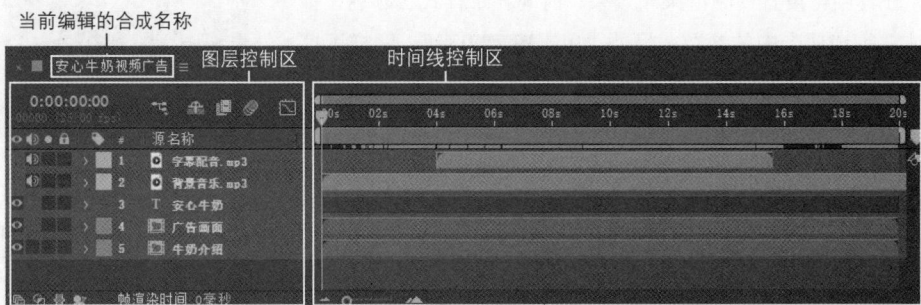

图 2-42

（1）图层控制区

图层控制区中的部分选项介绍如下。

- **时间码 `0:00:03:04`**：拖动时间码，或单击时间码后输入数值，可以查看对应帧的画面效果，其中 0:00:03:04 代表 0 时 0 分 3 秒 4 帧。
- **"合成微型流程图"按钮**：单击该按钮或按【Tab】键，可快速显示合成中的架构。
- **"消隐"按钮**：用于隐藏设置了"消隐"开关的所有图层。
- **"帧混合"按钮**：用于为设置了"帧混合"开关的所有图层启用帧混合效果。
- **"运动模糊"按钮**：用于为设置了"运动模糊"开关的所有图层启用运动模糊效果。
- **"图表编辑器"按钮**：单击该按钮，可将右侧的时间线控制区转换为图表编辑器。
- **"视频"按钮**：用于显示或隐藏图层。
- **"音频"按钮**：用于启用或关闭视频中的音频。
- **"独奏"按钮**：用于只显示选择的图层。
- **"锁定"按钮**：用于锁定图层。图层锁定后不能进行任何编辑操作，从而保护该图层不受破坏。

● "标签"按钮■：用于设置图层标签，并使用不同的标签颜色来分类图层；还可以用于选择标签组。

● #按钮：用于表示图层序号，可按小键盘上的数字来选择对应序号的图层。

● 展开其他窗格按钮组■□□□■：单击相应按钮，可分别控制"图层开关""转换控制""入点/出点/持续时间/伸缩""渲染时间"窗格的展开或折叠。

（2）时间线控制区

时间线控制区又可分为时间导航器、时间指示器和工作区域3个部分，如图2-43所示。

● 时间导航器：拖动时间导航器左侧或右侧的蓝色滑块，可以调整时间线控制区的显示比例。拖动时间控制区左下角的圆形滑块■○■，可以缩放显示比例。

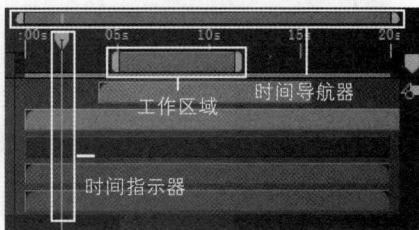

图2-43

● 时间指示器：左右拖动时间指示器可调整时间码。

● 工作区域：工作区域为合成的有效区域，只有位于该区域内的对象才是最终渲染输出的内容。拖动工作区域左右两侧的蓝色滑块可确定工作区域内容。

2.2.2　课堂案例——制作中秋节宣传短视频

【制作要求】以中秋节为主题制作一个宣传短视频，要求分辨率为"1280像素×720像素"，画面美观，结合与中秋节相关的传统元素，突出视频主题。

【操作要点】导入相关素材，添加素材并调整大小；然后运用图层混合模式使视频素材的效果融入背景画面中；最后添加文本并利用图层样式进行优化。参考效果如图2-44所示。

【素材位置】配套资源：\素材文件\第2章\课堂案例\"中秋素材"文件夹

【效果位置】配套资源：\效果文件\第2章\课堂案例\中秋节宣传短视频.aep

图2-44

具体操作如下。

STEP 01 启动After Effects，在主页中单击 新建项目 按钮，或按【Ctrl+Alt+N】组合键打开工作界面，在"项目"面板中双击鼠标左键，打开"导入文件"对话框，选择"中秋素材"文件夹中的所有素材，单击 导入 按钮。

STEP 02 单击"项目"面板下方的"新建合成"按钮■，打开"合成设置"对话框，设置合成名称为"中秋节宣传短视频"，其他参数如图2-45所示。然后单击 确定 按钮。

STEP 03 拖动"月亮背景.mp4"素材至"时间轴"面板中，此时"合成"面板中显示该素材的画

视频教学：
制作中秋节宣传
短视频

面，如图 2-46 所示。

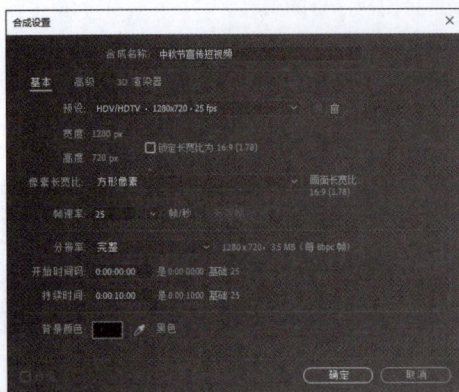 

图2-45   图2-46

STEP 04 拖动"星光.mp4"素材至"时间轴"面板中，打开"模式"栏对应的"混合模式"下拉
列表，选择"变亮"选项，画面的前后对比效果如图 2-47 所示。

图2-47

STEP 05 拖动"孔明灯.mp4"素材至"时间轴"面板中，先按【Ctrl+Alt+F】组合键，使其与合
成等大，然后将时间指示器移至 0:00:02:00 处，以便查看画面效果。在"合成"面板中将其向上拖
动，使其底部与海平面对齐，如图 2-48 所示。再使用与步骤 04 相同的方法为该图层设置"较浅的颜
色"混合模式，效果如图 2-49 所示。

图2-48   图2-49

STEP 06 在"时间轴"面板中选择"孔明灯.mp4"素材，按【Ctrl+D】组合键进行复制。选择复
制的素材，然后选择【图层】/【变换】/【垂直翻转】命令，再将其向下移动，使素材顶部与海平面对齐。

STEP 07 选择"时间轴"面板，按【T】键显示所有图层的不透明度，设置位于画面上方的"孔明
灯.mp4"素材的不透明度为"70%"，设置位于画面下方的"孔明灯.mp4"素材的不透明度为"30%"，
如图 2-50 所示。画面效果如图 2-51 所示。拖动时间指示器预览视频效果，如图 2-52 所示。

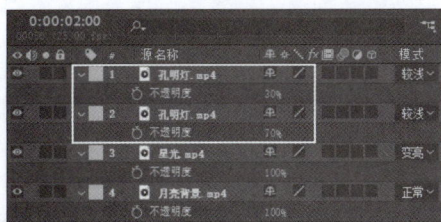

图2-50

图2-51

图2-52

STEP 08 在"项目"面板中展开"模糊.aep"文件夹,双击打开"模糊"合成,选择"调整图层1"图层,按【Ctrl+C】组合键复制图层,然后切换到"中秋节宣传短视频"合成中,按【Ctrl+V】组合键粘贴图层,视频画面在0:00:05:00—0:00:06:00的效果如图2-53所示。

STEP 09 拖动"浓情中秋.png"素材至"时间轴"面板中,选择【图层】/【图层样式】/【渐变叠加】命令,此时"时间轴"面板中自动展开"浓情中秋.png"图层,单击"图层样式"栏,展开其中的"渐变叠加"栏,然后单击 编辑渐变 按钮,打开"渐变编辑器"对话框,先单击渐变条左下角的色块,然后在下方设置颜色为"#FFE975",如图2-54所示。

图2-53

STEP 10 单击渐变条右下角的色块,在下方设置颜色为"#EC6B25",然后单击 确定 按钮完成设置。

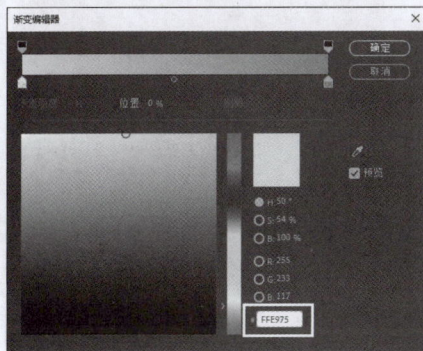

图2-54

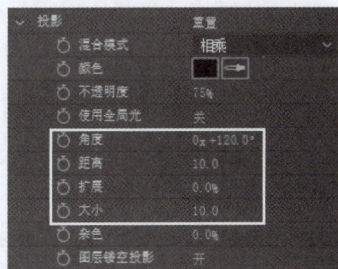

图2-55

STEP 11 选择【图层】/【图层样式】/【投影】命令，在"时间轴"面板中展开"投影"栏，然后设置图 2-55 所示的参数。"浓情中秋 .png"素材画面前后的对比效果如图 2-56 所示。

STEP 12 单击"时间轴"面板左下角的█按钮，展开"入点 / 出点 / 持续时间 / 伸缩"窗格，然后设置"浓情中秋 .png"素材的入点为"0:00:07:00"，如图 2-57 所示。最后按【Ctrl+S】组合键保存项目文件。

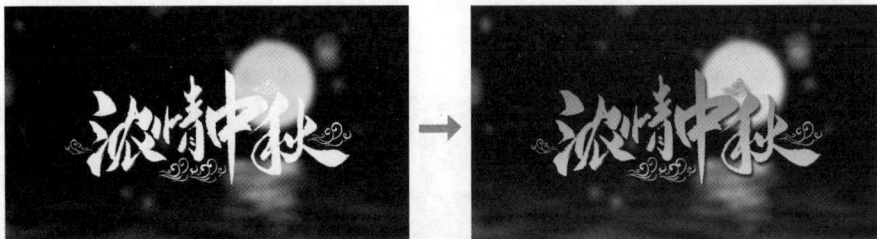

图 2-56

图 2-57

2.2.3 新建和保存项目文件

在 After Effects 中，项目文件是用于存储该项目中所有素材、合成文件的源文件。新建项目文件可以在启动 After Effects 后，在主页中单击█████按钮。若已经进入 After Effects 的工作界面，或需要新建项目文件，则直接选择【文件】/【新建】/【新建项目】命令或按【Ctrl + Alt + N】组合键。

在 After Effects 中保存项目的方法与在 Premiere 中保存项目的方法类似，此处不再赘述。

2.2.4 新建合成文件

使用 After Effects 进行的大部分工作都是在合成文件中完成的。用户可根据制作需求新建空白合成文件，或直接基于素材新建合成文件。

1. 新建空白合成文件

在"项目"面板中双击鼠标左键，或选择【合成】/【新建合成】命令，或按【Ctrl+N】组合键，打开图 2-58 所示的"合成设置"对话框，在"基本"选项卡中设置合成文件的相关参数。

● "预设"下拉列表：包含了 After Effects 预设的各种视频类型。选择某种预设类型后，

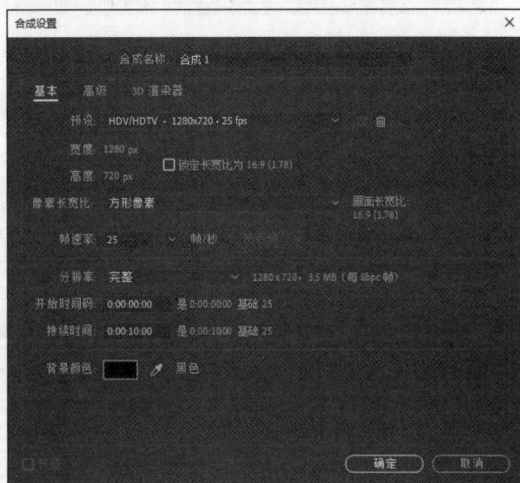

图 2-58

将自动定义文件的宽度、高度、像素长宽比等属性，也可以选择"自定义"选项，自定义合成文件的属性。

- **宽度、高度**：用于设置合成文件的宽度和高度属性。勾选"锁定长宽比为"复选框，宽度与高度的比例将保持不变。
- **"像素长宽比"下拉列表**：用于设置像素长宽比。用户可根据制作需求自行选择，默认选择方形像素选项。
- **帧速率**：用于设置帧速率。该数值越高，画面越精致，但占用的内存也越大。
- **分辨率**：用于设置在"合成"面板中显示的分辨率。
- **开始时间码**：用于设置合成文件播放时的开始时间。默认为 0 帧。
- **持续时间**：用于设置合成文件播放的具体时长。
- **背景颜色**：用于设置合成文件的背景颜色。

在"合成设置"对话框的"高级"选项卡中可以设置合成图像的轴心点、嵌套时合成图像的帧速率，以及运用运动模糊效果后模糊量的强度和方向；在"3D 渲染器"选项卡中可以设置 After Effects 在进行三维渲染时使用的渲染器。

2. 基于素材新建合成文件

每个素材都有自身的属性，如高度、宽度、像素长宽比等，用户可根据素材的属性新建合成文件。基于素材新建合成文件主要有以下两种方式。

（1）基于单个素材创建合成文件

在"项目"面板中将单个素材拖到底部的"新建合成"按钮■上，或者选择素材后，在菜单栏中选择【文件】/【基于所选项新建合成】命令，合成设置中的属性包括宽度、高度和像素长宽比等会自动与所选素材相匹配，并生成一个合成文件。

（2）基于多个素材创建合成文件

在"项目"面板中将多个素材拖到底部的"新建合成"按钮■上，或在选择多个素材后，选择【文件】/【基于所选项新建合成】命令，打开图 2-59 所示的"基于所选项新建合成"对话框，单击选中"单个合成"单选项可通过"使用尺寸来自"下拉列表设置从哪个素材中获取合成设置；单击选中"多个合成"单选项可为每个素材都创建单独的合成文件；"静止持续时间"参数用于设置静态图像的持续时间；勾选"添加到渲染队列"复选框可快速渲染输出素材。另外，在单击选中"单个合成"单选项后，勾选"序列图层"复选框，所选素材将在"时间轴"面板中按选择顺序排列，并自动调整每个素材的播放时间。若同时勾选"重叠"复选框，则可为所选素材之间设置重叠的动画效果。

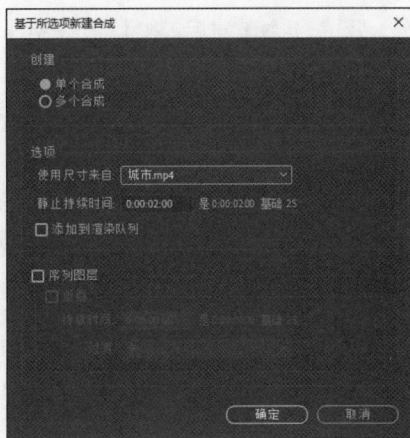

图 2-59

2.2.5　导入与编辑素材

在 After Effects 中导入素材与在 Premiere 中导入素材的方法类似，此处不再赘述。导入素材后，可以将其直接拖至"时间轴"面板或"合成"面板中，根据需要还可适当编辑素材，如调整素材的位置、大小等。

1. 调整锚点位置

锚点✧是素材进行位移、缩放、旋转等变化时的参考点。若需要调整锚点位置，则选择"向后平移（锚点）工具"▦，在"合成"面板中单击鼠标左键选择素材，然后将鼠标指针移至锚点上方，再按住鼠标左键拖曳进行调整。

2. 调整素材位置

选择"选取工具"▸，在"合成"面板中单击鼠标左键选择素材，然后按住鼠标左键拖曳，可直接调整素材的位置。若需要微调素材的位置，可按方向键位移2像素，或同时按住【Shift】键位移20像素。

3. 调整素材大小

选择"选取工具"▸，在"合成"面板中单击鼠标左键选择素材，将鼠标指针移至周围的控制点上方，然后按住鼠标左键拖曳，以调整素材的宽度和高度。若在按住【Shift】键的同时拖曳鼠标，则可等比例缩放素材，如图2-60所示。

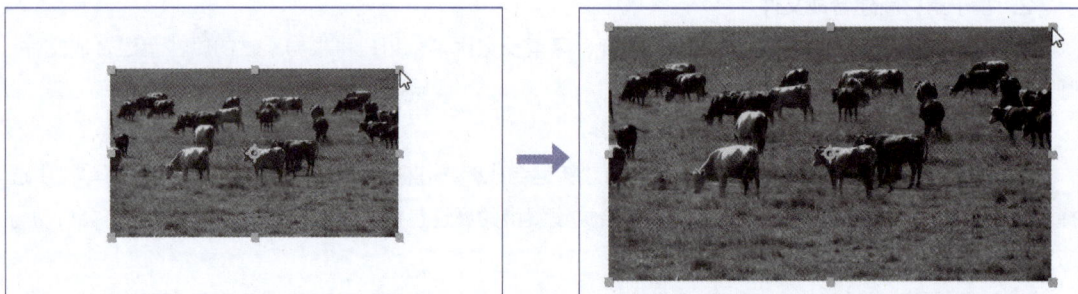

图2-60

另外，选择素材后，按【Ctrl+Alt+Shift+H】组合键可使素材与合成等宽；按【Ctrl+Alt+Shift+G】组合键可使素材与合成等高；按【Ctrl+Alt+F】组合键可使素材大小与合成大小一致。需要注意的是，若素材和合成的比例不同，则这些操作会使素材的画面变形。

4. 旋转素材

选择"旋转工具"↻，在"合成"面板中单击鼠标左键选择素材，然后直接按住鼠标左键拖曳，可旋转素材。若按住【Shift】键不放，同时按住鼠标左键拖曳，则将以45°的倍数旋转。

2.2.6 认识图层

图层是构成合成的主要元素，如果没有图层，合成就只是一个空白的画面。一个合成中可以只存在一个图层，也可以存在数百上千个图层。单个空白的图层可以看作一张透明的纸，将多张有内容的纸按照一定的顺序叠放在一起，所有纸上的内容就可以形成最终的画面效果。

1. 图层类型

将"项目"面板中的素材拖至"时间轴"面板中将自动生成与素材同名的图层，且同一个素材可以作为多个图层的源。除此之外，用户还可根据需要新建不同类型的图层。具体操作方法为：在"时间轴"

面板左侧的空白区域单击鼠标右键，在弹出的快捷菜单中选择"新建"命令，从该命令的子菜单中选择子命令即可新建对应图层，如图 2-61 所示。新建的图层将显示在图层控制区。图 2-62 所示的图层从下到上依次为：调整图层、形状图层、空对象图层、摄像机图层、灯光图层、纯色图层、空文本图层、包含文字内容的文本图层。

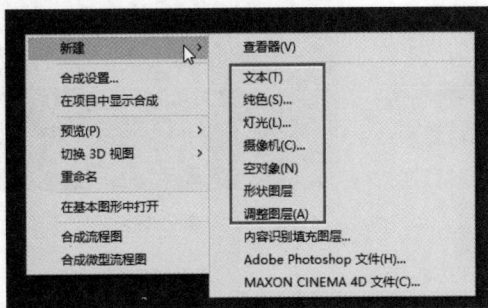

图2-61

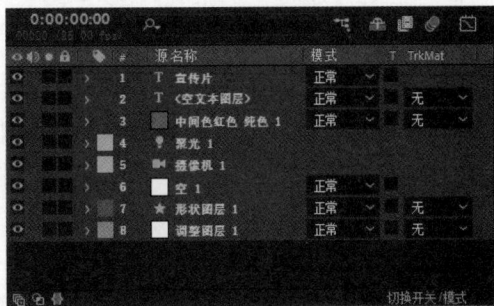

图2-62

（1）调整图层

调整图层类似一个空白的图像，但应用于调整图层上的效果会影响其下的所有图层，所以调整图层一般用于统一调整画面色彩、特效等。该图层的默认名称为"调整图层"，图层名称前的图标为白色色块。

（2）形状图层

形状图层用于建立各种简单或复杂的形状或路径，结合形状工具组和钢笔工具组中的各种工具，可以绘制出各种形状。该图层的默认名称为"形状图层"，图层名称前的图标为★。

（3）空对象图层

空对象图层不会被 After Effects 渲染出来，但它具有很强的实用性。例如，当项目文件中有大量的图层需要做相同的设置时，可以先建立空对象图层，将需要做相同设置的图层通过父子关系链接到空对象图层，再通过调整空对象图层来同时调整这些图层。另外，也可以将摄像机图层通过父子关系链接到空对象图层，通过移动空对象来实时控制摄像机。该图层的默认名称为"空"，图层名称前的图标为白色色块。

（4）摄像机图层

摄像机图层用于模仿真实的摄像机视角，通过平移、推拉、摇动等各种操作，来控制动态图形的运动效果，但它也只能作用于三维图层（立体空间上的图层，具体内容将在第 7 章介绍）。该图层的默认名称为摄像机，图层名称前的图标为▣。

（5）灯光图层

灯光图层用于充当三维图层的光源。如果需要为某个图层添加灯光，则需要先将该图层由二维图层转换为三维图层，然后才能设置灯光效果。灯光图层的默认名称为该图层的灯光类型，图层名称前的图标为💡。

（6）纯色图层

纯色图层用于作为背景或其他图层的遮罩，也可以应用效果配合纯色图层来制作特效。纯色图层的默认名称为该纯色图层的颜色名称加上"纯色"文字，图层名称前的图标为该纯色图层的颜色色块。

（7）文本图层

文本图层用于创建文本对象，图层的名称默认为"< 空文本图层 >"，图层名称前的图标为Ⅱ。若在"合成"面板中输入文字，则该图层名称将自动变为输入的文字内容。使用文字工具组在"合成"面板中单击鼠标左键定位文本插入点后，"时间轴"面板中也会自动新建一个文本图层。

（8）预合成图层

After Effects 中有一个较为特殊的预合成图层，可以用于管理图层、添加效果等。新建预合成图层的方法为：选择一个或多个图层后，单击鼠标右键，在弹出的快捷菜单中选择"预合成"命令，或按【Ctrl+Shift+C】组合键，打开图 2-63 所示的"预合成"对话框，设置名称、图层时间范围等，然后单击 确定 按钮，即可将所选图层创建为一个预合成图层。若需要再次修改已建预合成图层中某个图层的参数，则双击打开该预合成图层，再对目标图层进行编辑。

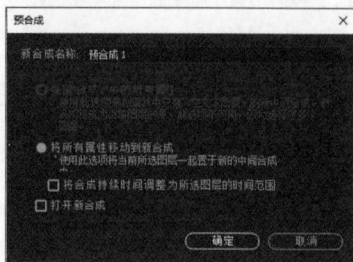

图 2-63

2. 图层属性

After Effects 中的图层主要具有锚点、位置、缩放、旋转和不透明度 5 种基本属性，大多数动态效果都是基于这 5 种属性进行设计和制作的。在"时间轴"面板左侧的图层控制区展开某个图层，在"变换"栏中可以看到该图层的这 5 种属性，如图 2-64 所示。单击这些属性后方的

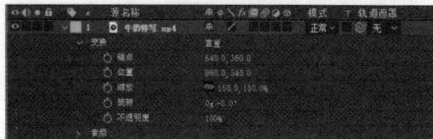

图 2-64

参数可以更改相应的数值，单击上方的 重置 按钮可将调整后的数值恢复到初始状态。

🔔 **提示**

若想快速显示图层属性，则在选择图层后，按【A】键显示锚点属性，按【P】键显示位置属性，按【S】键显示缩放属性，按【R】键显示旋转属性，按【T】键显示不透明度属性。

2.2.7 图层的基本操作

通过对图层进行选择、移动、拆分等基本操作，可以有序地组织各个素材。

1. 选择和移动图层

图层的排列顺序影响着视频画面的最终效果，因此需要掌握移动图层的方法，但在移动图层前需要先选择图层。

（1）选择图层

在"时间轴"面板中单击单个图层可直接将其选中，且所选图层的背景颜色将变亮显示。选择单个图层后，在按住【Shift】键的同时再选择另一个图层，可以选择这两个图层及它们之间的所有图层；按住【Ctrl】键的同时依次选择需要的图层，可选择多个不连续图层。

（2）移动图层

移动图层的排列顺序可通过以下 2 种方法调整。

- 通过拖动：选择需要移动的图层后，将其拖动至目标位置，当出现蓝色线条时释放鼠标，可将图层移至该位置。
- 通过菜单命令：选择需要移动的图层后，选择【图层】/【排列】命令，可在弹出的子菜单中选择相应的移动命令，如将图层置于顶层（快捷键为【Ctrl+Shift+]】）、使图层前移一层（快捷键为

【Ctrl+】)、使图层后移一层（快捷键为【Ctrl+[】)、将图层置于底层（快捷键为【Ctrl+Shift+[】)。

2. 设置图层时长

图层时长可以通过时间线控制区的时间条长度决定，而时间条的长度可通过设置该图层的入点与出点，以及图层的持续时间与伸缩来调整。

（1）设置图层的入点与出点

图层的入点即图层有效区域的开始点，出点则为图层有效区域的结束点。设置图层的入点与出点有以下3种方法。

- **通过对话框设置**：单击"时间轴"面板左下角的 ▦ 图标，展开"入点 / 出点 / 持续时间 / 伸缩"窗格，单击"入"栏或"出"栏下方的参数，可在打开的对话框中精确设置图层的入点与出点，如图 2-65 所示。

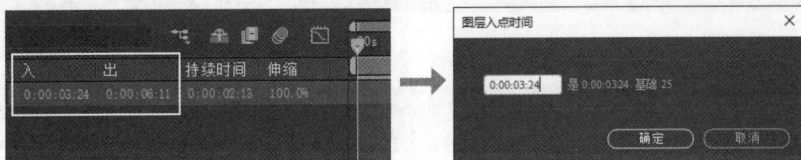

图2-65

- **通过快捷键设置**：拖动时间指示器至某个时间点，按【[】键可将该时间点设置为入点，按【]】键可将该时间点设置为出点。

- **通过拖曳鼠标设置**：选择图层后，将鼠标指针移动到该图层时间线控制区的时间条上，按住鼠标左键向左或向右拖曳，可快速调整图层的入点与出点。将鼠标指针移至时间条左侧或右侧，当鼠标指针变为 ▦ 形状时，按住鼠标左键拖曳，可直接修改图层的入点或出点，如图 2-66 所示。

图2-66

（2）设置图层的持续时间与伸缩

设置图层的持续时间与伸缩，可以调整图层上素材的播放速度，从而影响图层时长。展开"入点 / 出点 / 持续时间 / 伸缩"窗格，单击"持续时间"或"伸缩"栏下的参数，可打开图 2-67 所示的"时间伸缩"对话框。

"伸缩"栏用于设置拉伸因数和新持续时间，从而让视频产生变速效果。拉伸因数大于 100% 时可使视频播放速度变慢，小于 100% 时可使视频播放速度变快；新持续时间用于直接调整视频的播放时间。

"原位定格"栏用于设置以哪个时间点为基准收缩时间条。单击选中"图层进入点"单选项，入点在原位置保持

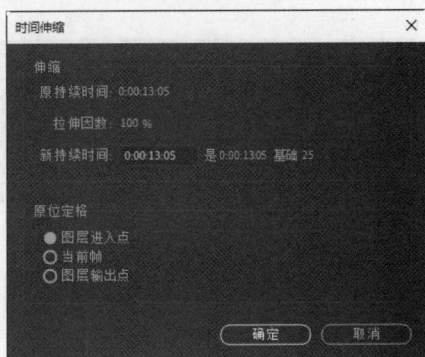

图2-67

不变，通过改变出点位置收缩时长；单击选中"当前帧"单选项，时间指示器所在位置保持不变，通过

改变出入点位置收缩时长；单击选中"图层输出点"单选项，出点在原位置保持不变，通过改变入点位置收缩时长。

3. 拆分与组合图层

拆分图层可方便用户对同一图层中素材的不同部分制作不同的效果，拆分后再组合又可形成完整的图层。

（1）拆分图层

选择需拆分的图层，将时间指示器拖至目标位置，选择【编辑】/【拆分图层】命令，或按【Ctrl+Shift+D】组合键，所选图层将以时间指示器所处位置为参考拆分为上下两个图层，如图 2-68 所示。

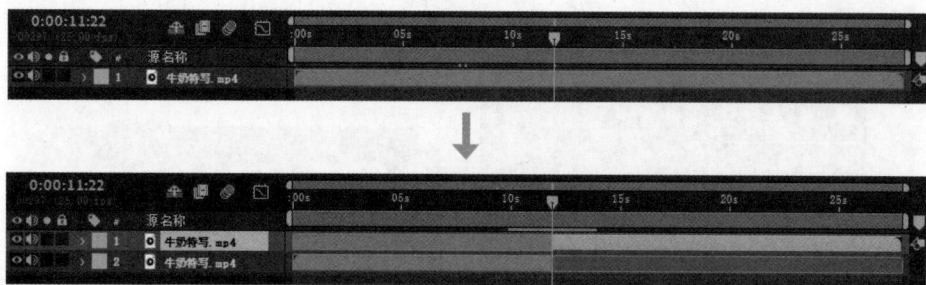

图 2-68

（2）组合图层

要将拆分后的不同图层组合在一起，可将一个图层的开端拖至其他图层的末尾，或在"时间轴"面板中选择需要组合的图层，单击鼠标右键，在弹出的快捷菜单中选择【关键帧辅助】/【序列图层】命令，打开"序列图层"对话框，设置持续时间为 0:00:00:00，单击 确定 按钮，可使所选的图层无缝连接，组合为一体。

4. 设置父子级图层

设置父子级图层可以在改变其中一个图层的某个属性时，同步修改同父子级图层内其他图层的相应属性。具体操作方法为：在图层的"父级和链接"栏对应的下拉列表中选择某图层作为该图层的父级图层，或直接拖动"父级和链接"栏下方的"父级关联器"按钮 至父级图层上，如图 2-69 所示。

要解除图层间的"父子关系"，可在子级图层的"父级和链接"栏对应的下拉列表中选择"无"选项，或在按住【Ctrl】键的同时单击子级图层的"父级关联器"按钮 。

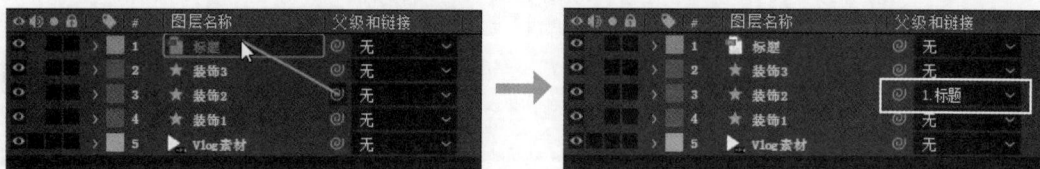

图 2-69

> 🔔 **提示**
>
> 一个图层只能有一个父级图层，而一个父级图层可以同时拥有同一合成中任意数量的子级图层。

2.2.8 设置图层样式

After Effects 提供了多种图层样式，如投影、内阴影、外发光、内发光、斜面和浮雕、光泽、颜色叠加、渐变叠加和描边等，可以为图层添加各种丰富的效果。应用图层样式的方法为：选择图层后，选择【图层】/【图层样式】命令，在弹出的子菜单中，用户可根据需要选择以下 9 种图层样式中的任意一个，然后在"时间轴"面板中展开该图层的"图层样式"栏，在其中设置相应的参数以调整样式效果。图 2-70 所示为原画面；图 2-71 ~图 2-79 所示为不同图层样式的应用效果。

原画面

图 2-70

投影
用于模拟图层受到光照后产生的
投影效果

图 2-71

内阴影
用于在图层边缘的内侧添加阴影，
使画面呈现出凹陷的效果

图 2-72

外发光
用于为图层边缘的外侧添加发光效果

图 2-73

内发光
用于为图层边缘的内侧添加发光效果

图 2-74

斜面和浮雕
用于为图层添加高光和阴影效果，
从而产生凸出或凹陷的效果

图 2-75

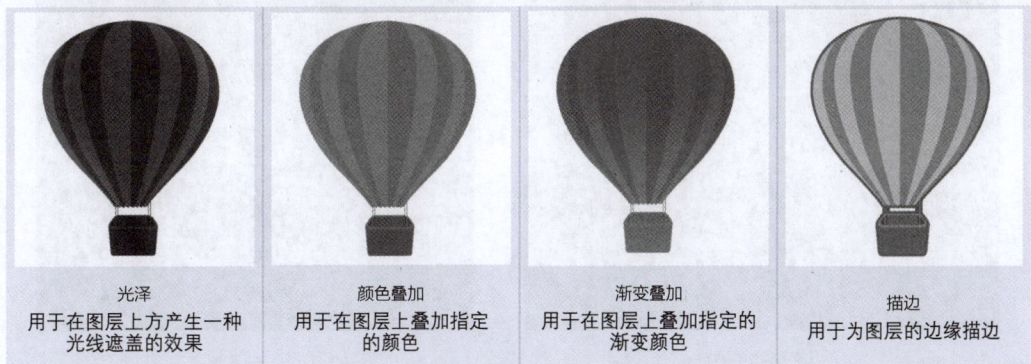

光泽
用于在图层上方产生一种
光线遮盖的效果

图 2-76

颜色叠加
用于在图层上叠加指定
的颜色

图 2-77

渐变叠加
用于在图层上叠加指定的
渐变颜色

图 2-78

描边
用于为图层的边缘描边

图 2-79

2.2.9 使用 After Effects 渲染与输出

渲染与输出操作通常在"渲染队列"面板中完成,因此需要先将合成添加到"渲染队列"面板中,然后在"渲染队列"面板中设置渲染与输出的文件格式、品质等参数,最后将其导出。具体操作方法为:选择需要渲染输出的合成,然后选择【文件】/【导出】/【添加到渲染队列】命令,或选择【合成】/【添加到渲染队列】命令,或按【Ctrl+M】组合键,打开图 2-80 所示的"渲染队列"面板,设置完成后,单击 渲染 按钮即可进行渲染输出。

图 2-80

"渲染队列"面板中部分选项的介绍如下。

● **状态**:用于显示渲染项(即合成)的状态。显示"未加入队列"表示该合成还未准备好渲染;显示"已加入队列"表示该合成已准备好渲染;显示"需要输出"表示未指定输出文件名;显示"失败"表示渲染失败;显示"用户已停止"表示用户已停止渲染该合成;显示"完成"表示该合成已完成渲染。

● **"日志"下拉列表**:用于设置输出的日志内容,可选择"仅错误""增加设置""增加每帧信息"选项。

● **输出到**:用于设置文件输出的位置和名称。

单击"渲染队列"面板中的 最佳设置 按钮和 需求指定 按钮,可分别打开"渲染设置"对话框(见图 2-81)和"输出模块设置"对话框(见图 2-82)。在"渲染设置"对话框中可设置合成、时间采样和帧速率等参数;在"输出模块设置"对话框的"主要选项"选项卡中可设置格式、视频输出、音频输出等参数,"色彩管理"选项卡中的参数可用于控制每个输出项的色彩管理。

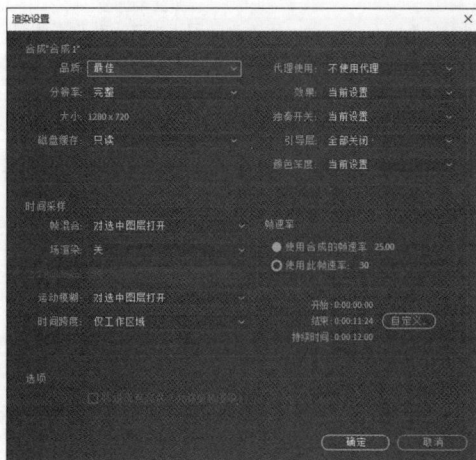

图 2-81

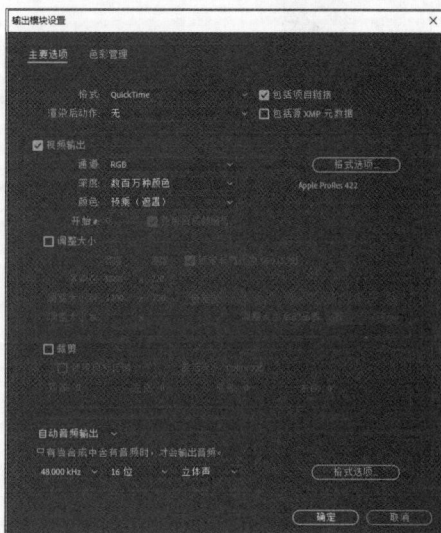

图 2-82

1.　"渲染设置"对话框

该对话框中部分选项的介绍如下。

- ●品质：用于设置所有图层的品质，可选择"最佳""草图""线框"选项。
- ●分辨率：用于设置相对于原始合成的分辨率大小。
- ●大小：用于显示原始合成和渲染文件的分辨率大小。
- ●磁盘缓存：用于设置渲染期间是否使用磁盘缓存首选项。选择"只读"选项，将不会在渲染时向磁盘缓存写入任何新帧；选择"当前设置"选项，将使用在"首选项"对话框的"媒体和磁盘缓存"选项卡中设置的磁盘缓存位置。
- ●场渲染：用于设置场渲染的类型，可选择"关""高场优先""低场优先"选项。
- ●时间跨度：用于设置渲染的时间。选择"合成长度"选项将渲染整个合成；选择"工作区域"选项将只渲染合成中由工作区域标记指示的部分；选择"自定义"选项或单击右侧的 ■按钮可打开"自定义时间范围"对话框，在其中自定义渲染的起始、结束和持续范围。
- ●帧速率：用于设置渲染时使用的帧速率。

2.　"输出模块设置"对话框

该对话框的"主要选项"选项卡中部分选项的介绍如下。

- ●格式：用于设置输出文件的格式。
- ●包括项目链接：用于设置是否在输出文件中包括链接到源项目的信息。
- ●开始 #：当输出文件为某个序列时，用于设置序列起始帧的编号。勾选右侧的"使用合成帧编号"复选框，可将工作区域的起始帧编号添加到序列的起始帧中。
- ●调整大小：用于设置输出文件的大小以及调整大小后的品质。
- ●裁剪：用于输出文件时在边缘减去或增加部分区域。勾选"目标区域"复选框，将只输出在"合成"或"图层"面板中选择的目标区域。
- ●自动音频输出：用于设置输出文件中音频的采样率、采样深度和声道。

资源链接："渲染设置""输出模块设置"对话框详解

2.3
综合实训

2.3.1　使用 Premiere 制作水蜜桃视频广告

　　欣欣水果店以其新鲜、优质、口感上佳的水果闻名。近年来，随着市场竞争的加剧，欣欣水果店希望通过创新的宣传方式吸引更多的消费者。因此，欣欣水果店准备为即将上架的水蜜桃制作一则视频广告。表 2-1 所示为欣欣水果店水蜜桃视频广告制作任务单，任务单中明确给出了实训背景、制作要求、设计思路和参考效果。

表 2-1　水蜜桃视频广告制作任务单

实训背景	为欣欣水果店新上市的水蜜桃制作视频广告，吸引更多的消费者
尺寸要求	1920 像素 ×1080 像素
时长要求	16 秒左右
制作要求	1. 片头 视频的片头要清晰展示出水蜜桃的宣传语和水果店的名称，让消费者能够第一时间了解该视频广告的主要目的 2. 内容 视频内容需要以展示水蜜桃的外观以及切开后的果肉为主，以突出水蜜桃的卖点，刺激消费者的消费欲望
设计思路	先添加粉色的颜色遮罩作为片头背景，与水蜜桃颜色相适配，突出主题，然后依次添加片头的文本动画素材和视频素材，最后添加背景音乐
参考效果	 效果预览： 水蜜桃视频广告
素材位置	配套资源 :\ 素材文件 \ 第 2 章 \ 综合实训 \ "水蜜桃素材" 文件夹
效果位置	配套资源 :\ 效果文件 \ 第 2 章 \ 综合实训 \ 水蜜桃视频广告 .prproj

操作提示如下。

STEP 01 新建 "水蜜桃视频广告" 项目文件，导入所有素材，为视频素材创建素材箱，再创建符合要求的序列。

STEP 02 新建颜色为 "#FF9191" 的颜色遮罩作为背景，再拖动片头文本的动画素材至 V2 轨道上，制作出片头动画。

STEP 03 依次拖动 "水蜜桃 1" ～ "水蜜桃 4" 视频素材至 V1 轨道上，并删除链接的音频。

STEP 04 拖动 "背景音乐 .wma" 素材至 A1 轨道上，最后保存项目文件。

视频教学：
制作水蜜桃视频广告

2.3.2　使用 After Effects 制作"大雪"节气宣传短视频

"大雪"是二十四节气中的第 21 个节气，在中国传统文化中，每个节气都有其独特的意义和习俗。"大雪"节气意味着天气更加寒冷，降雪量逐渐增大，将出现大面积积雪和冰冻现象，对农业生产和人们的生活都有重要影响。某宣传部门准备制作一则"大雪"节气宣传短视频，以提高公众对节气的认识和重视。表 2-2 所示为"大雪"节气宣传短视频制作任务单，任务单中明确给出了实训背景、制作要求、设计思路和参考效果。

表 2-2　"大雪"节气宣传短视频制作任务单

实训背景	为传承和弘扬中国传统文化，普及"大雪"节气知识，为某宣传部门制作一则宣传短视频
尺寸要求	720 像素 ×1280 像素
时长要求	14 秒左右
制作要求	1. 画面内容 视频内容要展现"大雪"节气的美丽景色和特点，画面清晰、美观，具有较强的沉浸感 2. 文本与配音 适当添加文本进行补充说明，再通过简洁的旁白介绍"大雪"节气的基本知识，让观众能够感受到节气的独特魅力
设计思路	创建竖版的序列；先添加作为背景的视频素材，将其分割为两段，并分别调整位置；再添加下雪视频；最后添加文本，根据画面分割文本并调整文本的位置
参考效果	 效果预览："大雪"节气宣传短视频
素材位置	配套资源:\素材文件\第 2 章\综合实训\"大雪素材"文件夹
效果位置	配套资源:\效果文件\第 2 章\综合实训\"大雪"节气宣传短视频 .aep

操作提示如下。

STEP 01 新建"'大雪'节气宣传短视频"项目文件,导入所有素材,新建竖版的序列。

STEP 02 拖动"雪景.mp4"素材至"时间轴"面板中,在 0:00:07:00 处拆分图层,并分别调整两个图层中素材的位置和大小。

STEP 03 拖动"下雪.mp4"素材至"时间轴"面板中,设置混合模式为"屏幕",并适当调整大小和入点位置。

STEP 04 拖动"大雪.png"素材至"时间轴"面板中,在 0:00:07:00 处拆分图层,并分别调整两个图层中素材的位置。最后添加"大雪旁白.mp3"素材,保存项目文件。

视频教学:
制作"大雪"节
气宣传短视频

2.4 课后练习

练习 1 使用 Premiere 制作美食教程视频

【**制作要求**】利用提供的素材制作美食教程视频,要求根据美食的制作顺序添加素材,结合文本描述展现对应的画面,并设计一个视频封面以突出主题,视频具有背景音乐。

【**操作提示**】创建项目文件,导入与整理素材,然后创建序列,利用颜色遮罩和标题图片制作封面,再依次添加视频、图片、音频等素材。参考效果如图 2-83 所示。

效果预览:
美食教程视频

【**素材位置**】配套资源:\ 素材文件 \ 第 2 章 \ 课后练习 \ "美食素材"文件夹

【**效果位置**】配套资源:\ 效果文件 \ 第 2 章 \ 课后练习 \ 美食教程视频.prproj

图 2-83

练习 2 使用 After Effects 制作博物馆藏品介绍视频

【制作要求】利用提供的素材制作博物馆藏品介绍视频，要求采用左文右图的排版方式，画面视觉效果简洁，信息清楚明了。

【操作提示】创建项目文件，导入素材，新建横版的合成，然后依次添加各个素材，再分别调整素材的大小和位置。参考效果如图 2-84 所示。

【素材位置】配套资源 :\ 第 2 章 \ 课后练习 \ "博物馆素材"文件夹

【效果位置】配套资源 :\ 第 2 章 \ 课后练习 \ 博物馆藏品介绍视频 .aep

效果预览：
博物馆藏介绍
视频

图 2-84

第 **3** 章

视频剪辑与过渡

视频剪辑是一种利用多个视频素材，通过分割、裁剪、删除和拼接等操作来删除多余内容、保留重要内容，最终形成一个连贯的故事，或表达一个完整的观点、想法等视频内容的制作手法。剪辑视频时，在素材之间运用不同的过渡效果，可以使各个素材片段的切换更加流畅自然，从而增强观众的视觉体验。

▌ 学习要点

　◎ 掌握剪辑视频的方法。

　◎ 熟悉不同过渡效果的作用。

　◎ 掌握添加与编辑过渡效果的方法。

▌ 素养目标

　◎ 具备提炼和整合素材能力。

　◎ 培养剪辑思维和创意思维。

▌ 扫码阅读

　　案例欣赏　　　　　　课前预习

3.1
视频剪辑

视频剪辑是一个复杂而又充满创意的过程。Premiere 提供了多种功能和工具，能够让创作者充分发挥自己的思维潜能，剪辑出令人满意的作品。

3.1.1 课堂案例——剪辑旅游 Vlog

【制作要求】为某自媒体博主制作一个旅游 Vlog，要求分辨率为"1920 像素 ×1080 像素"，为该 Vlog 制作一个片头，然后依次展现在旅游中遇到的不同风光，时长控制在 25 秒以内。

【操作要点】先利用 Premiere 中的入点和出点选取视频素材中较为美观的片段，并依次插入序列中，删除视频素材自带的音频，然后结合文本制作片头效果，最后添加背景音乐并调整出点。参考效果如图 3-1 所示。

【素材位置】配套资源 :\ 素材文件 \ 第 3 章 \ 课堂案例 \ "旅游素材"文件夹

【效果位置】配套资源 :\ 效果文件 \ 第 3 章 \ 课堂案例 \ 旅游 Vlog.prproj

图3-1

具体操作如下。

STEP 01 在 Premiere 中按【Ctrl+Alt+N】组合键打开"导入"界面，设置项目名为"旅游 Vlog"，在左侧选择"旅游素材"文件夹，在右侧取消选中"创建新序列"选项，然后单击 按钮。

STEP 02 在"项目"面板中双击"人物行走 .mp4"素材，在"源"面板中拖动时间指示器，以预览该素材。

STEP 03 由于视频时长过长，因此可选取部分片段。在"源"面板中拖动时间指示器至 00:00:10:16 处，然后单击"标记入点"按钮 ，或按【I】键，设置素材的入点，如图 3-2 所示。

视频教学：
剪辑旅游 Vlog

STEP 04 将时间指示器移至 00:00:15:16 处，单击"标记出点"按钮 ，或按【O】键，设置素材的出点，如图 3-3 所示。

图 3-2

图 3-3

STEP 05 在"项目"面板中拖动"人物行走.mp4"素材至"时间轴"面板中，将自动生成与其同名的序列，且序列的时长与在"源"面板中选取片段的时长相等。重命名序列为"旅游 Vlog"。

STEP 06 在"项目"面板中双击"机场.mp4"素材，在"源"面板中预览画面，然后分别设置入点和出点为"00:00:00:00""00:00:04:24"，如图 3-4 所示。

STEP 07 将"时间轴"面板中的时间指示器移至"人物行走.mp4"素材的出点处，单击"源"面板中的"插入"按钮 ，将"机场.mp4"素材入点和出点之间的片段添加到"时间轴"面板中，时间指示器将自动调整至该素材在该面板中的出点处，如图 3-5 所示。

图 3-4

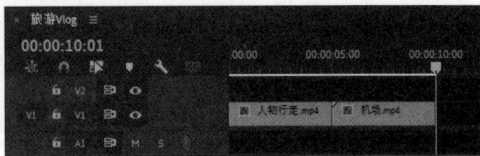

图 3-5

STEP 08 使用与步骤 06、步骤 07 相同的方法，先预览其他视频素材，然后设置"山.mp4"素材的入点和出点分别为"00:00:00:00""00:00:04:24"，"人物奔跑.mp4"素材的入点和出点分别为"00:00:05:00""00:00:08:29"，"火锅.mp4"素材的入点和出点分别为"00:00:13:00""00:00:17:00"，部分设置如图 3-6 所示。

图3-6

STEP 09 在"源"面板中再次打开"山.mp4"素材，由于该素材存在音频文件，因此将鼠标指针移至"源"面板中的"仅拖动视频"图标 上，按住鼠标左键拖曳至"时间轴"面板中的时间指示器所在位置。

STEP 10 使用与步骤07相同的方法，单击"插入"按钮 ，依次将"人物奔跑.mp4""火锅.mp4"素材插入"时间轴"面板中，效果如图3-7所示。

图3-7

STEP 11 在"项目"面板中拖动"Vlog片头.mov"素材至V2轨道上，使其入点与"人物行走.mp4"素材的入点对齐，视频画面的效果如图3-8所示。

图3-8

STEP 12 拖动"背景音乐.mp3"素材至"时间轴"面板的A1轨道上，此时音频时长过长，需要裁剪。选择"剃刀工具" ，将鼠标指针移至V1轨道上"火锅.mp4"素材出点的位置，在"背景音乐.mp3"素材上单击鼠标左键分割素材，如图3-9所示。

STEP 13 选择"选择工具" ，单击"背景音乐.mp3"素材在时间指示器右侧的部分，按【Delete】键删除，最后按【Ctrl+S】组合键保存项目。

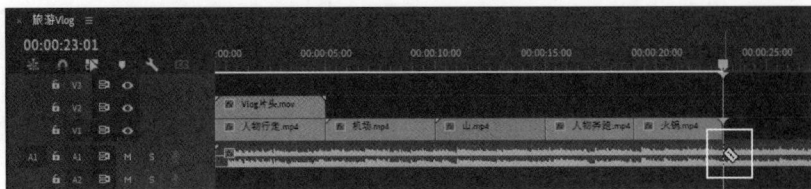

图3-9

行业知识

Vlog（Video Blog）常以视频的形式记录个人生活、经历和观点。Vlog 通常由个人或小型团队制作，内容涵盖各种主题，如旅行、美食、时尚、健身、日常生活等。随着多媒体技术的兴起，Vlog 已经成为一种非常受欢迎的内容形式，吸引了大量的观众和创作者。

通常来说，在剪辑 Vlog 时要着重考虑画面内容，从不同的视频素材中选取具有代表性的片段。同时，这些片段也要具有色彩饱满、内容丰富、画面清晰等特点。另外，还可以在 Vlog 中添加契合画面内容的背景音乐，提升视频的整体质量，从而吸引更多观众观看，增加流量及关注度。

3.1.2 设置标记、入点和出点

使用 Premiere 剪辑视频时，为了更好地组织和编辑素材，可以设置标记来标识时间线上的特定位置或范围。另外，拍摄的视频素材通常包含大量的镜头内容，但可能只有部分是真正需要的，此时可以设置入点和出点来选择素材中的特定片段。

1. 设置标记

为了快速找到素材或序列中的某个画面，可为其添加标记，以标识重要内容，定位某一画面的具体位置。添加后的标记还可以进行跳转、编辑、清除等操作。

（1）添加标记

在素材上添加标记时，可以先在"源"面板中拖动下方的时间指示器查看视频画面，然后在需要标记的位置单击该面板下方的"添加标记"按钮，或按【M】键，在当前时间指示器停放的位置添加标记，如图 3-10 所示。另外，将"源"面板中已添加标记的素材拖到"时间轴"面板中，标记依然存在，如图 3-11 所示。

图3-10

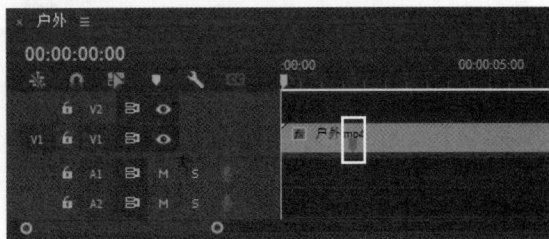

图3-11

在序列上添加标记的操作方法与在素材上添加标记的操作方法大致相同，在"节目"面板中调整时间指示器位置后，单击"节目"面板下方的"添加标记"按钮🔘，或按【M】键即可。

　　在"时间轴"面板中将时间指示器移动到需要标记的位置，再选择需添加标记的素材，然后按【M】键也可为素材添加标记；若未选择任何素材，则按【M】键可为该面板当前的序列添加标记。

（2）跳转标记

　　当"源"面板、"节目"面板或"时间轴"面板中存在多个标记时，在标记上单击鼠标右键，在弹出的快捷菜单中选择"转到上一个标记"命令，时间指示器将自动跳转到上一个标记所在位置；选择"转到下一个标记"命令，时间指示器将自动跳转到下一个标记所在位置。

（3）编辑标记

　　双击"源"面板、"节目"面板或"时间轴"面板中时间标尺处的标记，或将时间指示器移至标记所在时间点，然后按【M】键，打开图3-12所示的对话框，在其中可设置标记的名称、持续时间、颜色等参数，单击　确定　按钮完成标记的编辑。若为标记设置了名称，则将鼠标指针移至标记上，标记下方将显示标记名称，如图3-13所示。

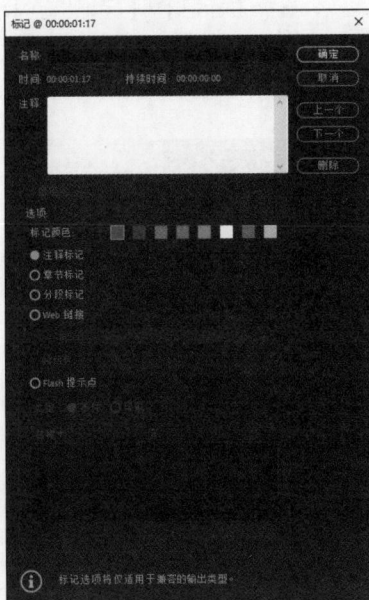

图3-12

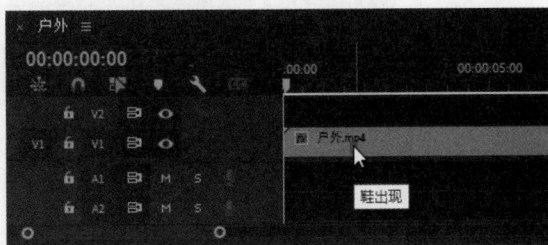

图3-13

　　选择添加标记后的任一面板，然后选择【窗口】/【标记】命令，打开"标记"面板，在其中也可以设置标记的名称、持续时间等参数，且单击"标记"面板中的某个标记，该面板中的时间指示器将自动定位至该标记的位置。

（4）清除标记

若需要清除"时间轴"面板、"源"面板或"节目"面板中添加的标记，则在标记处单击鼠标右键，在弹出的快捷菜单中选择"清除所选的标记"命令，以清除所选标记；选择"清除所有标记"命令，以清除所有标记。

> 🔔 **提示**
>
> 有关标记的操作，如跳转、清除等，也可以选择"标记"菜单命令，然后在弹出的菜单中选择相应的子命令。

2. 设置入点和出点

入点是指素材或序列的起点，出点是指素材或序列的终点。因此，设置入点和出点，可以精确选择和裁剪素材或序列中的特定部分。

（1）为素材设置入点和出点

为素材设置入点和出点可以在预览素材的同时，筛选素材片段内容，以节省在"时间轴"面板中编辑素材的时间。

在"源"面板中打开素材，拖动时间指示器至需要设置入点或出点的时间点，选择【标记】/【标记入点】命令，或单击"标记入点"按钮 ，或按【I】键可设置入点；选择【标记】/【标记出点】命令，或单击"标记出点"按钮 ，或按【O】键可设置出点。图 3-14 所示为素材设置入点、出点前后的对比效果。

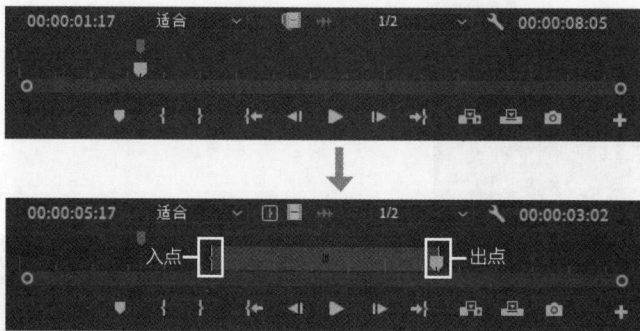

图3-14

> 🔔 **提示**
>
> 设置入点和出点后，对应的入点和出点处将分别出现 和 图标。若需要重新设置入点和出点，则直接使用"选择工具" 拖动图标，以此调整入点和出点的位置。

（2）为序列设置入点和出点

为序列设置入点和出点，可以在输出视频时只输出入点与出点之间的视频，其余视频则被裁剪，以精确控制视频的输出内容。其设置方法与为素材设置入点和出点的方法几乎相同，只是需要在"节目"面板中操作。

在剪辑视频时，也可以利用 Premiere 提供的工具调整素材的入点和出点。

- "波纹编辑工具" ：选择该工具，将鼠标指针移动至素材出点处，当鼠标指针变为 形状时，向左拖曳鼠标可调整出点，并且相邻素材将自动向左移动，与前面的素材连接在一起，后面素材的持续时间保持不变，但整个序列的持续时间会发生变化。

- "滚动编辑工具" ：选择该工具，将前一个素材的出点向左拖动5帧，后一个素材的入点会同时向左移动5帧。需要注意的是，若此时后一个素材的入点已经是素材的初始入点，则不能使用该工具调整前一个素材的出点。

- "外滑工具" ：当素材的入点前或出点后还有部分片段可供选择时，选择该工具，将素材向左拖动可将出点后的画面内容左移；向右拖动可将入点前的画面内容右移。

- "内滑工具" ：该工具可以保持选中素材的持续时间不变，而改变相邻素材的持续时间，即相邻素材的入点或出点，并且使整个序列的持续时间发生变化，其使用方法与"外滑工具" 相似。

- "剃刀工具" ：若素材时长过长，则选择该工具后，在"时间轴"面板中需要分割的位置单击鼠标左键，可分割当前轨道上的素材，删除多余的素材，重新定义该素材入点和出点的位置。若按住【Shift】键不放，则在任意一个轨道上单击鼠标左键，可同时分割多个轨道上的素材。

3.1.3　插入和覆盖素材

在剪辑视频时，通过插入和覆盖素材可以在时间轴上调整视频、音频等素材的顺序和叠加关系。

1. 插入素材

插入素材通常存在两种情况：一是将当前时间指示器移动到两个素材之间，插入素材后，时间指示器之后的素材都将向后推移；二是将当前时间指示器移至目标素材任意位置，插入的新素材会将目标素材分为两部分，新素材直接插入目标素材的前半部分与后半部分之间，导致目标素材的后半部分向后推移，紧接在新素材之后，如图3-15所示。

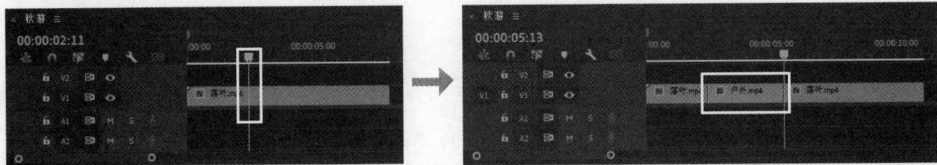

图3-15

在"时间轴"面板中将时间指示器移动到需要插入的位置后，插入素材的方法主要有以下3种。

- 通过命令：在"项目"面板中选中要插入"时间轴"面板中的素材，然后单击鼠标右键，在弹出的快捷菜单中选择"插入"命令，可将该素材完整地插入"时间轴"面板中。

- 通过按钮：在"源"面板中设置要插入素材的入点和出点（若未设置入点和出点，则直接插入整个素材），再单击"源"面板下方的"插入"按钮 插入该素材。

- 通过拖动：在按住【Ctrl】键的同时，直接将"项目"面板中选中的素材拖到"时间轴"面板中需要插入素材的位置。

2. 覆盖素材

覆盖素材的情况与插入素材类似。不同的是，覆盖素材时，当前时间指示器后方的素材会被覆盖，不会向后移动，即整个序列的总时长不会改变。图 3-16 所示为覆盖素材前后的对比效果。

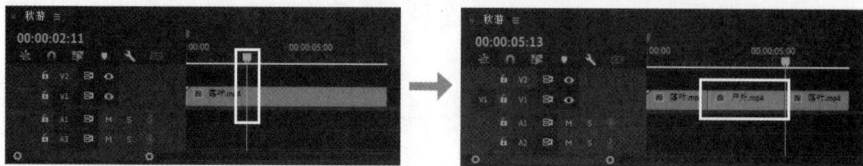

图3-16

在"时间轴"面板中移动时间指示器到目标位置后，在"源"面板中设置素材的入点和出点（若未设置入点和出点，则直接插入整个视频），再单击"源"面板下方的"覆盖"按钮；或者在"项目"面板中选择要添加的素材，单击鼠标右键，在弹出的快捷菜单中选择"覆盖"命令。

3.1.4 提升和提取素材

在剪辑视频时，若需要删除素材中不需要的部分片段，则可利用提升和提取素材的功能进行操作。

1. 提升素材

在提升素材时，Premiere 将从"时间轴"面板中删除一部分素材，然后在提升素材的位置留下一个空白区域。具体操作方法为：在"节目"面板中为需要删除的素材片段设置入点和出点，选择【序列】/【提升】命令，或在"节目"面板中单击"提升"按钮，此时 Premiere 将删除入点标记和出点标记之间的区域，并在轨道上留下一个空白区域。图 3-17 所示为提升素材前后的对比效果。

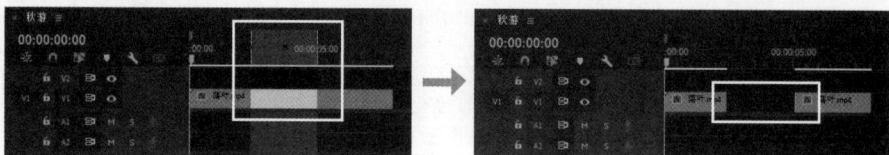

图3-17

2. 提取素材

在提取素材时，Premiere 将从"时间轴"面板中删除一部分素材，然后该部分素材右侧的剩余部分会自动向前移动，补上删除部分的空缺，因此不会有空白区域。具体操作方法为：先在"节目"面板中为需要删除的素材片段设置入点和出点，然后单击"节目"面板中的"提取"按钮，或选择【序列】/【提取】命令，此时 Premiere 将删除入点标记和出点标记之间的区域，并将剩余部分连接在一起。图 3-18 所示为提取素材前后的对比效果。

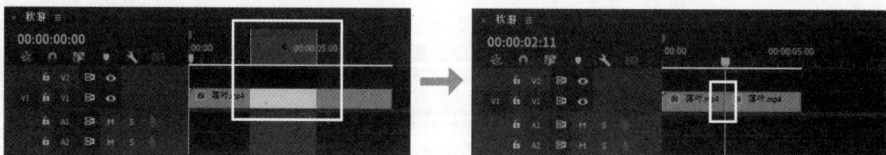

图3-18

3.1.5 主剪辑和子剪辑

主剪辑（也称为源剪辑）通常是指导入的原始视频或音频等素材文件，而由主剪辑生成的所有剪辑可视为子剪辑，即主剪辑是原始来源，而子剪辑是从主剪辑中裁剪出来的片段。主剪辑可以创建多个子剪辑。这两种剪辑常用于制作持续时间较长、内容比较复杂的视频。

1. 制作子剪辑

在"源"面板中设置素材的入点和出点后，选择【剪辑】/【制作子剪辑】命令（快捷键为【Ctrl+U】）；或按住【Ctrl】键不放，将该素材从"源"面板拖到"项目"面板中；或在"项目"面板、"源"面板中单击鼠标右键，在弹出的快捷菜单中选择"制作子剪辑"命令，打开"制作子剪辑"对话框，在"名称"文本框中可为子剪辑设置名称；勾选"将修剪限制为子剪辑边界"复选框，则整个子剪辑的持续时间将固定，不能随时调整子剪辑的入点和出点。通过这3种方式可制作子剪辑，并可在"项目"面板中查看子剪辑。

2. 编辑子剪辑

在"项目"面板中选择子剪辑，选择【剪辑】/【编辑子剪辑】命令，打开"编辑子剪辑"对话框，然后在"子剪辑"栏中可重新设置开始时间（入点）和结束时间（出点），如图3-19所示。其中，勾选"将修剪限制为子剪辑边界"复选框可限制修剪的时间点；勾选"转换到源剪辑"复选框可将该子剪辑转换为源剪辑。

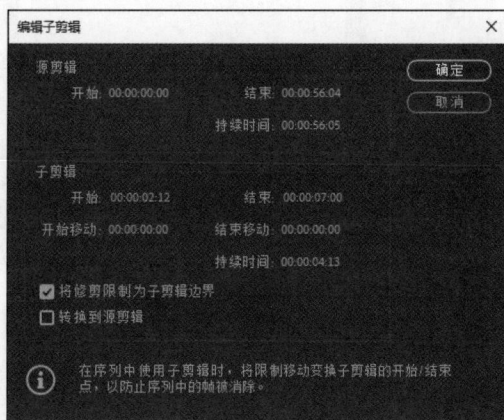

图3-19

3.1.6 课堂案例——剪辑饺子制作教程视频

【制作要求】为某美食店铺制作一个饺子制作教程视频，要求根据制作饺子的流程依次展现，分辨率为"1920像素×1080像素"。

【操作要点】利用Premiere主剪辑与子剪辑将视频素材拆分为多个片段，然后根据背景音乐的节奏依次调整每个片段的播放速度。参考效果如图3-20所示。

【素材位置】配套资源:\素材文件\第3章\课堂案例\"饺子素材"文件夹

【效果位置】配套资源:\效果文件\第3章\课堂案例\饺子制作教程视频.prproj

视频教学:
剪辑饺子制作
教程视频

图3-20

具体操作如下。

STEP **01** 在 Premiere 中按【Ctrl+Alt+N】组合键打开"导入"界面，设置项目名为"饺子制作教程视频"，在左侧选择"饺子素材"文件夹，在右侧取消选中"创建新序列"选项，然后单击 创建 按钮。

STEP **02** 在"项目"面板中双击"饺子制作.mp4"素材，在"源"面板中预览视频画面，从中选取出"擀饺子皮"的视频片段，设置入点和出点分别为"00:00:00:00""00:00:06:00"，如图3-21所示。

STEP **03** 选择【剪辑】/【制作子剪辑】命令，或按【Ctrl+U】组合键，打开"制作子剪辑"对话框，设置名称为"擀饺子皮"，然后单击 确定 按钮，如图3-22所示。此时在"项目"面板中可查看到所生成的"擀饺子皮"子剪辑，如图3-23所示。

图3-21

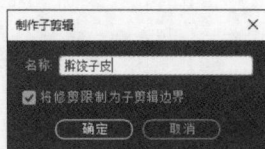

图3-22

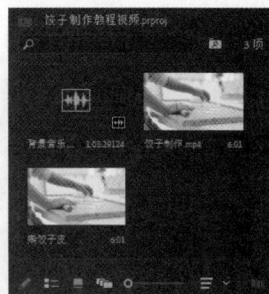

图3-23

STEP **04** 使用与步骤02、步骤03相同的方法，分别将 00:00:08:08 ~ 00:00:20:07 的片段制作为"包饺子"子剪辑，将 00:00:21:47 ~ 00:00:33:46 的片段制作为"包好的饺子"子剪辑，将 00:00:57:32 ~ 00:01:24:46 的片段制作为"煮饺子"子剪辑，将 00:02:03:36 ~ 00:02:11:43 的片段制作为"展示成品"子剪辑，如图3-24所示。

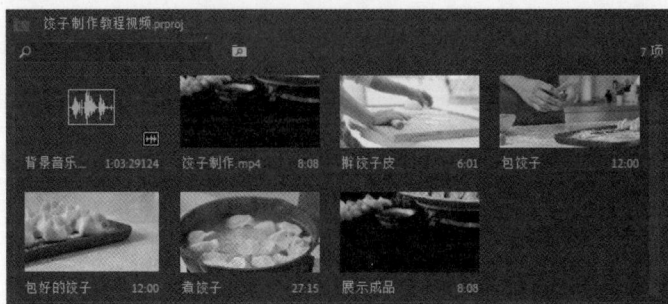

图3-24

STEP 05 拖动"擀饺子皮"子剪辑至"时间轴"面板中，此时基于该素材创建一个序列，然后重命名序列为"饺子制作教程视频"，再拖动"背景音乐.mp3"素材至 A1 轨道上，如图 3-25 所示。

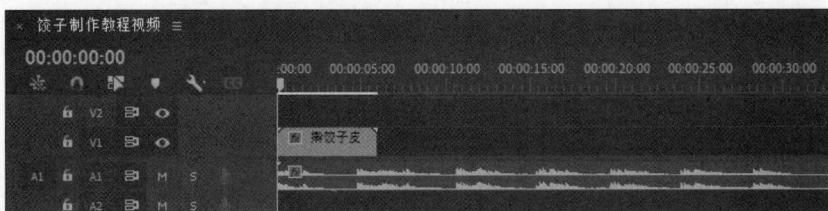

图 3-25

STEP 06 预览音频效果，发现是一段一段的声音，可根据音频波形调整每段素材的时长。将时间指示器移至 00:00:04:33 处，按【M】键添加标记，如图 3-26 所示。使用相同的方法继续添加标记，由于第四个片段时长较长，因此可选取两段声音，效果如图 3-27 所示。

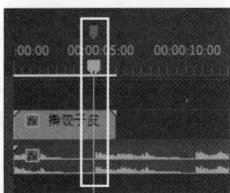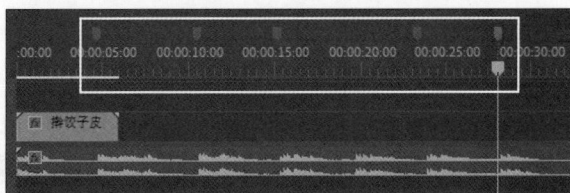

图 3-26　　　　　　　　　　　　　　　　图 3-27

STEP 07 选择"比率拉伸工具"，将鼠标指针移至"擀饺子皮"子剪辑的出点处，当鼠标指针变为形状时，按住鼠标左键不放并向左拖曳，当拖曳至第一个标记处且显示一条黑线时，释放鼠标，如图 3-28 所示。

STEP 08 依次拖动"包饺子""包好的饺子""煮饺子""展示成品"子剪辑到 V1 轨道上，并使用与步骤 07 相同的方法，调整这些子剪辑的出点，效果如图 3-29 所示。

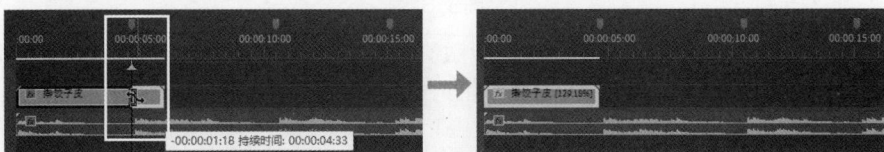

图 3-28

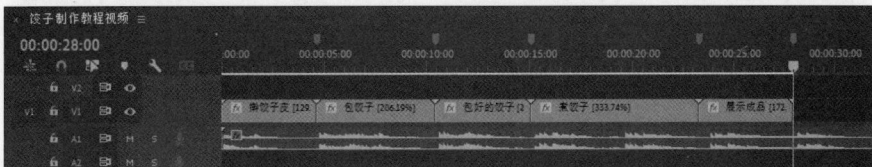

图 3-29

STEP 09 使用"剃刀工具"分割"背景音乐.mp3"素材，使其出点与 V1 轨道上最后一段子剪辑的出点对齐，然后删除分割后右侧的素材，最后按【Ctrl+S】组合键保存项目文件。

3.1.7 调整素材的速度和持续时间

若剪辑后的视频总时长过长或过短，或画面内容的播放速度不太符合制作需求，就可以通过调整素材的速度和持续时间来进行优化。具体操作方法为：选择"比率拉伸工具" ，在"时间轴"面板中将鼠标指针移至素材边缘，当鼠标指针变为 形状时，按住鼠标左键不放并左右拖曳，可加快或减慢视频播放速度，使素材时长发生变动。此时，素材名前的 图标变为 图标，且其名称右侧将显示速度的具体参数。图 3-30 所示为减慢播放速度的效果。

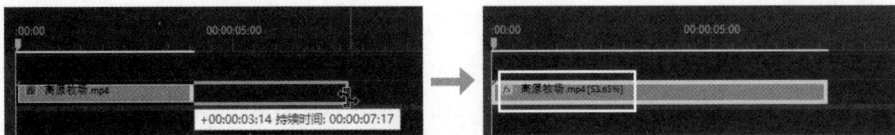

图 3-30

除了"比率拉伸工具" ，也可以利用"剪辑速度 / 持续时间"对话框来调整素材的速度和持续时间。具体操作方法为：在"时间轴"面板或"项目"面板中选择需要的素材，然后单击鼠标右键，在弹出的快捷菜单中选择"速度 / 持续时间"命令，或选择【剪辑】【速度 / 持续时间】命令，都能打开"剪辑速度 / 持续时间"对话框，如图 3-31 所示。设置参数后，单击 确定 按钮。

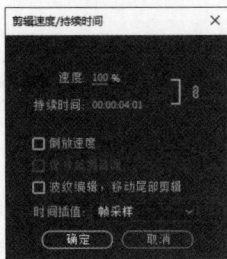

图 3-31

在"剪辑速度 / 持续时间"对话框的"速度"数值框中可以设置视频播放速度的百分比，数值越大，速度越快；数值越小，速度越慢。设置"持续时间"参数可以调整素材显示时间的长短，该值越大，播放速度越慢；该值越小，播放速度越快。

另外，勾选"倒放速度"复选框，可反向播放视频；当视频中包含音频时，勾选"保持音频音调"复选框，可使音频播放速度保持不变；勾选"波纹编辑，移动尾部剪辑"复选框，可消除因视频的持续时间缩短后与右侧视频产生的间隙；为解决减慢视频播放速度导致帧数不够的问题，可以在"时间插值"下拉列表中选择用于设置生成补帧的算法来补帧。

3.2

应用视频过渡

通常情况下，视频由若干个镜头序列组合而成，每个镜头序列都具有相对独立和完整的内容。在不同的镜头序列之间制作转场效果，即视频过渡，可以更好地衔接不同的视频画面。Premiere 提供了不同类型的过渡效果，用户可以充分应用这些过渡效果来优化视频，也可以根据实际需求编辑已应用的视频过渡效果。

3.2.1　课堂案例——制作茶园农庄宣传广告

【制作要求】为闲适茶园农庄制作一个竖屏宣传广告，要求分辨率为"1280 像素 ×2276 像素"，展现出茶园农庄的茶园以及特色项目，并以流畅的画面过渡增强视觉体验。

【操作要点】使用 Premiere 先剪辑多个视频素材，然后根据画面内容添加不同的过渡效果，并适当优化，再添加欢快的背景音乐，最后将制作的视频放置在添加好宣传文本的背景素材中。参考效果如图 3-32 所示。

【素材位置】配套资源 :\ 素材文件 \ 第 3 章 \ 课堂案例 \ "茶园农庄素材"文件夹

【效果位置】配套资源 :\ 效果文件 \ 第 3 章 \ 课堂案例 \ 茶园农庄宣传广告 .prproj

视频教学：
制作茶园农庄
宣传广告

图 3-32

具体操作如下。

STEP 01 在 Premiere 中按【Ctrl+Alt+N】组合键打开"导入"界面，设置项目名为"茶园农庄宣传广告"，在左侧选择"茶园农庄素材"文件夹，在右侧取消选中"创建新序列"选项，然后单击 导入 按钮。

STEP 02 在"项目"面板中双击"茶园 .mp4"素材，然后在"源"面板中分别设置入点和出点为"00:00:08:00""00:00:19:00"。

STEP 03 在"项目"面板中拖动"茶园 .mp4"素材至"时间轴"面板中，将自动生成与其同名的序列，然后重命名序列为"茶园农庄"。

STEP 04 依次拖动其他视频素材至 V1 轨道上，删除自带的音频，并分别设置"茶园 .mp4""采摘茶叶 .mp4""住宿 .mp4"素材的速度为"150%""129%""160%"，如图 3-33 所示。

图 3-33

STEP 05 选择【窗口】/【效果】命令，打开"效果"面板，依次展开"视频过渡""溶解"文件夹，将鼠标指针移至"交叉溶解"过渡效果上，按住鼠标左键不放并拖曳至"茶园.mp4""采摘茶叶.mp4"素材之间，当鼠标指针变为 形状时，释放鼠标以添加该过渡效果，画面效果如图3-34所示。

图3-34

STEP 06 在"效果"面板中展开"划像"文件夹，拖动"圆划像"过渡效果至"采摘茶叶.mp4"素材的出点处，然后在"时间轴"面板中单击选择添加的过渡效果，打开"效果控件"面板，在"开始"文本下方的矩形中拖动白色圆环至图3-35所示位置，使过渡中心位于茶杯中心。调整前后的对比效果如图3-36所示。

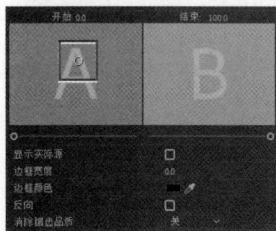

图3-35

图3-36

STEP 07 使用与步骤06相同的方法，拖动"擦除"文件夹中的"划出"过渡效果至"冲泡茶叶.mp4"素材的出点处，然后在"效果控件"面板中设置边框宽度为"30.0"、边框颜色为"#FFFFFF"，画面效果如图3-37所示。

图3-37

STEP 08 使用与步骤06相同的方法，拖动"擦除"文件夹中的"百叶窗"过渡效果至"垂钓.mp4"素材的出点处，然后在"效果控件"面板中单击 自定义 按钮，打开"百叶窗设置"对话框，设置带数量为"6"，再单击 确定 按钮，画面效果如图3-38所示。

图3-38

STEP **09** 单击"项目"面板右下角的"新建项"按钮，在弹出的下拉菜单中选择"序列"命令，打开"新建序列"对话框，在其中设置时基为"25.00 帧 / 秒"、帧大小为"1280×2276"、序列名称为"茶园农庄宣传广告"，然后单击 确定 按钮。

STEP **10** 拖动"背景 .jpg"素材至"茶园农庄宣传广告"序列的 V1 轨道上，然后拖动"茶园农庄"序列至 V2 轨道上，画面效果如图 3-39 所示。调整"背景 .jpg"素材的出点，使其与"茶园农庄"序列的出点对齐。

STEP **11** 此时视频的位置过于偏上，需要调整。在"时间轴"面板中选择"茶园农庄"序列，在"效果控件"面板中修改位置为"640.0 1220.0"，如图 3-40 所示。效果如图 3-41 所示。

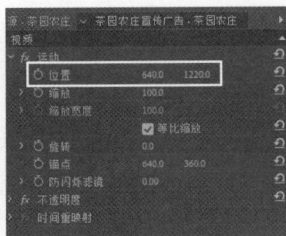

图3-39　　　　　　　　　　图3-40　　　　　　　　　　图3-41

STEP **12** 查看完成后的效果，如图 3-42 所示。最后按【Ctrl+S】组合键保存项目文件。

图3-42

行业知识

　　随着智能手机的普及，竖屏广告的出现让营销领域发生了变革，也为设计师带来了无限的想象空间。竖屏广告是一种垂直方向呈现的广告形式，通常出现在移动设备上，如手机、平板电脑等。相较于传统的横屏广告，竖屏广告更符合手机用户的观看习惯，且能够充分利用屏幕空间，使广告信息更为突出。

　　在制作竖屏广告时，要注意广告的时长和内容，尽量使广告的视觉效果简洁明了、美观大方，同时体现出品牌的特点和风格，以确保广告能够吸引手机用户的注意力，有效传递广告信息。

3.2.2　常用视频过渡效果

　　Premiere 提供了多种视频过渡效果，在"效果"面板中单击展开"视频过渡"文件夹，其中有 8 种类型的效果组，不同类型的效果组又包含单个或多个过渡效果。

1. 内滑过渡效果组

　　内滑过渡效果组主要以滑动的形式来切换场景 A 和场景 B，包含 6 种过渡效果，如图 3-43 ~ 图 3-48 所示。

Center Split
（中心拆分）
使场景 A 分为 4 个部分，并使每个部分滑动到角落，以显示出场景 B

图3-43

Split
（拆分）
使场景 A 拆分为两个部分，并滑动到两边，以显示出场景 B

图3-44

内滑
使场景 B 向右滑动到场景 A 的上面，以显示出全貌

图3-45

带状内滑
使场景 B 在左右两侧以条形滑入，逐渐覆盖场景 A

图3-46

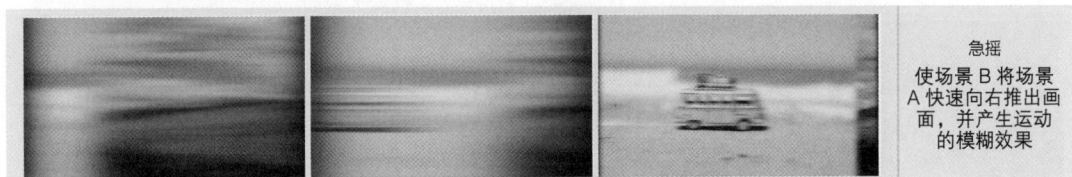

急摇
使场景 B 将场景 A 快速向右推出画面，并产生运动的模糊效果

图3-47

推
使场景 B 将场景 A 从画面的左侧推到右侧

图3-48

2. 划像过渡效果组

划像过渡效果组可使场景 B 在场景 A 中逐渐伸展，直到完全覆盖场景 A，包含交叉划像、圆划像、盒形划像、菱形划像 4 种过渡效果。这 4 种过渡效果的伸展方式一致，只是形状不同。其中交叉划像使场景 B 以十字形的方式在场景 A 中展示并完全覆盖，其余几种则分别使场景 B 以圆形、矩形和菱形的方式在场景 A 中展示并完全覆盖。图 3-49 所示为圆形划像过渡效果。

圆形划像
使场景 B 以圆形的方式在场景 A 中展示并完全覆盖

图3-49

3. 擦除过渡效果组

擦除过渡效果组可使用场景 B 擦除场景 A 的不同区域，直至场景 B 完全覆盖场景 A，包含 16 种过渡效果，如图 3-50 ～图 3-65 所示。

Inset（小图）
使场景 B 从画面左上角开始，以矩形小图样式逐渐放大并擦除场景 A

图3-50

图 3-51

划出

使场景 B 从画面左侧开始擦除场景 A

图 3-52

双侧平推门

使场景 B 以展开和推门的方式擦除场景 A

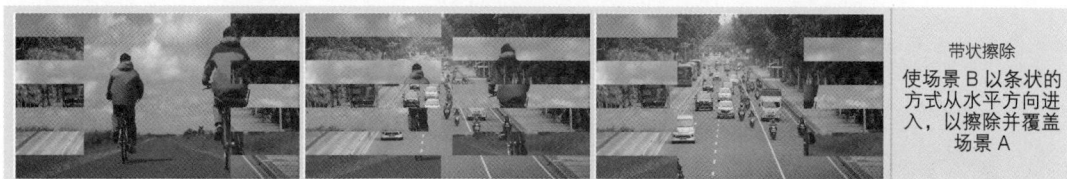

图 3-53

带状擦除

使场景 B 以条状的方式从水平方向进入，以擦除并覆盖场景 A

图 3-54

径向擦除

使场景 B 以三角形的方式从画面右上角开始顺时针擦除场景 A

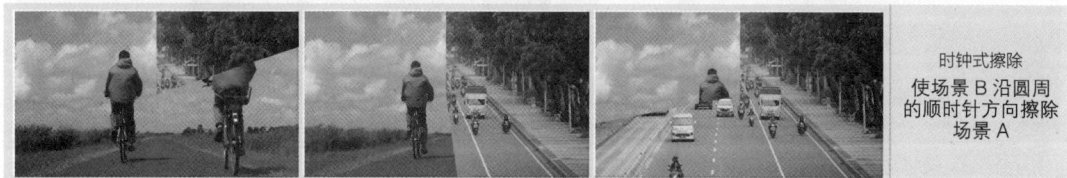

图 3-55

时钟式擦除

使场景 B 沿圆周的顺时针方向擦除场景 A

图 3-56

棋盘

使场景 B 以棋盘的方式擦除场景 A

棋盘擦除

使场景 B 以切片的棋盘方块的方式，从画面左侧逐渐延伸到右侧，擦除并覆盖场景 A

图 3-57

楔形擦除

使场景 B 以楔形的方式从画面中心往下过渡，逐渐擦除并覆盖场景 A

图 3-58

水波块

使场景 B 沿 "Z" 字形交错擦除并覆盖场景 A

图 3-59

油漆飞溅

使场景 B 以墨点的方式逐渐擦除并覆盖场景 A

图 3-60

百叶窗

使场景 B 以逐渐加粗色条的方式擦除并覆盖场景 A

图 3-61

螺旋框

使场景 B 以矩形方框的方式围绕、擦除并覆盖场景 A，就像一个螺旋的条纹

图 3-62

随机块

使场景 B 以随机方块的形式擦除并覆盖场景 A

图 3-63

随机擦除

使场景 B 以随机方块的方式从上至下逐渐擦除并覆盖场景 A

图 3-64

风车

使场景 B 以旋转变大的风车形状出现，擦除并覆盖场景 A

图 3-65

4. 沉浸式视频过渡效果组

沉浸式视频过渡效果组主要用于 VR 视频（VR 视频是指用专业的 VR 摄影技术捕捉现场环境，并在计算机上进行后期处理，形成的能够在虚拟现实环境中实现三维空间展示功能的视频），确保过渡画面不会出现失真现象，包含 8 种过渡效果，如图 3-66 ~ 图 3-73 所示。

VR 光圈擦除

使场景 B 以光圈擦除的方式显示并覆盖场景 A

图 3-66

VR 光线

使场景 B 逐渐变为强光线，淡化显示并覆盖场景 A

图 3-67

VR 渐变擦除

使场景 B 以渐变擦除的方式显示并覆盖场景 A

图 3-68

VR 漏光

使场景 B 以一种光线溢出的方式逐渐显示并覆盖场景 A

图 3-69

VR 球形模糊

使场景 B 以球形模糊的方式逐渐淡化场景 A，直到场景 B 完全显示

图 3-70

VR 色度泄漏

使场景 B 以泄漏色彩的方式显示并覆盖场景 A

图 3-71

VR 随机块

使场景 B 以随机方块的方式显示并覆盖场景 A

图 3-72

VR 默比乌斯缩放

使场景 A 以默比乌斯（一种拓扑结构，只有一个面和一个边界）缩放的方式显示出场景 B

图 3-73

5. 溶解过渡效果组

溶解过渡效果组可以使场景 A 逐渐消失，场景 B 逐渐淡入显示，从而很好地表现两个场景之间的缓慢过渡及变化，包含 7 种过渡效果，如图 3-74 ~ 图 3-80 所示。

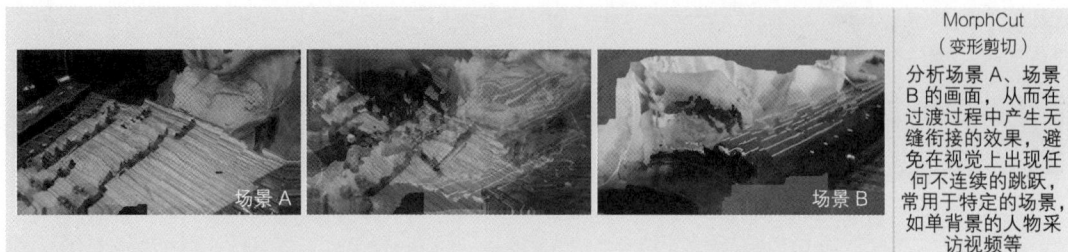

MorphCut
（变形剪切）
分析场景 A、场景
B 的画面，从而在
过渡过程中产生无
缝衔接的效果，避
免在视觉上出现任
何不连续的跳跃，
常用于特定的场景，
如单背景的人物采
访视频等

图 3-74

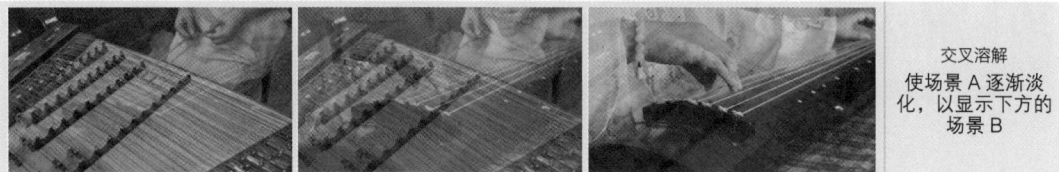

交叉溶解
使场景 A 逐渐淡
化，以显示下方的
场景 B

图 3-75

叠加溶解
使场景 A 以加亮模
式渐隐，然后逐渐
显示出场景 B

图 3-76

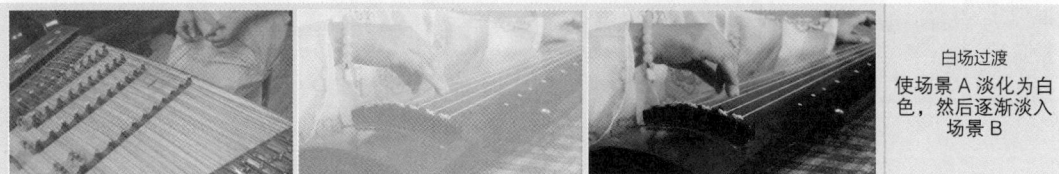

白场过渡
使场景 A 淡化为白
色，然后逐渐淡入
场景 B

图 3-77

胶片溶解
使场景 A 以类似于
胶片的方式渐隐，
从而显示出场景 B

图 3-78

非叠加溶解
使场景 B 中亮度
较高的区域先显示
在场景 A 中，再
逐渐显示出完整的
场景 B

图 3-79

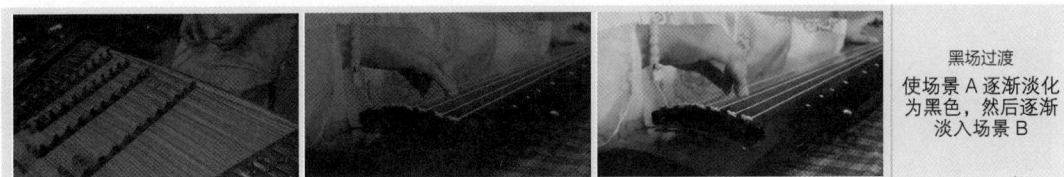

黑场过渡

使场景 A 逐渐淡化为黑色，然后逐渐淡入场景 B

图3-80

6. 缩放过渡效果组

缩放过渡效果组只有"交叉缩放"过渡效果，如图 3-81 所示。

场景 A　场景 B

交叉缩放

先将场景 A 放至最大，再切换到最大化的场景 B，然后逐渐缩放场景 B 至画面大小

图3-81

7. 过时过渡效果组

过时过渡效果组中是由 Premiere 官方整理的不太常用的效果，包含 3 种过渡效果，如图 3-82 ~ 图 3-84 所示。

场景 B

场景 A

渐变擦除

使用一张灰度图像来制作渐变切换，使场景 A 按灰度图像的黑色区域到白色区域逐渐消失，从而显示出场景 B

图3-82

立方体旋转

使场景 A 以旋转的立方体方式过渡到场景 B

图3-83

翻转

沿垂直轴翻转场景 A，并逐渐显示出场景 B

图3-84

8. 页面剥落过渡效果组

页面剥落过渡效果组可用于模仿翻书效果，将场景 A 翻页至场景 B，包含两种过渡效果，如图 3-85、图 3-86 所示。

翻页
使场景 A 从左上角
向右下角卷动，从
而显示出场景 B

图3-85

页面剥落
使场景 A 像纸一样
翻面卷起，从而显
示出场景 B

图3-86

3.2.3 添加与删除视频过渡效果

当两段视频之间没有直接的关联，或需要营造某种特征的转场效果时，可以在两段视频之间添加视频过渡效果。若对添加的过渡效果不满意，还可直接将其删除，再添加其他过渡效果。

1. 添加视频过渡效果

将视频过渡效果拖至"时间轴"面板中两个相邻素材之间（也可以是前一个素材的出点处或后一个素材的入点处），便可成功添加视频过渡效果。此时两个素材之间出现一个矩形块，且其上方显示所添加的视频过渡效果名称，如图 3-87 所示。

图3-87

若需要大量添加相同的视频过渡效果，可以先在"效果"面板中选择该过渡效果，单击鼠标右键，在弹出的快捷菜单中选择"将所选过渡设置为默认过渡"命令，然后在"时间轴"面板中选择素材，再按【Ctrl+D】组合键，这样所选素材的出入点处都将快速添加默认的视频过渡效果。

> 知识拓展
>
> 在两个素材之间添加过渡效果时，若弹出"过渡"对话框，并显示"媒体不足。此过渡将包含重复的帧。"的提示内容，则表示有素材被剪辑后的持续时间不足以支持所选过渡效果的时间要求（过渡时间通常为 1 秒，两个素材各占一半），此时若单击提示框中的 确定 按钮，则Premiere 会通过重复结束帧或开始帧的方式来完成过渡效果的添加。

2. 删除视频过渡效果

选择"选择工具" ▶，单击素材上的视频过渡效果（按住【Shift】键不放，单击可选择多个过渡效果），按【Delete】键或【Backspace】键可将其删除。

3.2.4 调整视频过渡效果

若对添加的过渡效果不太满意，则可以适当优化视频过渡效果，如调整过渡效果的持续时间、对齐方式等，也可以替换过渡效果。

1. 调整视频过渡效果的持续时间

若视频过渡效果的持续时间过长或过短，则可使用以下方法调整。

● 在"效果控件"面板中调整：在"时间轴"面板中单击选择需要调整的视频过渡效果，在"效果控件"面板的"持续时间"数值框中输入过渡效果的时间，然后按【Enter】键。

● 拖曳鼠标进行调整：在"时间轴"面板中单击选择需要调整的视频过渡效果，将鼠标指针放在视频过渡效果矩形块的左侧，当鼠标指针变为█形状时，向左拖曳鼠标可延长过渡时间，向右拖曳鼠标可缩短过渡时间；将鼠标指针放在过渡效果右侧，当鼠标指针变为█形状时，向左拖曳鼠标可缩短过渡时间，向右拖曳鼠标可延长过渡时间，如图3-88所示。

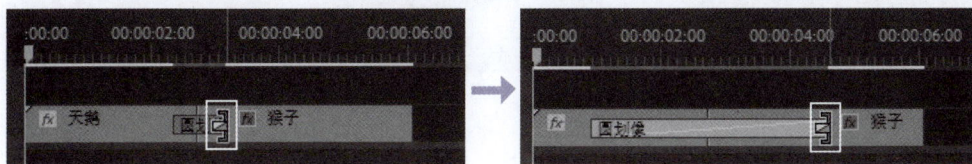

图3-88

● 利用快捷菜单调整：在"时间轴"面板中双击过渡效果，或选中过渡效果，单击鼠标右键，在弹出的快捷菜单中选择"设置过渡持续时间"命令，都可打开"设置过渡持续时间"对话框，在"持续时间"数值框中输入具体的时间。

2. 调整视频过渡效果的对齐方式

通常情况下，视频过渡效果是以居中素材切点（两个素材的分割点）的方式对齐的，即视频过渡效果在两个素材中显示的时间相同。如果需要调整视频过渡效果在前后素材中显示的时间，则可以通过设置其对齐方式来完成。

选择需要调整的视频过渡效果，在"效果控件"面板的"对齐"下拉列表中选择"起点切入"选项，视频过渡效果将从后一个素材的入点处开始；选择"结束切入"选项，视频过渡效果将在前一个素材的出点处结束。在"时间轴"面板中拖动视频过渡效果矩形块的入点和出点，以手动调整其持续时间，则该选项将自动变为"自定义起点"。

3. 调整过渡中心的位置

"圆划像""盒形划像"等部分视频过渡效果存在过渡中心，且默认位于画面正中心。若需要调整过渡中心，可在"效果控件"面板中的A预览区域拖动白色圆环来调整过渡中心的位置，如图3-89所示。调整前后的对比效果如图3-90所示。

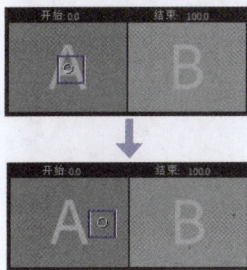

图3-89

图3-90

4. 设置视频过渡效果的边框

若添加视频过渡效果的两个素材，其画面、色彩等属性较为相似，导致效果不太明显，则可以在"效果控件"面板的"边框宽度"和"边框颜色"栏中分别设置边框的宽度和颜色以强化过渡效果，如图 3-91 所示。调整前后的对比效果如图 3-92 所示。

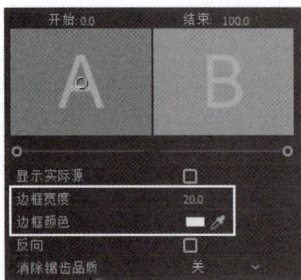

图 3-91

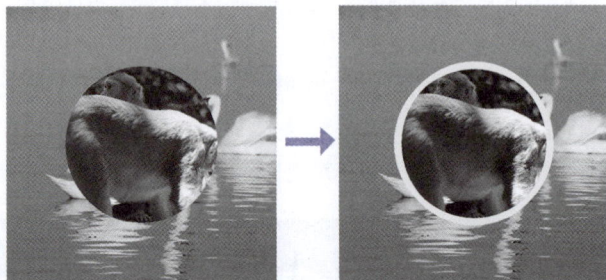

图 3-92

5. 替换视频过渡效果

添加视频过渡效果后，如果发现添加的过渡效果并没有达到预期效果，同时不能通过优化来使其符合预期效果，则可直接将其替换。在"效果"面板中选择新的视频过渡效果，直接将其拖到"时间轴"面板中需要替换的效果上，可使用新的效果替换原来的效果。

> **知识拓展**
>
> 在"效果控件"面板中勾选"显示实际源"复选框，可显示过渡画面的起始帧和结束帧。另外，还有部分视频过渡效果存在一些用于调整效果样式的参数，如"反向"复选框，将其勾选可倒放过渡效果；"消除锯齿品质"下拉列表用于调整过渡边缘的平滑度；单击 按钮可在打开的对话框中设置更多参数。

3.2.5 课堂案例——制作美食分屏展示视频

【制作要求】为某美食栏目制作一个美食展示视频，要求分辨率为"1920 像素 ×1080 像素"，采用分屏方式展示当期栏目介绍的 4 款美食。

【操作要点】利用 Premiere 视频效果中的过渡效果来调整画面的显示区域，再结合关键帧功能为画面的出现和消失制作逐渐变化的效果。参考效果如图 3-93 所示。

图 3-93

【**素材位置**】配套资源 :\ 素材文件 \ 第 3 章 \ 课堂案例 \ "美食素材"文件夹

【**效果位置**】配套资源 :\ 效果文件 \ 第 3 章 \ 课堂案例 \ 美食分屏展示视频 .prproj
具体操作如下。

视频教学:
制作美食分屏
展示视频

STEP 01 在 Premiere 中按【Ctrl+Alt+N】组合键打开"导入"界面,设置项目名为"美食分屏展示视频",在左侧选择"美食素材"文件夹,在右侧取消选中"创建新序列"选项,然后单击 创建 按钮。

STEP 02 在"项目"面板中双击"美食 1.mp4"素材,在"源"面板中设置入点和出点分别为"00:00:14:00""00:00:18:24",然后将鼠标指针移至"仅拖动视频"图标 上,按住鼠标左键不放并拖曳至"时间轴"面板中,此时基于该素材创建一个序列,再重命名序列为"美食分屏展示视频"。

STEP 03 打开"效果"面板,依次展开"视频效果""过渡"文件夹,拖动"线性擦除"效果至"美食 1.mp4"素材上,然后在"效果控件"面板中设置过渡完成和擦除角度分别为"50%""225.0°",如图 3-94 所示。画面效果如图 3-95 所示。

STEP 04 使用与步骤 02 相同的方法,设置"美食 2.mp4"素材的入点和出点分别为"00:00:01:20""00:00:06:19"、"美食 3.mp4"的入点和出点分别为"00:00:03:06""00:00:08:05"、"美食 4.mp4"素材的入点和出点分别为"00:00:12:22""00:00:17:21"。

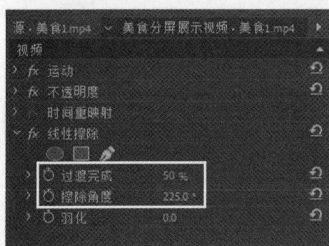
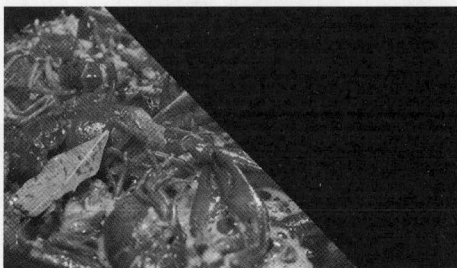

图 3-94　　　　　　　　　　　　　　　图 3-95

STEP 05 拖动"美食 2.mp4"素材至 V2 轨道上,使其出入点与"美食 1.mp4"素材对齐,然后对其应用"线性擦除"效果,并设置过渡完成和擦除角度分别为"50%""45.0°"。为了与"美食 1.mp4"素材产生间隙,设置位置为"645.0 360.0",如图 3-96 所示。再设置"美食 1.mp4"素材的位置为"635.0 360.0",画面效果如图 3-97 所示。

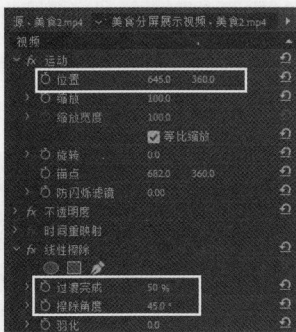

图 3-96　　　　　　　　　　　　　　　图 3-97

STEP 06 在"效果控件"面板中将时间指示器移至00:00:01:00处，单击过渡完成属性左侧的"切换动画"按钮，将其激活变为状态，此时在当前时间指示器位置添加一个关键帧，如图3-98所示。然后将时间指示器移至00:00:00:00处，设置过渡完成为"100%"。

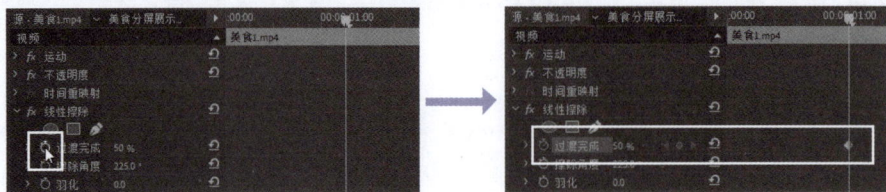

图3-98

STEP 07 在"效果控件"面板中单击过渡完成属性，按【Ctrl+C】组合键复制，然后选择"美食2.mp4"素材，在"效果控件"面板中单击过渡完成属性，按【Ctrl+V】组合键粘贴，画面的过渡效果如图3-99所示。

图3-99

> **知识拓展**
> 若需要在不同素材之间添加相同属性、相同设置的多个关键帧，则可在"效果控件"面板中选择并复制素材A的关键帧，然后选择素材B，再在"效果控件"面板中按住【Ctrl】键的同时，单击选择对应的多个属性，然后进行粘贴操作，此时以最左侧关键帧的位置为基准，在时间指示器所在时间点处粘贴关键帧。

STEP 08 在"时间轴"面板中将时间指示器移至素材出点处，再选择所有素材，按住【Alt】键不放，将所有素材向右拖动进行复制，并使复制素材的入点与原始素材的出点对齐。

STEP 09 在"项目"面板中选择"美食3.mp4"素材，在按住【Alt】键的同时，将其拖至复制的"美食1.mp4"素材处，以替换素材。再使用相同的方法将复制的"美食2.mp4"素材替换为"美食4.mp4"素材。

STEP 10 为了与前两个美食素材的展现效果有所区分，修改"美食3.mp4"素材的位置为"645.0 360.0"、擦除角度为"-225.0°"，修改"美食4.mp4"素材的位置为"635.0 360.0"、擦除角度为"-45.0°"，画面效果如图3-100所示。

图3-100

STEP 11 选择"美食1.mp4"素材，将时间指示器移至00:00:04:10处，在"效果控件"面板中单击不透明度属性左侧的"切换动画"按钮◎，将其激活变为◎状态。再将时间指示器移至00:00:04:24处，设置不透明度为"0.0%"，使画面逐渐变为透明。

STEP 12 使用与步骤11相同的方法，在相同的时间点为"美食2.mp4"素材的不透明度添加相同参数的关键帧，画面的变化效果如图3-101所示。最后按【Ctrl+S】组合键保存项目文件。

图3-101

3.2.6 认识关键帧

关键帧是指角色或者物体在运动变化中关键动作所处的那一帧，主要用于定义角色或物体动作中的变化。用户可以为不同时间点的关键帧设置不同的参数值，使视频画面在播放过程中产生运动或变化，以自然过渡视频画面。

在Premiere中，通过"效果控件"面板可以调整素材的基本属性，如位置、缩放、不透明度等，利用关键帧则可以基于这些属性制作出独特的过渡效果。图3-102所示为利用不透明度和位置属性的关键帧制作的过渡效果。

图3-102

应用关键帧的方法为：选择素材，将时间指示器移动到需要添加关键帧的位置，在"效果控件"面板中单击属性左侧的"切换动画"按钮◎，将其激活变为◎状态，表示开启关键帧，同时在时间指示器所在位置自动添加一个关键帧，如图3-103所示。若需要继续为同一个属性添加关键帧，则移动时间指示器的位置，然后修改该属性的参数；或单击该属性右侧◀◇▶按钮组中的"添加/移除关键帧"按钮◇，添加一个对应参数的关键帧。

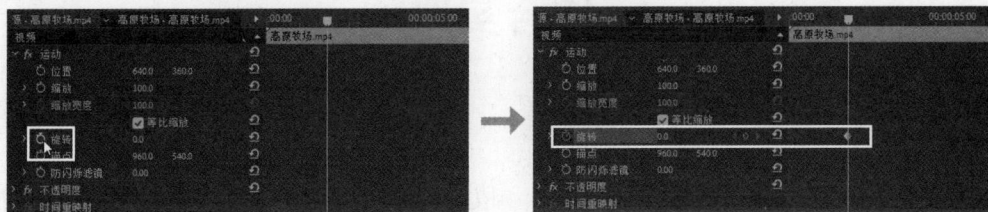

图3-103

3.2.7 利用关键帧编辑过渡效果

"效果"面板的"视频效果"文件夹中还有 4 个过渡效果，分别是块溶解、渐变擦除、线性擦除和百叶窗。其中前 3 个过渡效果都位于过渡效果组中，最后一个过渡效果位于过时效果组中。"渐变擦除""百叶窗"过渡效果与"视频过渡"文件夹中的同名过渡效果的作用类似，"线性擦除"过渡效果与"视频过渡"文件夹中的"划出"过渡效果的作用类似。"块溶解"过渡效果的效果如图 3-104 所示。

块溶解
场景 A 以多个块的形式逐渐溶解，从而显示出场景 B

图3-104

需要注意的是，对素材应用"视频效果"文件夹中的过渡效果后，画面不会发生任何变化，而是需要在"效果控件"面板中设置"过渡完成"属性来调整过渡的程度，即需要利用关键帧在两个不同的时间点分别设置不同的数值，才可以使画面在两个时间点之间过渡，如图 3-105 所示。

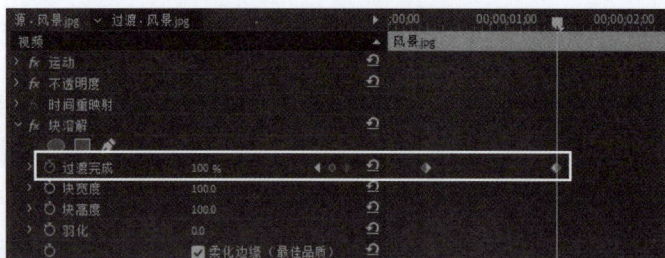

图3-105

知识拓展

"效果"面板的"视频效果"文件夹中还有变换、图像控制、扭曲、杂色与颗粒、模糊与锐化等多种效果组，能够使视频画面产生各种各样的效果。而在应用这些效果组的同时，结合关键帧使其中某个属性发生变化，也可以让画面产生一定的动态效果或过渡效果，为视频画面增添生动性和活力，使观众获得更加丰富的视觉体验。

3.3 综合实训

3.3.1 剪辑汤圆制作教程视频

汤圆是中国传统小吃的代表之一，同时也是中国传统节日元宵节最具有特色的食物之一，代表着团圆和美好祝愿。临近元宵节，某美食博主准备制作一则汤圆制作教程视频，旨在弘扬中华传统文化，同时利用元宵节的热点吸引流量。表 3-1 所示为汤圆制作教程视频制作任务单，任务单中明确给出了实训背景、制作要求、设计思路和参考效果。

表 3-1 汤圆制作教程视频制作任务单

实训背景	为某美食博主剪辑一个汤圆制作教程视频
尺寸要求	1920 像素 × 1080 像素
时长要求	30 秒左右
制作要求	视频画面的内容为汤圆制作过程，包括和面、包馅、煮熟等关键环节，要求不同步骤之间的转场效果自然流畅，画面清晰明亮，能让观众获得良好的观感
设计思路	使用 Premiere 根据视频画面剪辑视频素材，选取更具吸引力的片段，然后根据制作顺序排列，以符合内容要求，接着适当调整播放速度，再为视频画面添加过渡效果，最后添加背景音乐
参考效果	效果预览：汤圆制作教程视频
素材位置	配套资源 :\ 素材文件 \ 第 3 章 \ 综合实训 \ "汤圆素材" 文件夹
效果位置	配套资源 :\ 效果文件 \ 第 3 章 \ 综合实训 \ 汤圆制作教程视频 .prproj

操作提示如下。

STEP 01 使用 Premiere 新建 "汤圆制作教程视频" 项目文件，导入所有素材文件。

STEP 02 利用 "汤圆制作 .mp4" 素材分别制作 "和面" "包汤圆" "搓汤圆" "煮汤圆" "捞出汤圆" "咬开汤圆" 6 个子剪辑。

STEP 03 利用 "和面" 子剪辑创建序列并修改序列名称，然后根据制作步骤依次拖入其他子剪辑。

STEP 04 由于视频总时长过长，因此设置 "包汤圆" "捞出汤圆" 子剪辑的播放速度分别为 "120%" "70%"，然后在各个子剪辑之间添加过渡效果。

STEP 05 拖动文本素材至 "时间轴" 面板中 V2 轨道的起始处，然后分别在入点和出点处添加过渡效果。

STEP 06 拖动 "背景音乐 .mp3" 素材到 A1 轨道上，再剪辑该素材，使其出点与 V1 轨道的出点对齐，最后保存项目文件。

3.3.2 制作建筑介绍短视频

随着社交媒体的普及和短视频平台的快速发展，短视频已经成为现代人生活中不可或缺的一部分。人们可以通过短视频了解最新的时事、美食等各种信息。某建筑公司计划制作一个介绍中国传统建筑的短视频。该视频将以多种建筑为主题，向观众展示这些具有历史文化价值的建筑。表 3-2 所示为建筑介绍短视频制作任务单，任务单中明确给出了实训背景、制作要求、设计思路和参考效果。

表 3-2　建筑介绍短视频制作任务单

实训背景	为某建筑公司制作一个建筑介绍短视频，向更多人科普建筑文化，使其了解中国传统建筑，从而传承和发扬中国传统建筑的文化精髓
尺寸要求	1920 像素 ×1080 像素
时长要求	40 秒左右
制作要求	1. 画面内容及时长 视频画面清晰、美观，能展现出建筑的外观、特点，单个建筑的介绍时长应控制在 8 秒左右 2. 画面过渡 视频画面过渡自然，有观赏性和吸引力 3. 内容介绍 通过视频画面与配音的结合，可简要介绍建筑的一些基础信息，让观众更加充分地了解该建筑，从而感受该建筑的魅力和历史沉淀
设计思路	使用 Premiere 剪辑所有视频素材，选取更具吸引力的片段并控制每个建筑的展示时长，然后分别为视频素材添加过渡效果、配音和文本，再调整视频和文本的排版
参考效果	 效果预览：建筑介绍短视频
素材位置	配套资源 :\ 素材文件 \ 第 3 章 \ 综合实训 \ "建筑素材" 文件夹
效果位置	配套资源 :\ 效果文件 \ 第 3 章 \ 综合实训 \ 建筑介绍短视频 .prproj

操作提示如下。

STEP 01 使用 Premiere 新建 "建筑介绍短视频" 项目文件，导入所有素材，调整 "滨州武定府衙 .mp4" 素材的入点和出点，然后基于该素材创建序列并修改序列名称。

STEP 02 分别在 "源" 面板中调整 "南京阅江楼 .avi" "苏州双塔 .avi" "西安大雁塔 .avi" "西安钟楼 .avi" 素材的入点和出点，然后依次拖动这些素材至 V1 轨道上。

STEP 03 设置所有视频素材的持续时间为 "00:00:08:00"，然后添加过渡效果。

STEP 04 分别添加配音和文本素材，并调整入点和出点的位置，以及文本在画面中的位置，最后保存项目文件。

视频教学：制作建筑介绍短视频

3.4 课后练习

练习 1 剪辑露营 Vlog

【制作要求】利用提供的素材剪辑露营 Vlog，分享露营过程中的点滴，展示露营基地的风景和设施，以吸引更多人前来露营，要求画面美观，不同画面之间过渡自然，并在开头展现出露营基地的 Logo。

【操作提示】使用 Premiere 剪辑视频素材，利用过渡效果制作分屏效果，然后结合关键帧制作逐渐出现的动态效果，再添加露营基地的 Logo，并调整其大小和位置，最后添加背景音乐。参考效果如图 3-106 所示。

效果预览：露营 Vlog

【素材位置】配套资源 :\ 第 3 章 \ 课后练习 \"露营素材"文件夹

【效果位置】配套资源 :\ 第 3 章 \ 课后练习 \ 露营 Vlog.prproj

图3-106

练习 2 制作水果店宣传广告

【制作要求】利用提供的素材制作水果店宣传广告，要求只保留较为美观的视频素材画面，需展现出各种水果的外观，以吸引消费者购买。

【操作提示】使用 Premiere 添加视频素材并适当进行剪辑，然后调整部分素材的播放速度，再根据画面内容在素材之间添加过渡效果，最后合成画面。参考效果如图 3-107 所示。

效果预览：水果店宣传广告

【素材位置】配套资源 :\ 第 3 章 \ 课后练习 \"水果素材"文件夹

【效果位置】配套资源 :\ 第 3 章 \ 课后练习 \ 水果店宣传广告 .prproj

图3-107

第4章 视频调色

视频调色

视频调色是后期制作中非常重要的一个环节，不仅可以提高画面的视觉效果和质感，增强画面的艺术性和表现力，还可以传达特定的情感和氛围，唤起情感共鸣，帮助观众更好地理解故事和角色。

📖学习要点

◎ 掌握"Lumetri颜色"面板调色的方法。

◎ 掌握不同调色效果的应用方法。

◈素养目标

◎ 培养对色彩的敏感度和审美意识。

◎ 多观察和实践，拓展对色彩的理解和运用，更好地将色彩应用于不同的设计和创作中。

◈扫码阅读

案例欣赏   课前预习

4.1
使用"Lumetri颜色"面板调色

Premiere 中的"Lumetri 颜色"面板的每个部分在颜色校正时的侧重点均不相同,既可以单独使用,又可以搭配使用,以快速完成视频基本的调色处理。

4.1.1 课堂案例——制作九寨沟旅行宣传视频

【制作要求】为某旅行社制作一个九寨沟景点宣传视频,要求分辨率为"1920 像素 ×1080 像素",画面能展现不同景点的风光,能吸引更多消费者前来咨询。

【操作要点】使用 Premiere 剪辑视频素材,然后利用"Lumetri 颜色"面板调整各个视频素材的色彩,再在片头处输入文本展示景区名称,最后添加背景音乐。参考效果如图 4-1 所示。

【素材位置】配套资源:\素材文件\第 4 章\课堂案例\"景点素材"文件夹

【效果位置】配套资源:\效果文件\第 4 章\课堂案例\九寨沟旅行宣传视频 .prproj

图4-1

具体操作如下。

STEP 01 在 Premiere 中按【Ctrl+Alt+N】组合键打开"导入"界面,设置项目名为"九寨沟旅行宣传视频",在左侧选择"九寨沟素材"文件夹,在右侧取消选中"创建新序列"选项,然后单击 按钮。进入工作界面后,单击"工作区"按钮,在弹出的下拉菜单中选择"颜色"命令,切换到"颜色"模式的工作区。

STEP 02 拖动"片头 .mp4"素材至"时间轴"面板中,基于该素材新建序列,并修改序列名为"九寨沟旅行宣传视频",然后按照图 4-2 所示的顺序依次将其他素材拖至"时间轴"面板中。

视频教学:
制作九寨沟旅行
宣传视频

图4-2

STEP 03 选择"片头.mp4"素材,在"Lumetri 颜色"面板中单击打开"曲线"栏,在 RGB 曲线中将鼠标指针移至主曲线右上角,单击鼠标左键添加控制点,然后按住鼠标左键不放并向上拖曳,以调整画面中亮部的明暗度,如图 4-3 所示。

STEP 04 使用与步骤 03 相同的方法,继续在主曲线左下方和中间处添加和调整控制点,以调整其他区域的明暗度,如图 4-4 所示。调整"片头"素材色彩前后的对比效果如图 4-5 所示。

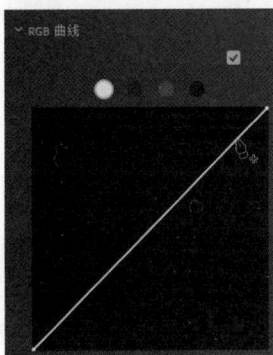
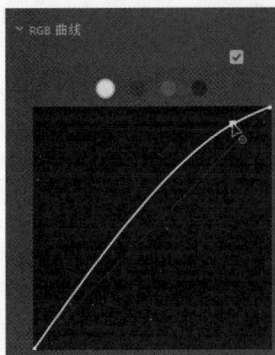
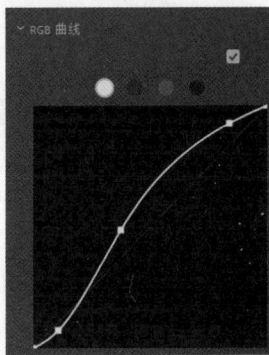

图4-3　　　　　　　　　　　　　　　　图4-4

图4-5

🔔 **提示**

要删除曲线中的控制点,可在按住【Ctrl】键的同时,将鼠标指针移至控制点上方,当鼠标指针变为■形状时,单击鼠标左键。

STEP 05 将时间指示器移至 00:00:11:04 处,选择"诺日朗瀑布.mp4"素材,在"Lumetri 颜色"面板中单击打开"曲线"栏,在 RGB 曲线中调整主曲线为图 4-6 所示的样式。

STEP 06 单击曲线上方的■按钮,切换为绿通道的曲线,调整绿通道的曲线为图 4-7 所示的样式,以适当调整画面中绿色区域的明暗度;单击曲线上方的■按钮,切换为蓝通道的曲线,调整蓝通道的曲线为图 4-8 所示的样式。调整"诺日朗瀑布"素材色彩前后的对比效果如图 4-9 所示。

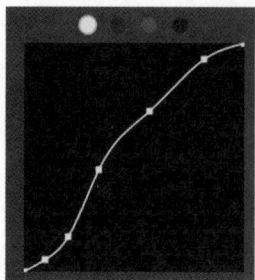
图4-6

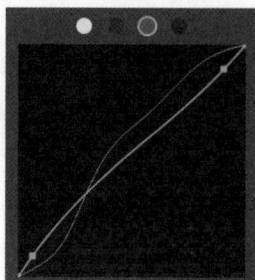
图4-7

图4-8

图4-9

STEP 07 将时间指示器移至 00:00:21:22 处，选择"长海.mp4"素材，在"Lumetri 颜色"面板中单击打开"基本校正"栏，设置参数如图 4-10 所示。调整该素材色彩前后的对比效果如图 4-11 所示。

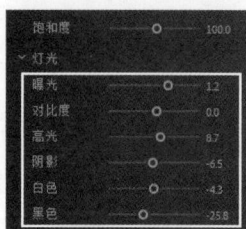
图4-10

图4-11

STEP 08 将时间指示器移至 00:00:29:22 处，选择"五花海.mp4"素材，在"Lumetri 颜色"面板中依次单击打开"基本校正"栏、"灯光"栏，设置曝光、高光、阴影、白色、黑色分别为"1.1、23.9、-10.9、23.9、-10.9"。调整"五花海"素材色彩前后的对比效果如图 4-12 所示。

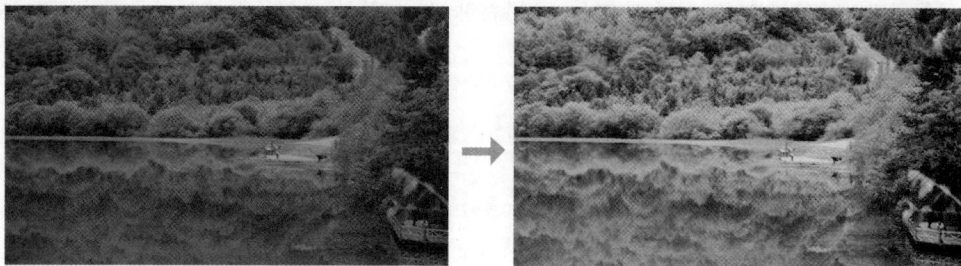
图4-12

STEP 09 将时间指示器移至 00:00:05:20 处,选择"片头 .mp4"素材,在"Lumetri 颜色"面板中单击打开"创意"栏,在"Look"下拉列表中选择图 4-13 所示的选项,设置强度为"40.0",然后设置"调整"栏中的锐化、自然饱和度分别为"20.0、40.0"。调整该素材色彩前后的对比效果如图 4-14 所示。

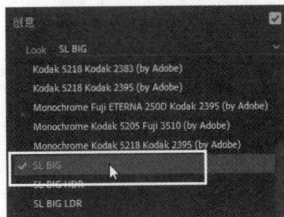

图4-13

图4-14

STEP 10 将时间指示器移至 00:00:50:11 处,选择"五彩池 .mp4"素材,在"Lumetri 颜色"面板的"创意"栏的"Look"下拉列表中选择图 4-15 所示的选项,设置强度为"90%",然后设置"调整"栏中的淡化胶片、锐化、自然饱和度、饱和度分别为"20.0、10.0、10.0、110.0"。调整该素材色彩前后的对比效果如图 4-16 所示。

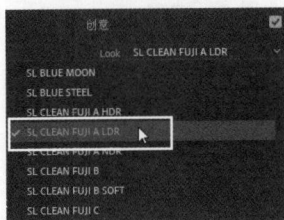

图4-15

图4-16

STEP 11 将时间指示器移至 00:00:45:17 处,选择"珍珠滩瀑布 .mp4"素材,在"Lumetri 颜色"面板的"基本校正"栏中设置图 4-17 所示的参数。调整该素材色彩前后的对比效果如图 4-18 所示。

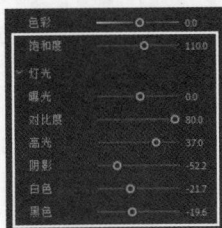

图4-17

图4-18

STEP 12 将时间指示器移至 00:01:06:19 处,选择"航拍 .mp4"素材,在"Lumetri 颜色"面板的"基本校正"栏中设置对比度、高光、阴影、白色、黑色、饱和度分别为"80.0、37.0、-52.2、-21.7、-19.6、110.0"。调整该素材色彩前后的对比效果如图 4-19 所示。

STEP 13 选择"时间轴"面板中的所有视频素材,单击鼠标右键,在弹出的快捷菜单中选择"嵌套"命令,打开"嵌套序列名称"对话框,设置名称为"视频",单击 确定 按钮。

图4-19

STEP 14 将时间指示器移至 00:00:00:00 处，选择"矩形工具"▣，将鼠标指针移至画面右上角，然后按住鼠标左键不放并向左下角拖曳，绘制一个矩形。在"效果控件"面板中展开"形状（形状01）"栏，设置填充为"#FFFFFF"、不透明度为"20.0%"，如图4-20所示。效果如图4-21所示。

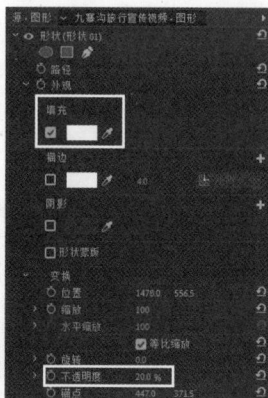

图4-20

图4-21

STEP 15 选择"文字工具"▣，将鼠标指针移至矩形上方，单击鼠标左键定位插入点，输入"人间天上 九寨桃源"文本，按【Ctrl+Enter】组合键完成输入，然后在"效果控件"面板中设置图4-22所示的参数，其中阴影颜色为"#3F3F3F"。

STEP 16 使用"矩形工具"▣在文本下方绘制一个白色线条作为分割线，然后在下方使用"文字工具"▣输入"JIUZHAIGOU""中国·阿坝"文本，适当调整文本大小和位置，再使用"文字工具"▣分别选择"九寨""JIUZHAIGOU"文本，修改填充为"#FFD452"，效果如图4-23所示。

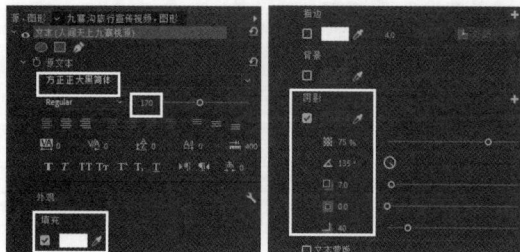

图4-22

图4-23

STEP 17 在"效果控件"面板中单击"形状（形状01）"栏中不透明度属性左侧的"切换动画"按

钮，将其激活变为状态，然后在 00:00:00:00 处设置不透明度为"0.0%"，使其逐渐显示。

STEP 18 使用与步骤 17 相同的方法，为其他文本和形状添加不透明度属性的关键帧，并使每个元素依次显现出来。关键帧的位置大致如图 4-24 所示；画面效果如图 4-25 所示。

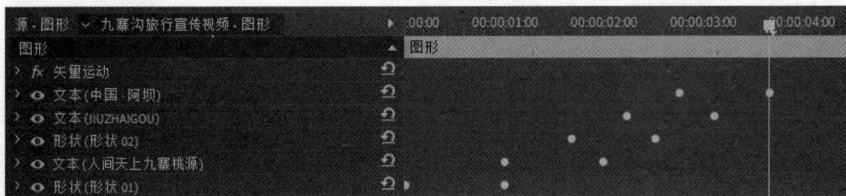

图 4-24

图 4-25

STEP 19 拖动"背景音乐 .mp3"素材至 A1 轨道上，设置速度为"90%"，再适当调整出点，使其与"视频"嵌套序列出点一致，最后按【Ctrl+S】组合键保存项目文件。

行业知识

　　风景类视频的色彩通常需要突出自然景观的美丽和壮观，因此在色彩特点上可能会更加饱和、明亮，并具有强烈的对比度。在为这类视频调色时，需要注意以下几点。

- 保持自然真实：尽量保持景色的真实色彩，不要过分夸张或刻意人为调整，以免失去自然美感。
- 强调对比度：提高画面的对比度可以使景色更加生动，但要避免过度提高造成失真。
- 调整色调：可以根据视频的整体氛围和主题调整相应的色调，以表达对应的情绪。
- 注意色彩分层：在调色时要注意将视频中的不同色彩层次分开，以突出景色的层次感和立体感。
- 渲染氛围感：根据视频所要表达的主题调整色彩，以渲染出氛围感。如将室内拍摄的生活照调整为暖色调，可以增加慵懒、舒适的氛围感。

4.1.2 基本校正

　　为视频调色前，首先应查看画面是否存在偏色、曝光过度、曝光不足等问题，然后针对这些问题进行调整。在"Lumetri 颜色"面板的"基本校正"栏中可以校正或还原画面色彩，修正画面中过暗或过亮的区域，调整画面的曝光与明暗对比等属性。"基本校正"栏中的参数如图 4-26 所示，大致分为输入 LUT、颜色、灯光三大区域。

1. 输入 LUT

LUT 是 Lookup Table（查询表）的缩写，可用于快速调整整个视频的色调。简单来说，LUT 是 Premiere 提供的用于视频调色的预设效果。在"输入 LUT"下拉列表中可以任意选择一种 LUT 预设选项进行调色，下方的"强度"滑块用于设置调整的强度。

单击 **重置** 按钮，将会把颜色和灯光区内调整的参数值还原为原始数值。单击 **自动** 按钮，将自动调整"颜色"和"灯光"栏中的参数。

2. 颜色

"颜色"栏中的参数主要用于调整画面的整体色彩倾向。

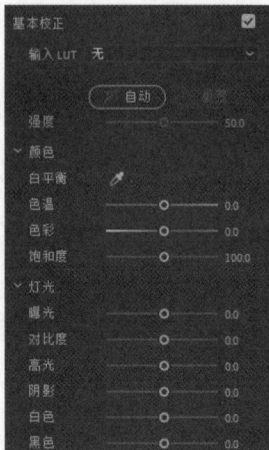

图 4-26

- 白平衡：白平衡即白色的平衡，当白平衡不准确时，视频画面会出现偏色问题。调整白平衡可让画面以白色为基色还原其他颜色。单击该参数右侧的吸管工具 ✎，然后在画面中白色或中性色区域单击鼠标左键吸取颜色，系统会自动调整白平衡。若对画面效果不满意，则可以拖动色温、色彩、饱和度等滑块进行微调。

- 色温：色温即光线的温度，如暖光或冷光。将色温滑块向左拖动可使画面偏冷，如图 4-27 所示；将色温滑块向右拖动可使画面偏暖，如图 4-28 所示。

图 4-27   图 4-28

- 色彩：微调色彩值可以补偿画面中的绿色或洋红色，给画面带来不同的色彩表现。将色彩滑块向左拖动可增加画面的绿色，向右拖动可增加画面的洋红色。

- 饱和度：用于均匀地调整画面中所有颜色的饱和度。向左拖动滑块可降低饱和度，向右拖动滑块可提高饱和度。

3. 灯光

"灯光"栏中的参数主要用于调整画面整体的明暗度。

- 曝光：用于设置画面的亮度。向右拖动曝光滑块可以增加色调值，并增强画面高光；向左拖动滑块可以减少色调值，并增强画面阴影。

- 对比度：左右拖动滑块可以降低或提高画面的对比度。提高对比度时，中间调区域到暗区变得更暗；降低对比度时，中间调区域到亮区变得更亮。

- 高光：用于调整画面的亮部。向左拖动滑块可使高光变暗，向右拖动滑块可使高光变亮，并恢复高光细节。

- 阴影：用于调整画面的阴影。向左拖动滑块可使阴影变暗，向右拖动滑块可使阴影变亮，并恢复阴影细节。

- 白色：用于调整画面中最亮的白色区域。向左拖动滑块可减少白色区域，向右拖动滑块可增加白色区域。
- 黑色：用于调整画面中最暗的黑色区域。向左拖动滑块可增加黑色区域，使更多阴影变为纯黑色，向右拖动滑块可减少黑色区域。

4.1.3　创意

通过"创意"栏可以进一步调整画面的色调，实现所需的色彩创意，从而制作出精美的艺术效果。"创意"栏中的参数如图 4-29 所示，大致分为 Look 和调整两大区域。

1. Look

Look 类似于调色滤镜，"Look"下拉列表中提供了多种 Look 预设，在预览缩略图中单击左右箭头，可以直观地预览应用不同 Look 预设后的效果，单击预览缩略图可将 Look 预设应用于素材中。

图 4-29

强度用于调整应用 Look 预设的强度，向右拖动滑块可增强应用的 Look 预设效果，向左拖动滑块可减弱应用的 Look 预设效果。

2. 调整

"调整"栏中的参数主要用于简单地调整 Look 预设效果。

- 淡化胶片：向右拖动滑块，可减少画面中的白色，使画面产生暗淡、朦胧的薄雾效果，常用于制作怀旧风格的视频，如图 4-30 所示。

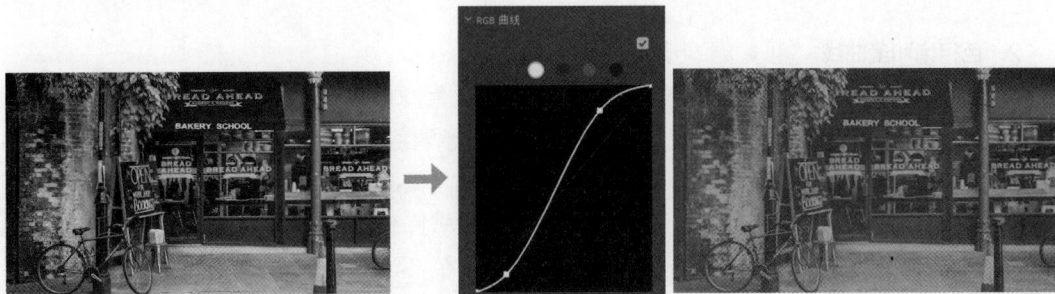

图 4-30

- 锐化：用于调整视频画面中像素边缘的清晰度，让视频画面更加清晰。向右拖动滑块可提高边缘清晰度，让细节更加明显；向左拖动滑块可降低边缘清晰度，让画面更加模糊。需要注意的是，过度锐化边缘会使画面看起来不自然。
- 自然饱和度：用于智能检测画面的鲜艳程度，对饱和度低的颜色影响较大，对饱和度高的颜色影响较小，同时使原本饱和度足够的颜色保持原状，避免颜色过度饱和，尽量让画面中所有颜色的鲜艳程度趋于一致，从而使画面效果更加自然，常用于调整有人像的视频画面。

- **饱和度**：用于均匀地调整画面中所有颜色的饱和度，使画面中色彩的鲜艳程度相同，调整范围为 "0 ~ 200"。
- **阴影色彩轮和高光色彩轮**：用于调整阴影和高光中的色彩值。将鼠标指针移至色彩轮时，色彩轮中间将出现十字光标 ✛，单击并拖动该十字光标可以添加颜色，色轮被填满表示已进行调整，再双击色轮可将其复原，空心色轮则表示未进行任何调整。
- **色彩平衡**：用于平衡画面中多余的洋红色或绿色。

4.1.4 曲线

通过"曲线"栏可以快速和精确地调整视频的色调范围，从而获得更加自然的视觉效果。"Lumetri 颜色"面板中的曲线主要有 RGB 曲线和色相饱和度曲线两种类型。

1. RGB 曲线

RGB 曲线一共有 4 条曲线，主曲线为一条白色的对角线，用于控制画面的亮度（右上角为亮部，左下角为暗部）。单击曲线上方对应颜色的图标可以切换其余 3 条曲线，分别为红、绿、蓝通道曲线。

在曲线上单击鼠标左键可创建控制点，然后拖动控制点可调整明亮度，其中向上拖动将提高该点对应像素的亮度（见图 4-31），向下拖动将降低该点对应像素的亮度。

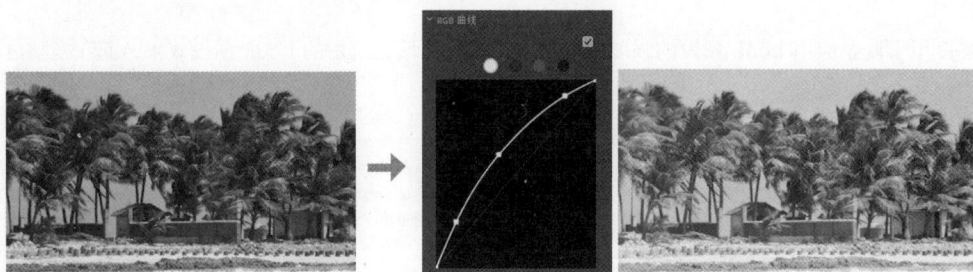

图 4-31

2. 色相饱和度曲线

调整色相饱和度曲线可以进一步处理视频的色调范围。色相饱和度曲线有 5 条，并分为 5 个可单独控制的选项卡，每个选项卡中都有吸管工具 🖉，可以设置需要调整的颜色区域。

打开任意一个曲线选项卡，单击吸管工具 🖉，在"节目"面板中单击某种颜色进行取样，曲线上将自动添加 3 个控制点，向上或向下拖动中间的控制点可提高或降低选定范围的色相的相应值，左右两边的控制点用于控制要调整颜色的范围。图 4-32 所示为调整色相与饱和度曲线为画面提高黄色亮度前后的对比效果。

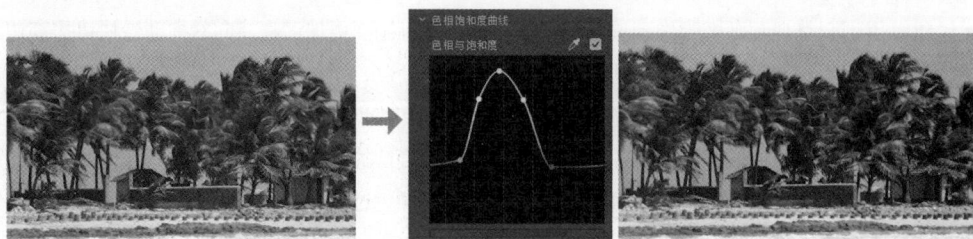

图 4-32

4.1.5 色轮和匹配

通过"色轮和匹配"栏可以更加精确地调整视频色彩。"色轮和匹配"栏中的参数如图 4-33 所示，主要有颜色匹配、人脸检测、色轮三大功能。

1. 颜色匹配

视频画面中可能会出现颜色或亮度不统一的情况，利用"颜色匹配"功能可自动匹配一个画面或多个画面中的颜色和亮度，使画面效果更加协调。

单击颜色匹配参数右侧的 比较视图 按钮，可将"节目"面板切换到"比较视图"模式，拖动"参考"窗口下方的滑块或单击"转到上一编辑点"按钮 和"转到下一编辑点"按钮 ，在编辑点之间跳转选择参考帧，再将时间指示器定位到要与参考对象匹配的画面，接着选择当前帧，再单击 应用匹配 按钮，Premiere 将自动应用下方的色轮匹配当前帧与参考帧的颜色。

图 4-33

2. 人脸检测

人脸检测功能可提高皮肤的颜色匹配质量。默认开启该功能，即"人脸检测"复选框默认呈勾选状态。如果在参考帧或当前帧中检测到人脸，则着重于匹配人物面部颜色，但计算匹配所需的时间会延长，颜色匹配速度会变慢。因此，如果素材中不含有人脸，则应取消勾选"人脸检测"复选框，以加快颜色匹配速度。

3. 色轮

Premiere 提供了 3 种色轮，分别用于调整阴影、中间调、高光的颜色及亮度，使用方法与在"创意"栏中使用阴影色彩轮、高光色彩轮的方法相同。不同的是，这里的色轮还可以通过增加（向上拖动滑块）和减少（向下拖动滑块）左侧滑块的数值来调整应用强度，如向上拖动阴影色轮左侧的滑块可使阴影变亮，向下拖动高光色轮左侧的滑块可使高光变暗。

4.1.6 HSL 辅助

通过"HSL 辅助"栏可精确调整画面中的某个特定颜色，且不会影响画面中的其他颜色，因此适用于调整局部细节的颜色。例如，在为人物视频调色时，人物皮肤的色彩常会因为周围环境的影响而失真，此时就可以使用"HSL 辅助"功能为人物皮肤调色。"HSL 辅助"栏中的参数如图 4-34 所示，大致分为键、优化、更正三大区域。

1. 键

通过"键"栏可以提取画面中局部色调、亮度和饱和度范围内的像素。

在设置颜色右侧有 3 种吸管工具，其中"选取颜色吸管工具" 用于吸取主颜色；"添加颜色吸管工具" 用于在主颜色中添加新吸取的颜色；"减去颜色吸管工具" 用于在主颜色中减去吸取的颜色。选择对应的吸管工具后，在画面中单击

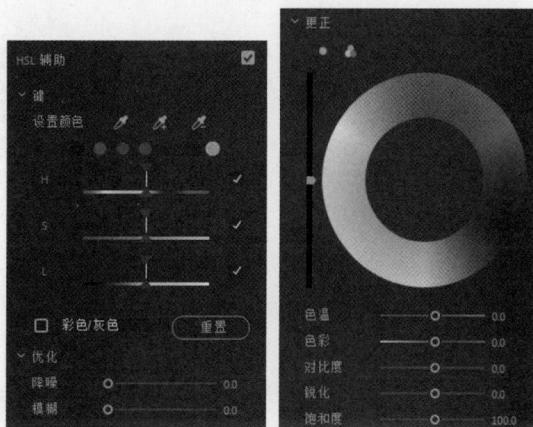

图 4-34

鼠标左键可吸取颜色。此时，并不能在"节目"面板中查看吸取的颜色范围，需要勾选"彩色/灰色"复选框才能查看。

如果使用这3种吸管工具不能很好地达到要求，则可以拖动"H""S""L"滑块进行调整。其中"H"表示色相，"S"表示饱和度，"L"表示亮度，拖动相应的滑块可以调整吸取颜色的相应范围。

2. 优化

颜色范围设置完毕后，可以通过"优化"栏调整颜色范围的边缘。其中"降噪"滑块用于调整被吸取颜色范围的噪点；"模糊"滑块用于调整被吸取颜色边缘的模糊程度。

3. 更正

在"更正"栏的色轮中单击鼠标左键可以将吸取的颜色修改为另一种颜色，拖动色轮下方的滑块可以调整吸取颜色的色温、色彩、对比度、锐化和饱和度。

4.1.7 晕影

"晕影"功能可以使画面边缘的亮度或饱和度比中心区域低，从而突出画面主体。"晕影"栏中的参数如图 4-35 所示，具体介绍如下。

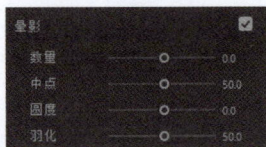

图 4-35

- **数量**：用于使画面边缘变暗或变亮。向左拖动滑块可使画面变暗，向右拖动滑块可使画面变亮。
- **中点**：用于选择晕影范围。向左拖动滑块可使晕影范围变大，向右拖动滑块可使晕影范围变小。
- **圆度**：用于调整画面4个角的圆度大小。向左拖动滑块可使圆角变小，向右拖动滑块可使圆角变大。
- **羽化**：用于调整画面边缘晕影的羽化程度。羽化值越大，晕影的羽化程度越高；向左拖动滑块可使羽化值变小，向右拖动滑块可使羽化值变大。

4.2 应用调色效果调色

Premiere 在"效果"面板的"视频效果"文件夹中还提供了多种调色效果，用户可根据视频的具体色彩问题应用不同的调色效果处理视频。

4.2.1 课堂案例——制作"毕业季"微电影片头

【**制作要求**】为某毕业晚会制作一个微电影片头，要求分辨率为"1080 像素 ×1080 像素"，画面选用温暖、明亮的色调，体现出青春的活力与希望。

【操作要点】利用 Premiere "效果"面板中的不同调色效果，根据视频画面的问题，选择合适的效果进行调整及优化。参考效果如图 4-36 所示。

【素材位置】配套资源\素材文件\第 4 章\课堂案例\"毕业季素材"文件夹

【效果位置】配套资源\效果文件\第 4 章\课堂案例\"毕业季"微电影片头 .prproj

图 4-36

具体操作如下。

STEP 01 在 Premiere 中按【Ctrl+Alt+N】组合键打开"导入"界面，设置项目名为"'毕业季'微电影片头"，在左侧选择"毕业季素材"文件夹，在右侧取消选中"创建新序列"选项，然后单击 按钮。

视频教学：
制作"毕业季"
微电影片头

STEP 02 拖动"学校.mp4"素材至"时间轴"面板中，基于该素材创建序列，并修改序列名为"'毕业季'微电影片头"。调整"学校.mp4"素材的播放速度为"130%"，然后依次拖动其他视频素材至"时间轴"面板中的 V1 轨道上，删除对应的音频，效果如图 4-37 所示。再设置"领取证书.mp4""空教室.mp4"素材的缩放为"150.0"。

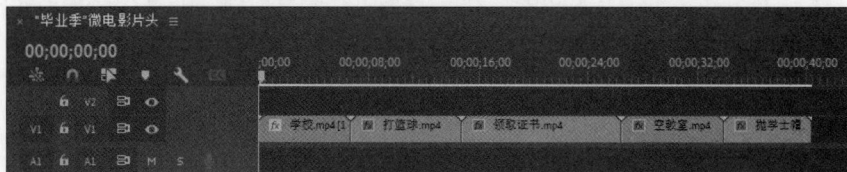

图 4-37

STEP 03 在"时间轴"面板中将时间指示器移至 00:00:06:22 处，可发现画面色调偏冷。选择【窗口】/【效果】命令，打开"效果"面板，单击展开"视频效果"文件夹中的"调整"文件夹，双击"色阶"效果进行应用。

STEP 04 选择【窗口】/【效果控件】命令，打开"效果控件"面板，在其中设置图 4-38 所示的参数。调整画面色彩的前后对比效果如图 4-39 所示，色彩对比更加强烈，同时画面整体偏暖色调。

图 4-38   图 4-39

STEP 05 将时间指示器至 00:00:14:23 处，可发现 "领取证书 .mp4" 素材中整体色彩饱和度不足，对比效果也不明显。对该素材应用 "色阶" 效果，然后在 "效果控件" 面板中设置（RGB）输入黑色阶、（RGB）输出黑色阶、（R）输入白色阶分别为 "78、32、217"。调整画面色彩前后的对比效果如图 4-40 所示。

图 4-40

STEP 06 将时间指示器移至 00:00:26:15 处，可发现 "空教室 .mp4" 素材中光线较暗。在 "效果" 面板中双击 "过时" 文件夹中的 "RGB 曲线" 效果进行应用，然后在 "效果控件" 面板中调整主要曲线为图 4-41 所示的形态，提高高光区域的亮度，降低阴影区域的亮度，以加强对比，提升画面质感。调整画面色彩前后的对比效果如图 4-42 所示。

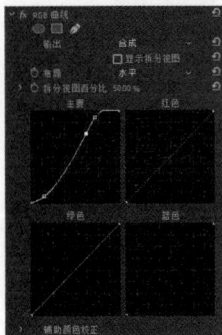

图 4-41   图 4-42

STEP 07　将时间指示器移至 00:00:34:00 处，可发现"抛学士帽.mp4"素材的画面色调偏冷，且色彩饱和度不够。先对该素材应用"RGB 曲线"效果，适当提高红色和绿色曲线在高光区域的亮度；再对该素材应用"Brightness & Contrast"效果，分别设置亮度、对比度为"-10.0、20.0"。调整画面色彩前后的对比效果如图 4-43 所示。

图4-43

STEP 08　拖动"毕业季.png"素材至 V2 轨道上的 00:00:35:15 处，使其出点与"抛学士帽.mp4"素材的出点对齐，然后在"效果控件"面板中设置位置为"730.0　910.0"、缩放为"110.0"，再在"效果"面板中拖动"急摇"效果至该素材的入点处，并设置持续时间为"00:00:02:18"，效果如图 4-44 所示。

图4-44

STEP 09　拖动"背景音乐.mp3"素材至 A1 轨道上，并调整其出点，使其与"抛学士帽.mp4"素材的出点对齐，最后按【Ctrl+S】组合键保存项目文件。

☑ 行业知识

　　微电影即微型电影，又称微影，是指专门在各种新媒体平台上播放的、适合在移动状态和短时休闲状态下观看的、具有完整策划和系统制作体系支持的一种短片形式的电影。微电影通常以非常短的时长展现完整的情节，通过紧凑而生动的叙事形式，使观众在短时间内产生强烈的情感共鸣。

　　为微电影调色时，需要注意以下几点。

　　① 要确保画面色彩与微电影的整体风格和主题相协调，同时保持色彩的自然观感。

　　② 可根据微电影的情感需求，适当调整色彩的温度，让观众更好地感受到微电影所要表达的情感和氛围。

　　③ 当微电影有多个场景或镜头时，要确保它们的色彩风格统一，避免出现色彩混乱的情况。

　　④ 虽然调色可以增强微电影的视觉效果，但过度调整可能会导致色彩失真，反而影响观众的观看体验。因此，调色应适度。

4.2.2 "色阶"效果

在"视频效果"文件夹中，位于"调整"文件夹中的"色阶"效果可以调整视频画面整体的明暗度，或单独调整红色、绿色、蓝色的明暗度。在"效果控件"面板中，"输入黑色阶"参数用于控制画面中黑色的比例，"输入白色阶"参数用于控制画面中白色的比例。图 4-45 所示为升高（RGB）输入黑色阶、降低（RGB）输入白色阶前后的对比效果。"输出黑色阶"参数用于控制画面中黑色的亮度，"输出白色阶"参数用于控制画面中白色的亮度，"灰度系数"参数用于控制画面中的灰度级。

图 4-45

4.2.3 "RGB 曲线"效果

在"视频效果"文件夹中，位于"过时"文件夹中的"RGB 曲线"效果可以通过调整曲线的方式来修改视频素材的主通道和红、绿、蓝通道的颜色，与"Lumetri 颜色"面板中的曲线功能类似。图 4-46 所示为使用该效果将粉色建筑变为黄色建筑前后的对比效果。

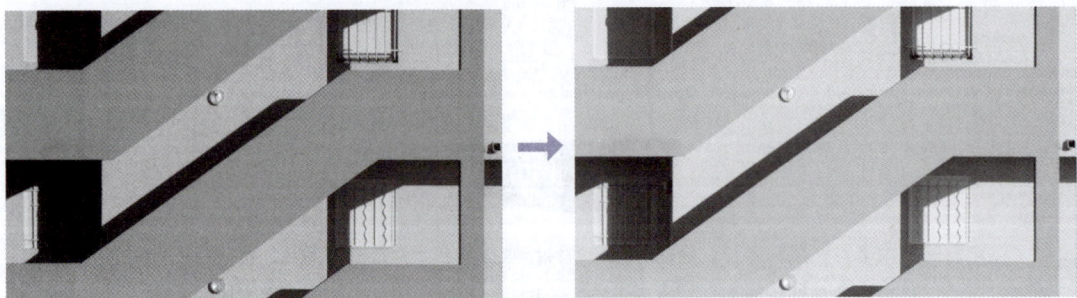

图 4-46

在"效果控件"面板中拖动曲线可调整不同通道的明暗度，设置"辅助颜色校正"栏中的参数可调整色彩的色相、饱和度和亮度。

4.2.4 "Brightness&Contrast"效果

在"视频效果"文件夹中，位于"颜色校正"文件夹中的"Brightness & Contrast（亮度和对比度）"效果可以单独调整视频画面中的亮度和对比度，以改善画面明暗，并突出主体物。图 4-47 所示为使用该效果降低画面亮度、提高画面对比度前后的对比效果。

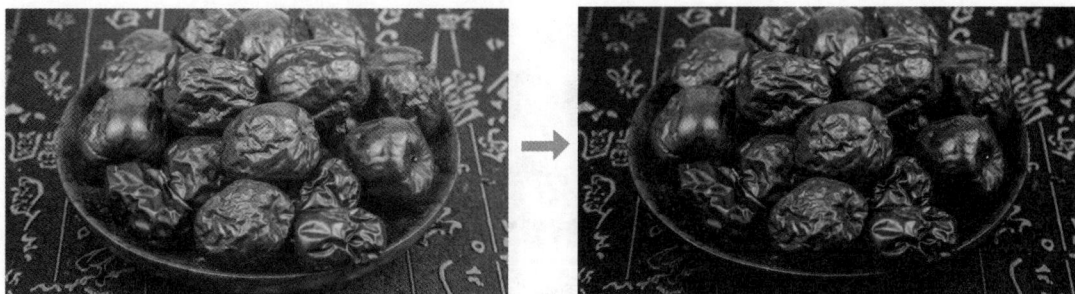

图4-47

4.2.5　其他常用调色效果

　　"视频效果"文件夹的"图像控制""调整""过时""颜色校正"等文件夹中还有更多的调色效果，视频制作人员掌握它们的应用方法可以有效提升自身的调色能力。图4-48～图4-54是常用调色效果详解。

灰度系数校正
调整画面中间调
区域的明暗度

图4-48

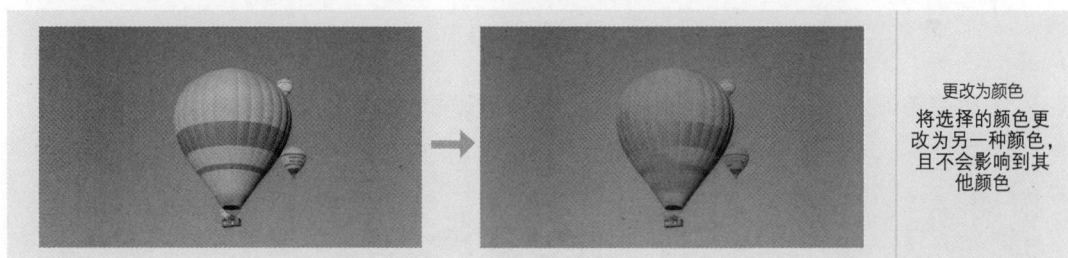

更改为颜色
将选择的颜色更
改为另一种颜色，
且不会影响到其
他颜色

图4-49

自动颜色
自动调整素
材颜色

图4-50

颜色平衡
用于调整视频画面中红色、绿色和蓝色的占比，使画面达到颜色上的平衡

图 4-51

保留颜色
选择一种需要保留的颜色范围，再降低其他颜色的饱和度

图 4-52

阴影 / 高光
调整画面中的阴影和高光区域

图 4-53

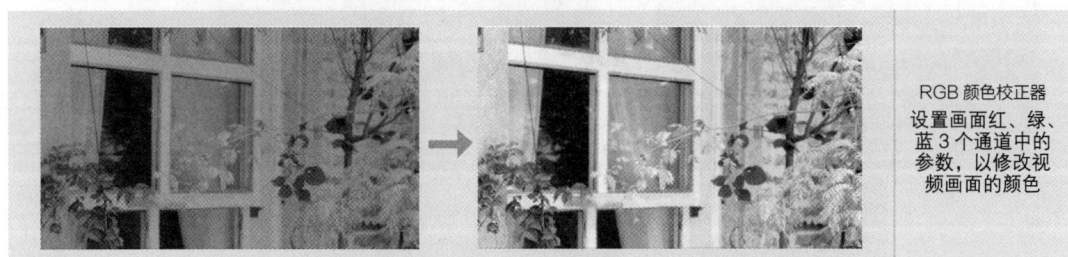

RGB 颜色校正器
设置画面红、绿、蓝 3 个通道中的参数，以修改视频画面的颜色

图 4-54

知识
拓展

应用调色类视频效果后，通常都是通过"效果控件"面板调整各种参数，以实现调色。扫描右侧的二维码可查看详细介绍。

另外，应用"颜色校正"文件夹中的"Lumetri 颜色"效果后，其相关设置与"Lumetri 颜色"面板中的参数大致相同，因此不再赘述。

资源链接：
其他常用调色
效果参数详解

4.3
综合实训

4.3.1 制作农产品主图视频

某农产品店铺近期准备上新一款芋头，为了更好地突出芋头的卖点，商家准备为其制作一则主图视频。然而拍摄效果不太理想，无法真实地展示芋头的外形特点，因此需要在制作主图视频时，根据不同拍摄画面的问题进行调色处理。表 4-1 所示为农产品主图视频制作任务单，任务单中明确给出了实训背景、制作要求、设计思路和参考效果。

表 4-1 农产品主图视频制作任务单

实训背景	为某农产品店铺的农产品制作一则主图视频，以增加芋头的销售量，增强吸引力
尺寸要求	1920 像素 ×1080 像素
时长要求	25 秒以内
制作要求	视频内容应聚焦于农产品——芋头，展现其独特魅力与特色，通过调色突出芋头的外形特点，避免过于浓重或夸张的色调，确保画面真实、自然
设计思路	在 Premiere 中导入视频素材，先分析视频画面中的色彩问题，然后使用不同的调色效果处理问题
参考效果	效果预览：农产品主图视频
素材位置	配套资源 :\ 素材文件 \ 第 4 章 \ 综合实训 \ 芋头 .mp4
效果位置	配套资源 :\ 效果文件 \ 第 4 章 \ 综合实训 \ 农产品主图视频 .prproj

操作提示如下。

STEP 01 在 Premiere 中新建"农产品主图视频"项目文件，导入素材，基于"芋头 .mp4"素材创建序列并修改序列名称。

STEP 02 根据画面内容的不同，使用"剃刀工具" 将素材分割为多个片段，以便后续单独进行调色。

STEP 03 综合"Brightness & Contrast""色阶""RGB 曲线"等效果，依次对多个片段进行调色，如提高画面对比度、亮度等，最后保存项目文件。

视频教学：
制作农产品主图
视频

☑ 行业知识

主图视频是指以视频的形式补充主图对商品展示的设计形式，通常显示在商品页面的第一张主图之前，视频内容需要突出商品外观，或者展现商品 1 ~ 2 个核心卖点。相比于静态图片，主图视频可以更直观地展现商品的特色、功能和使用场景，提高消费者的购买欲望。主图视频的比例通常有 3：4、1：1 和 16：9 三种，时长为 5 ~ 60 秒。

在选购商品时，主图视频是一种重要的展示方式，通过合理的规范和调色方案，可以提高商品的展示效果，吸引消费者的眼球，提高他们的购买率。在主图视频的调色方面需要考虑以下因素。

① 色调：根据商品的特点和使用场景选择合适的色调，同时考虑商品的品类、目标受众和品牌定位等因素，以确保与商品风格相符合，突出商品特点。

② 饱和度：以增强视觉效果，达到吸引消费者的目的为核心来调整商品的饱和度。

③ 对比度：可以适当提高对比度，使商品的细节更加清晰。

4.3.2 制作复古风格微电影片头

随着时尚潮流的不断更迭，复古风格以其独特的魅力成为当下备受瞩目的时尚元素。因此，某视频平台计划推出一档以介绍复古风格为主的栏目，希望可以让观众更加深入地了解复古风格独有的审美价值和文化内涵。该栏目拍摄了一部微电影用作宣传，需要为该微电影制作一个具有复古风格的片头。表 4-2 所示为复古风格微电影片头制作任务单，任务单中明确给出了实训背景、制作要求、设计思路和参考效果。

表 4-2 复古风格微电影片头制作任务单

实训背景	为吸引更多观众的注意力，提高某时尚栏目的关注度，为该栏目的微电影制作一则具有复古风格的微电影片头
尺寸要求	1920 像素 ×1080 像素
时长要求	20 秒以内
制作要求	片头需与栏目主题相契合，以温暖而柔和的色调为主，具有复古氛围和视觉吸引力；可以适当添加装饰元素，增加层次感和视觉冲击力；在视频结尾展现微电影名称以及主演名单
设计思路	使用 Premiere 导入并剪辑多个视频素材，通过调整色彩的饱和度和对比度等属性，提高画面的历史感和质感，同时增强画面色调的统一性，再添加具有复古风格的线条作为装饰，最后添加文本和音乐

参考效果	
素材位置	配套资源 :\ 素材文件 \ 第 4 章 \ 综合实训 \ "微电影素材" 文件夹
效果位置	配套资源 :\ 效果文件 \ 第 4 章 \ 综合实训 \ 复古风格微电影片头 .prproj

效果预览:
复古风格微电影
片头

操作提示如下。

STEP 01 在 Premiere 中新建 "复古风格微电影片头" 项目文件,导入所有素材,并分别在 "源" 面板中设置各个视频素材的入点和出点。

STEP 02 基于 "城市马路 .mp4" 素材创建序列并修改序列名称,然后依次拖动其他视频素材到 "时间轴" 面板中,并适当调整播放速度。

STEP 03 综合利用 "Lumetri 颜色" 面板中的基本校正、创意和曲线功能,调整各个视频素材画面的明暗度、对比度等,并适当提高橙黄色的饱和度。

STEP 04 添加 "线条 .mp4" 素材到 V2 轨道上,适当调整持续时间,然后设置混合模式为 "滤色"。

STEP 05 添加文本素材并应用过渡效果。

STEP 06 添加 "背景音乐 .mp3" 素材并调整其出点,最后保存项目文件。

视频教学:
制作复古风格
微电影

行业知识

复古风格的调色具有以下特点。

① 暖色调:复古风格通常偏向于使用暖色调,如棕色、黄色、橙色等,以营造温暖、复古的氛围。

② 褪色效果:常使用褪色效果或仿旧效果来模拟老式照片或电影的外观特点,使画面看起来更具历史感。

③ 对比度:通常会降低画面的对比度,使色彩更加柔和,呈现出一种朦胧和柔美的感觉。

④ 质感:可以模拟胶片的颗粒感、光晕效果等,提升复古的质感。

4.4 课后练习

练习 1 制作春游 Vlog

【制作要求】利用提供的素材制作春游 Vlog，要求视频画面美观，主色调以明亮、鲜艳为主，以展现春天的生机与活力。

【操作提示】用 Premiere 剪辑视频素材，然后分析不同视频素材中的色彩问题，使用"Lumetri 颜色"面板的各个功能进行处理。参考效果如图 4-55 所示。

【素材位置】配套资源 :\ 第 4 章 \ 课后练习 \ "春游素材"文件夹

【效果位置】配套资源 :\ 第 4 章 \ 课后练习 \ 春游 Vlog.prproj

效果预览:
春游 Vlog

图 4-55

练习 2 制作大熊猫短视频

【制作要求】利用提供的素材制作大熊猫短视频，要求视频画面的色调明亮、真实、自然，能展现出大熊猫的外貌特点。

【操作提示】使用 Premiere 适当剪辑视频素材，分析不同视频素材中的色彩问题，然后综合利用多种调色类的视频效果进行处理，最后添加背景素材。参考效果如图 4-56 所示。

【素材位置】配套资源 :\ 素材文件 \ 第 4 章 \ 课后练习 \ "大熊猫素材"文件夹

【效果位置】配套资源 :\ 效果文件 \ 第 4 章 \ 课后练习 \ 大熊猫短视频 .prproj

效果预览:
大熊猫短视频

图4-56

第5章 添加字幕与音频

字幕是视觉语言的一种形式，以文本符号的方式呈现信息，可以增强视频内容的可理解性和可读性；而音频是听觉语言的一种形式，以声音信号的方式传递信息，可以为视频画面营造出特定的氛围和情绪。在数字媒体后期制作中，字幕和音频可以相互补充、共同协作，为观众带来更加完整、丰富和深入的视听体验。

学习要点
◎ 掌握添加并调整字幕的方法。
◎ 掌握添加并调整音频的方法。

素养目标
◎ 不断学习和丰富知识素养，能够根据不同的设计要求进行字幕的添加与设计。
◎ 提升文学素养，掌握常见的基本词汇和语法，确保字幕内容的准确性。
◎ 提升对视频节奏和情感的把控，能够合理地添加字幕和音频，提高视频的观赏性和感染力。

扫码阅读

案例欣赏

课前预习

5.1

添加字幕

字幕是指以文本形式显示电视、电影和舞台作品中的对话、讲解、旁白等非影像内容，同时也泛指视频作品后期制作中添加的文本。

5.1.1 课堂案例——制作"节约用水"公益短视频

【制作要求】为某公益组织制作一个公益短视频，以提高全民节水意识，倡导节约用水，要求分辨率为"1280像素×720像素"，以"节约用水"为主题，在画面中突出主题文字，同时根据配音内容为视频添加字幕，帮助观众更好地理解短视频内容。

【操作要点】使用Premiere将配音转录为文本，然后转化为字幕，并适当进行调整和美化，再在画面上部输入主题文本，以强调公益视频的核心意义。参考效果如图5-1所示。

【素材位置】配套资源：\ 素材文件 \ 第5章 \ 课堂案例 \ "节约用水素材"文件夹

【效果位置】配套资源：\ 效果文件 \ 第5章 \ 课堂案例 \ "节约用水"公益短视频.prproj

图5-1

具体操作如下。

STEP 01 在Premiere中按【Ctrl+Alt+N】组合键打开"导入"界面，设置项目名为"'节约用水'公益短视频"，在左侧选择"节约用水素材"文件夹，在右侧取消选中"创建新序列"选项，然后单击 创建 按钮。

STEP 02 新建帧大小为"1300×1080"、名称为"视频"的序列，拖动"水滴落下.mp4""花洒出水.mp4""倒水.mp4"素材至V1轨道上，再分别设置这3个视频素材的播放速度为"180%""180%""140%"，并调整素材的入点和出点，如图5-2所示。

视频教学：
制作"节约用水"
公益短视频

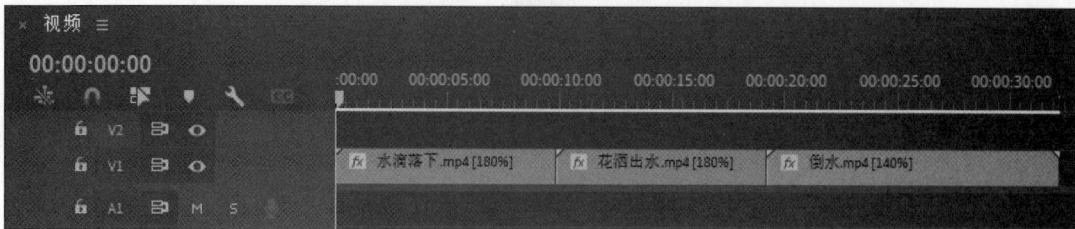

图 5-2

STEP 03 拖动"配音 .mp3"素材至"时间轴"面板中的 A1 轨道上，选择【窗口】/【文本】命令，打开"文本"面板，在其中的"转录文本"选项卡中单击 转录序列 按钮，打开"创建转录文本"对话框，设置语言为"简体中文"，并在"音频正常"单选项下方的"语言"下拉列表中选择"音频 1"选项，单击 转录 按钮，如图 5-3 所示。转录完成后的"文本"面板如图 5-4 所示。

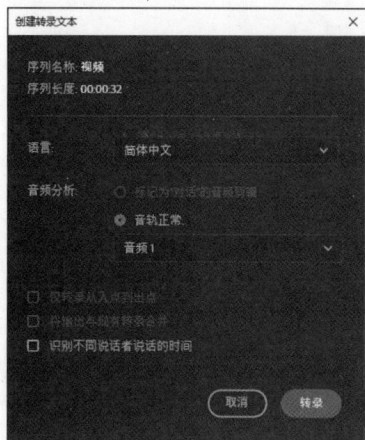

图 5-3

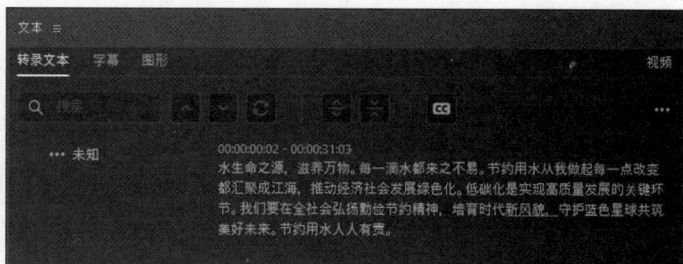

图 5-4

STEP 04 双击文本内容，激活文本框，在其中应断句的位置输入"，"文本，修改"绿色化"文本后的标点为"、"，再将"培育时代新风貌"改为"培育时代新风新貌"，以提升字幕的精确度，如图 5-5 所示。然后单击文本框之外的区域完成修改。

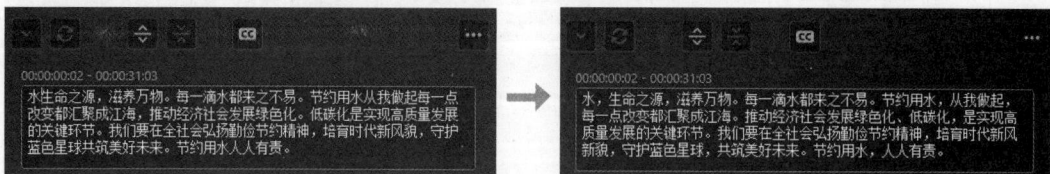

图 5-5

STEP 05 单击"文本"面板上方的"创建说明性字幕"按钮 ，打开"创建字幕"对话框，设置最大长度为"30"，单击选中"单行"单选项，然后单击 创建 按钮，如图 5-6 所示。创建的字幕在"文本"面板的"字幕"选项卡中的显示效果如图 5-7 所示。

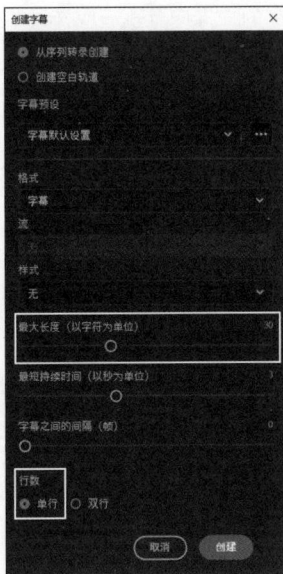

图5-6

图5-7

STEP 06 由于第3段字幕过长，因此需要调整。选择第3段字幕，单击上方的"拆分字幕"按钮⊟，将自动拆分为第3段和第4段字幕。先双击第3段字幕，激活文本框，选择并删除后一句话，然后单击文本框之外的区域完成修改。再使用相同方法删除第4段字幕的前一句话，修改字幕前后的对比效果如图5-8所示。

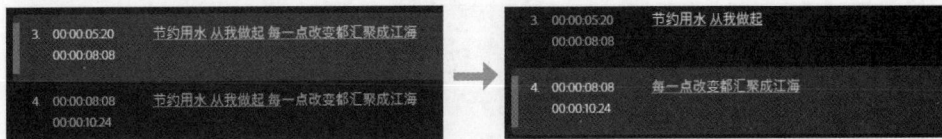

图5-8

STEP 07 第6段字幕中的"低碳化"文本应该位于第5段字幕中，因此可以先将其删除，并根据音频调整该段字幕的入点为00:00:15:04，然后在第5段字幕中输入"低碳化"文本，再调整该段字幕的出点为00:00:15:04。

STEP 08 在"时间轴"面板中的C1轨道上选择第1段字幕，打开"基本图形"面板，设置参数如图5-9所示。字幕效果如图5-10所示。

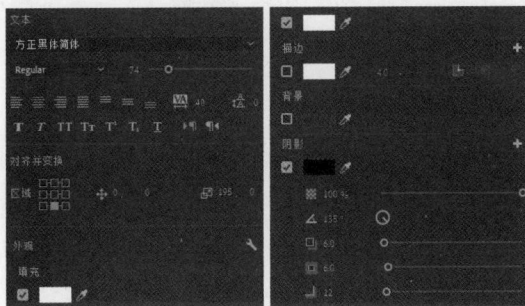

图5-9

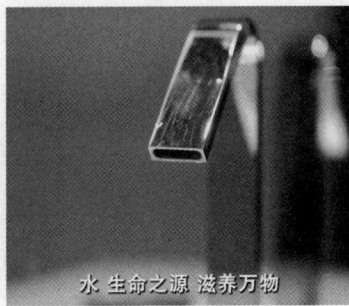

图5-10

STEP 09 单击"基本图形"面板的"轨道样式"下拉列表右侧的"推送至轨道或样式"按钮▣，打开"推送样式属性"对话框，单击选中"轨道上的所有字幕"单选项，然后单击 确定 按钮，以修改 C1 轨道上所有字幕的样式。

STEP 10 拖动时间指示器查看其他字幕的效果，可发现部分字幕呈两行，因此需要将文本框左侧或右侧的控制点向画面外拖动，部分效果如图 5-11 所示。

图5-11

STEP 11 新建帧大小为"720×1280"、名称为"'节约用水'公益视频"的序列，拖动"蓝色背景.mp4"素材至 V1 轨道上，设置位置为"1134.0 640.0"、缩放为"122.0"。

STEP 12 拖动"视频"序列至 V2 轨道上，然后设置位置为"360.0 856.0"、缩放为"56.0"，此时"蓝色背景.mp4"素材的时长短于"视频"序列的时长，因此可使用"比率拉伸工具"▣调整其出点位置为一致，如图 5-12 所示。

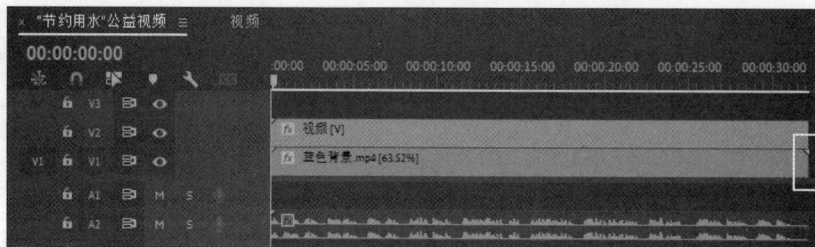

图5-12

STEP 13 选择"文字工具"▣，在画面上部输入"节约用水　人人有责"文本，设置出点为与"视频"序列一致，然后在"基本图形"面板中设置图 5-13 所示的参数，其中填充颜色为"#1D77 FF"，效果如图 5-14 所示。

图5-13

图5-14

STEP 14 选择"矩形工具" ■，将鼠标指针移至"人人有责"文本下方，按住鼠标左键不放并拖曳绘制一个矩形，然后在"基本图形"面板中设置角半径为"50.0"、填充为"#3790FF"，效果如图5-15所示。

STEP 15 使用"文字工具" T在圆角矩形中输入"建设节水型城市，推动绿色低碳发展"文本，设置字体为"方正正黑简体"、字体大小为"34"、填充为"#FFFFFF"，预览视频效果，如图5-16所示。最后按【Ctrl+S】组合键保存项目文件。

图5-15   图5-16

5.1.2 使用文字工具组

在Premiere中，添加的字幕可分为点文本和段落文本两种类型。其中，点文本不论文本字数有多少，都不会自动换行，而需要手动换行；段落文本则以文本框范围为参照位置，每行文本的字数会根据文本框的大小自动换行。

1. 创建点文本

选择"文字工具" T或"垂直文字工具" 囗，在"节目"面板中单击鼠标左键定位插入点（显示为红色竖线，默认位于边框左侧），然后输入文本内容（此时插入点将跟随最后输入的文本显示在边框右侧），如图5-17所示。按【Ctrl+Enter】组合键，或选择其他工具，完成字幕的输入。

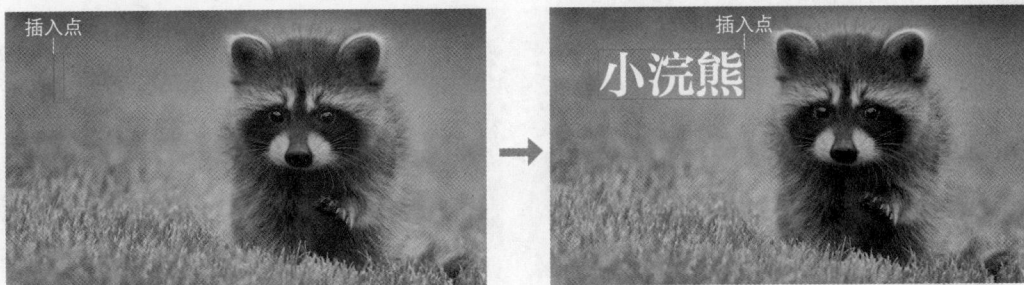

图5-17

2. 创建段落文本

选择"文字工具" T 或"垂直文字工具" IT，在"节目"面板中按住鼠标左键不放并拖曳绘制一个文本框，然后在文本框内输入文本内容，如图 5-18 所示。按【Ctrl+Enter】组合键，或选择其他工具，完成字幕的输入。

图 5-18

> 🔔 **提示**
>
> 完成字幕的输入后，文本周围将出现多个控制点，此时可选择"选择工具" ▶，再将鼠标指针移至控制点上，当鼠标指针变为 ↔、↕、⤢ 形状时，按住鼠标左键不放并拖曳，可调整点文本或段落文本框的大小，但不会改变段落文本的大小。

5.1.3 应用"文本"面板

Premiere 提供了用于添加字幕和转录文本的"文本"面板，灵活应用该面板可以有效提升制作字幕的效率。

1. 使用"文本"面板添加字幕

选择【窗口】/【文本】命令，打开"文本"面板，如图 5-19 所示。在其中单击 [CC 创建新字幕轨] 按钮，可打开"新字幕轨道"对话框，如图 5-20 所示。在其中设置字幕轨道格式和样式（一般保持默认设置），然后单击 [确定] 按钮，将在"时间轴"面板中自动添加一个 C1 轨道，接着在"文本"面板中单击"添加新字幕分段"按钮 ⊕，如图 5-21 所示。此时在"文本"面板、"时间轴"面板和"节目"面板中出现创建的字幕，如图 5-22 所示。在不同面板中双击该字幕后，均可修改字幕内容。

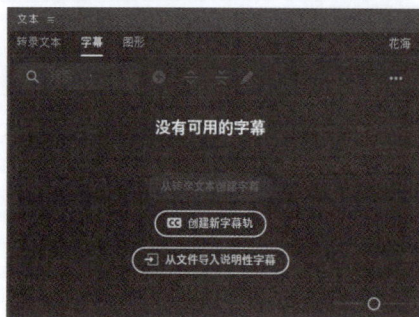

图 5-19

图 5-20

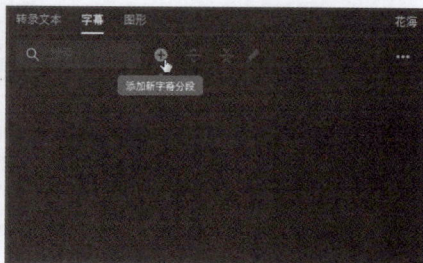

图 5-21

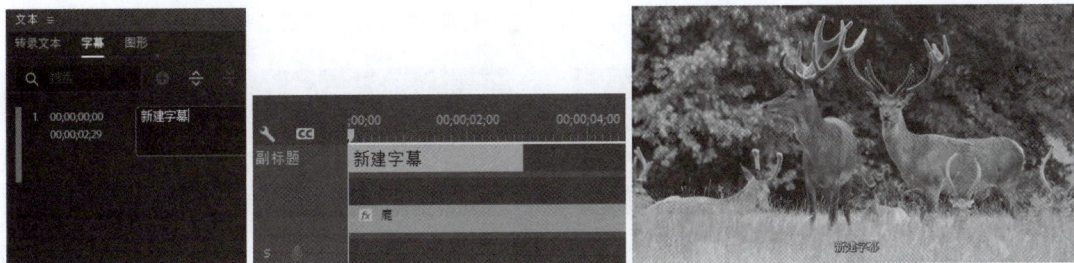

图5-22

使用"选择工具" ▶ 在"节目"面板中单击创建的字幕,其周围将显示文本框,将鼠标指针移至文本框的控制点处,按住鼠标左键不放并拖曳可调整文本框的大小;将鼠标指针移至文本框内部,按住鼠标左键不放并拖曳可调整文本框的位置。

> **知识拓展**
>
> 默认情况下,在"文本"面板中创建的字幕都会居中显示在文本框底部,而文本框同时也将居中显示在视频画面底部。除了可以通过调整文本框的位置来改变字幕显示位置,在"节目"面板中选中字幕后,"基本图形"面板中的"对齐与变换"栏中会出现一个九宫格,单击九宫格中的方格,也可以设置字幕相对于文本框,以及文本框相对于视频画面的位置。

在"文本"面板中添加字幕后,在字幕上方单击鼠标右键,在弹出的快捷菜单中选择"在之前/之后添加字幕"命令,可在该字幕之前/之后创建新的字幕(需要注意的是,在"时间轴"面板中,若该字幕之前/之后无空间,则不可创建);选择"删除文本块"命令,可删除该文本块(在"文本"面板中,一个字幕可包含多个文本块);选择"将新的文本块添加到字幕"命令,可在该字幕中添加新的文本块,且新文本块的样式、位置等参数都可单独进行调整。

2. 使用"文本"面板转录文本

在自动转录字幕时,应先创建转录文本,然后进行简单的编辑,如编辑发言者、查找和替换转录中的文本、拆分和合并转录文本等,最后生成字幕。

(1)创建转录文本

先在"时间轴"面板中添加包含语音音频的序列,然后在"文本"面板的"转录文本"选项卡中单击 创建转录 按钮(或在"字幕"选项卡中单击 转录序列 按钮),打开"创建转录文本"对话框,如图5-23所示。

"创建转录文本"对话框中的"语言"下拉列表用于选择转录的语言;"音频分析"栏用于选择需要转录的音频;"仅转录从入点到出点"复选框用于指定转录范围;"将输出与现有转录合并"复选框用于在现有转录文本和新转录文本之间建立连续性;"识别不同说话者说话的时间"复选框用于启用人声识别。

在"创建转录文本"对话框中设置完成后,单击 转录 按钮,Premiere将开始转录,并在"文本"面板的"转

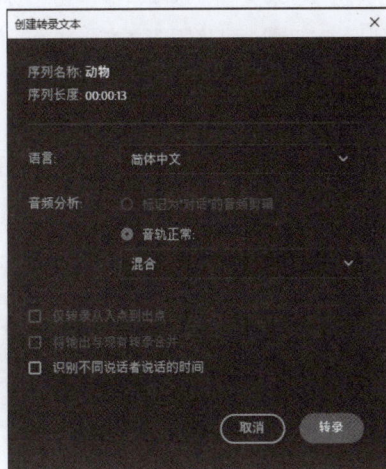

图5-23

录文本"选项卡中显示结果，双击显示结果中的字幕可修改其中的文本，如图 5-24 所示。

图 5-24

（2）编辑发言者

单击字幕左侧的"未知"按钮 ，在打开的下拉菜单中选择"编辑发言者"选项，打开"编辑发言者"对话框，单击编辑图标 可以更改发言者的名称，如图 5-25 所示。要添加新发言者，可单击 按钮并更改发言者名称，最后单击 按钮。

（3）查找和替换转录中的文本

在"转录文本"选项卡左上角搜索框中输入搜索词，会突出显示搜索词在转录文本中的所有实例，如图 5-26 所示。单击"向上"按钮 和"向下"按钮 ，可浏览搜索词的所有实例；单击"替换"按钮 ，可显示"替换为"文本框（用于输入替换文本）和 按钮、 按钮，要仅替换搜索词的选定实例，可单击 按钮；要替换搜索词的所有实例，可单击 按钮。

图 5-25

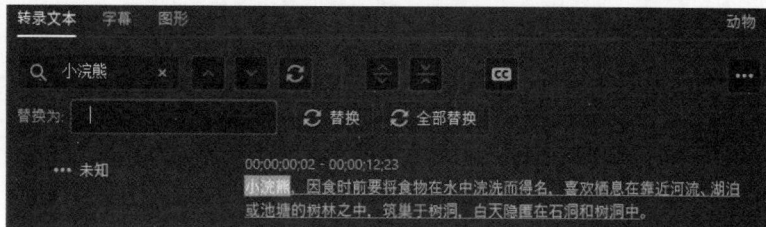

图 5-26

（4）拆分和合并转录文本

在"转录文本"选项卡中单击"拆分区段"按钮 ，可将所选文本在文本选中处分段；单击"合并区段"按钮 ，可将所选文本合并为一段。

（5）生成字幕

编辑好转录的文本内容后，可单击"创建说明性字幕"按钮 ，打开"创建字幕"对话框，在其中设置字幕预设、格式等参数，然后单击 按钮，将自动根据转录的文本生成字幕，该字幕与使用"文本"面板直接输入的字幕类似，同样会在"时间轴"面板中创建一个 C1 轨道，如图 5-27 所示。

图 5-27

5.1.4　应用"基本图形"面板

在画面中添加字幕后，通过"基本图形"面板的"编辑"选项卡可调整文本样式。该面板中各参数如图 5-28 所示。

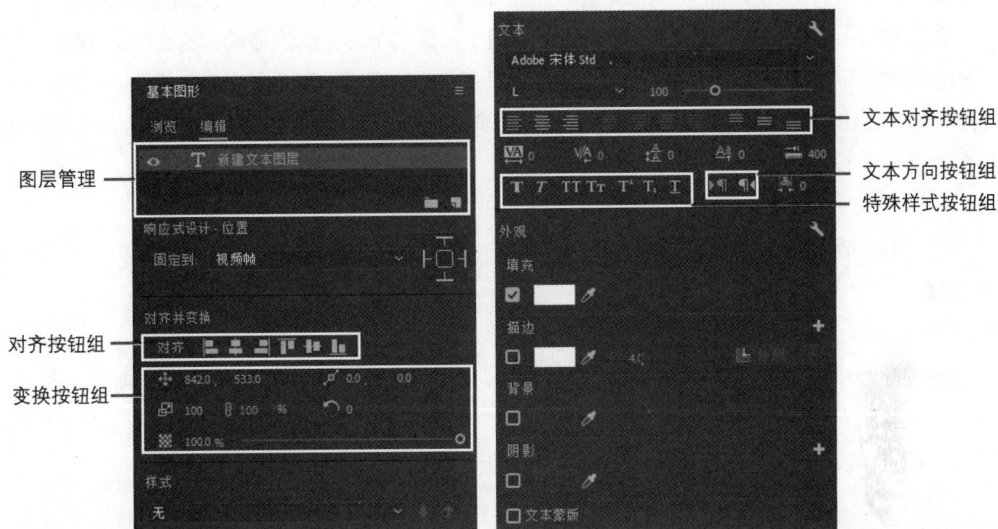

图 5-28

1. 图层管理

"基本图形"面板上方为一个图层管理区，在其中将以图层的形式显示所有新建的文本。选择任一图层，单击鼠标右键，可在弹出的快捷菜单中选择重命名、剪切、复制等命令进行操作；单击"新建组"按钮█，可新建用于管理图层的文件夹；单击"新建图层"按钮█，可新建文本或图形。

2. 响应式设计 – 位置

在"固定到"下拉列表中可为所选图层（子级图层）选择目标图层（父级图层），在右侧█按钮处可设置固定的边缘，当父级图层的边缘发生改变时，为子级图层设置的固定边缘将自动发生改变。

3. "对齐并变换"栏

选择文本后，可通过对齐按钮组█████████进行对齐操作，以便更好地排版画面内容。按钮组从左至右依次为"左对齐"按钮█、"水平对齐"按钮█、"右对齐"按钮█、"顶对齐"按钮█、"垂直对齐"按钮█、"底对齐"按钮█。

变换按钮组████████中的按钮分别用于设置文本的位置、锚点、比例、旋转和不透明度。

4. "样式"栏

在"样式"栏下拉列表中选择"创建样式"选项，可将当前文本样式的相关设置存储起来；单击"从样式中同步"按钮█，可将调整后的文本样式恢复为存储的样式；单击"推送至轨道或样式"按钮█，可将当前样式推送到轨道上的所有字幕中，或更新所有应用该样式的文本。

5. "文本"栏

在"文本"栏中，第一个下拉列表用于设置文本的字体；第二个下拉列表用于设置字体的样式，如常规、斜体、粗体和细体；字体大小█████用于设置文本的大小。

文本对齐按钮组用于设置文本对齐方式，从左到右依次为"左对齐文本"按钮▤、"居中对齐文本"按钮▤、"右对齐文本"按钮▤、"最后一行左对齐"按钮▤、"最后一行居中对齐"按钮▤、"对齐"按钮▤、"最后一行右对齐"按钮▤、"顶对齐文本"按钮▤、"居中对齐文本垂直"按钮▤、"底对齐文本"按钮▤。

字距▨用于设置字符的间距；字偶间距▨用于使用度量标准字偶间距或视觉字偶间距来自动微调文字的间距；行距▨用于设置文本的行间距；基线位移▨用于设置文字的基线位移量；制表符宽度▨用于设置按【Tab】键产生字符所占的宽度；比例间距▨用于以百分比的方式设置两个字符之间的字间距。

特殊样式按钮组用于设置文本的特殊样式，从左向右依次为"仿粗体"按钮▣、"仿斜体"按钮▣、"全部大写字母"按钮▣、"小型大写字母"按钮▣、"上标"按钮▣、"下标"按钮▣、"下划线"按钮▣。

文本方向按钮组用于设置文本排列方向，从左到右依次为"从左至右输入"按钮▣、"从右至左输入"按钮▣。

6."外观"栏

在"外观"栏中可设置文本的填充、描边、背景、阴影和形状蒙版等参数，设置前需要分别勾选参数左侧的复选框进行激活。单击色块可打开"拾色器"对话框，在其中设置相应颜色，也可以使用右侧的吸管工具▣直接吸取画面中的颜色。勾选"文本蒙版"复选框可将图形设置为蒙版。

> **知识拓展**　使用"矩形工具"▣、"椭圆工具"▣、"多边形工具"▣在"节目"面板中绘制形状后，要调整形状的样式，同样也是在"基本图形"面板中进行操作，其参数与调整文本的参数大致相同。除此之外，还可以设置形状的宽度▣、高度▣和角半径▣等参数。

5.2

添加音频

在数字媒体后期制作中，将音频与画面内容相结合，可以营造出一定的氛围，或起到补充说明的作用，从而更好地传递视频所要表达的情感。

5.2.1 课堂案例——制作毕业旅行 Vlog 片头

【制作要求】为"毕业旅行 Vlog"制作片头，要求分辨率为"1920 像素 ×1080 像素"，添加片头文本，再添加温暖、旋律优美的背景音乐，给人轻松自在、心情舒畅的感受。

【操作要点】使用 Premiere 为视频画面制作开场的过渡效果，添加标题文本并制作动效，然后添加背景音乐并调整音量大小，再制作淡入效果。参考效果如图 5-29 所示。

【素材位置】配套资源 :\ 素材文件 \ 第 5 章 \ 课堂案例 \ "毕业旅行素材"文件夹

【**效果位置**】配套资源 :\ 效果文件 \ 第 5 章 \ 课堂案例 \ 毕业旅行 Vlog 片头 .prproj

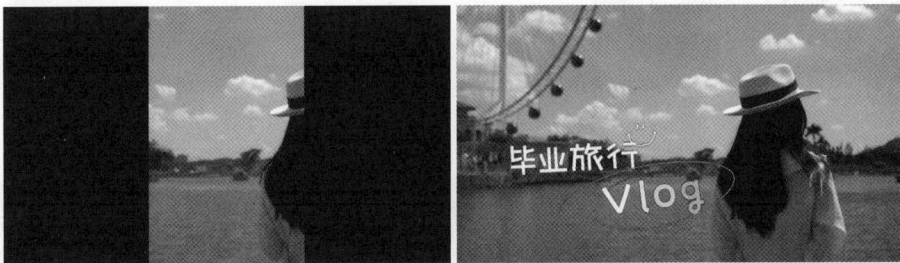

图5-29

具体操作如下。

STEP **01** 在 Premiere 中按【Ctrl+Alt+N】组合键打开"导入"界面，设置项目名为"毕业旅行 Vlog 片头"，在左侧选择"毕业旅行素材"文件夹，在右侧取消选中"创建新序列"选项，然后单击 按钮。

STEP **02** 新建帧大小为"1920×1080"、名称为"毕业旅行 Vlog 片头"的序列。新建一个黑色的颜色遮罩，并命名为"黑色背景"，将其拖至序列中并调整出点至 00:00:01:00 处。

视频教学 :
制作毕业旅行
Vlog 片头

STEP **03** 设置"人物背影 .mp4"素材的入点和出点分别为"00:00:00:07""00:00:05:06"，将其拖至 V1 轨道上的 00:00:01:00 处，在"效果"面板中搜索"拆分"效果，并将该效果拖至"黑色背景"和"人物背影 .mp4"素材之间。

STEP **04** 拖动"主题文本 .png"素材至 V2 轨道上的 00:00:01:00 处，然后在"效果"面板中搜索"急摇"效果，并将该效果拖至"主题文本 .png"素材的入点处，画面效果如图 5-30 所示。

图5-30

STEP **05** 拖动"轻音乐 .mp3"素材至"时间轴"面板中的 A1 轨道上，将时间指示器移至 00:00:00:00 处，按【空格】键试听音频，同时观察右侧的"音频仪表"面板，可发现音频的音量较低，如图 5-31 所示。

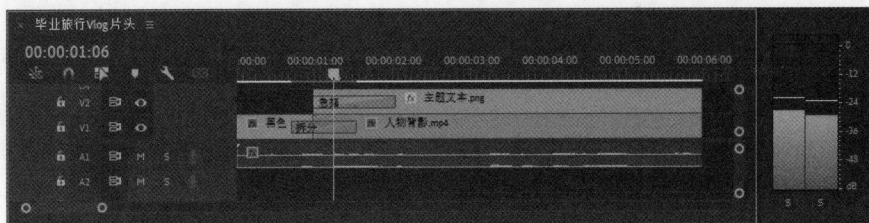

图5-31

STEP 06 在"效果控件"面板中展开"音量"文件夹，设置级别为"15.0dB"，如图 5-32 所示。此时音频的音量正常，如图 5-33 所示。

STEP 07 在"效果"面板中依次展开"音频过渡""交叉淡化"文件夹，拖动"恒定增益"效果至"轻音乐.mp3"素材的入点处（见图 5-34），以制作音频淡入的效果，最后按【Ctrl+S】组合键保存项目文件。

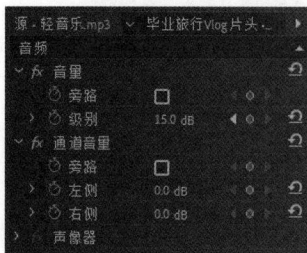 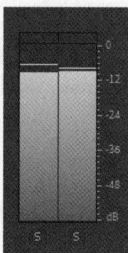 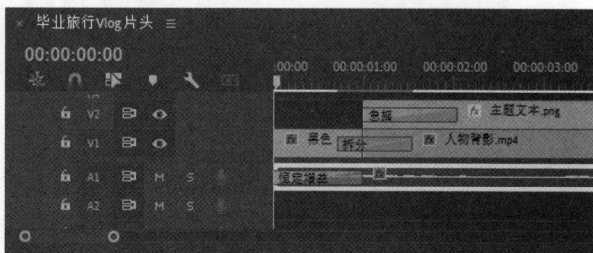

图 5-32　　　　　　图 5-33　　　　　　图 5-34

5.2.2 认识音频轨道

在"新建序列"对话框的"轨道"选项卡中，可以根据制作需要单独设置混合轨道（"时间轴"面板中所有音频输出的合集）和单个音频轨道的参数，如图 5-35 所示。

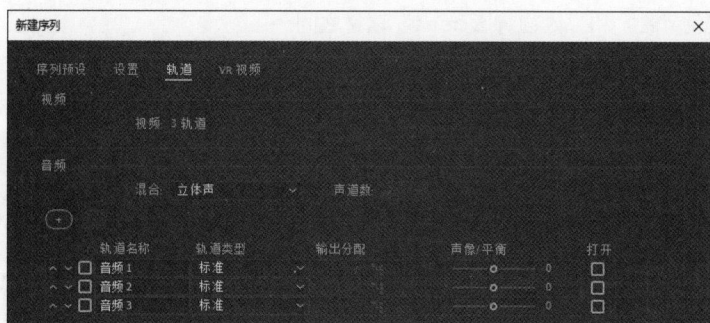

图 5-35

另外，可在"音频"栏轨道类型下方的下拉列表中设置以下音频轨道类型。

● 标准：标准是替代旧版本的立体声音轨道，是可以同时剪辑单声道和立体声音频的一种轨道类型。

● 5.1 声道：5.1 声道包含了中央声道、前置左声道、后置左环绕声道、后置右环绕声道，以及通向低音炮扬声器的低频效果音频声道。在 5.1 声道中只能添加 5.1 音频素材。

● 自适应：自适应可以剪辑单声道和立体声音频，并且能实际控制每个音频轨道的输出方式。

● 单声道：单声道是一条音频声道。将立体声音频素材添加到单声道轨道上，立体声音频通道将汇总为单声道。

● 立体声：立体声是指通过两个或多个声道来模拟人耳对声音方向和距离的感知，以达到更真实、更立体的声音效果。

● 子混合：子混合是指输出轨道的合并信号，或向它发送的信号。选择该类型的轨道可管理混音和效果。

创建完序列后，音频轨道的参数设置将无法改变。若需要更改参数，用户只能重新创建序列，并设置音频轨道上的相关参数，再复制原序列中的素材到新序列中。

5.2.3 认识"音频仪表"面板

不同设备（如扬声器、耳机、音响等）的音频输出特性不同，这可能会导致音频在不同设备中的表现存在差异，进而导致用户在不同设备上听到的声音音量不一致，甚至出现音频失真或削减的情况。因此，Premiere 提供了"音频仪表"面板来监测音频信号的强度和质量。"音频仪表"面板可显示时间线上所有音频轨道混合而成的主声道音量大小，当主声道音量超出安全范围时，柱状的音频仪表顶端会显示红色警告，如图 5-36 所示。此时需要及时调整音频的音量，避免损伤音频设备。

图 5-36

"音频仪表"面板右侧的数字表示音频的分贝值（dB），是一种用于测量音频信号强度和音量级别的单位；该面板下方有两个 S 按钮，单击左侧的 S 按钮可独奏左侧声道，单击右侧的 S 按钮可独奏右侧声道。

> **知识拓展**
>
> 除了"音频仪表"面板，Premiere 还提供了"音轨混合器"面板（可以混合多个轨道的音频素材，还可以录制声音和分离音频等）、"音频剪辑混合器"面板（可以调控音频轨道上不同音频素材的音量）、"基本声音"面板（提供了混合音频技术和修复音频的一整套工具集）。
>
> 资源链接：
> 其他与音频相关的面板

5.2.4 调整音频音量和增益

音频音量是指输出音频素材的音量，音频增益是指输入音频素材的音量，这两个音频参数都会影响音频素材的最终效果，因此用户应根据实际需要调整音频音量和增益。

1. 调整音频音量

常用的调整音频音量方法有以下两种。

（1）通过"效果控件"面板

在"时间轴"面板中选择音频后，打开"效果控件"面板，展开"音频"效果属性中的"音量"栏，可通过设置"级别"参数来调节所选音频素材的音量大小。

（2）通过"时间轴"面板

在"时间轴"面板中添加音频后，双击音频轨道左侧的空白处，将放大音频轨道，并且轨道上会出现一条白色的线，此时选择"选择工具" ▶，将鼠标指针移至白线处，当鼠标指针变为 状态时，向上拖动白线可提高音量，向下拖动白线可降低音量，如图 5-37 所示。

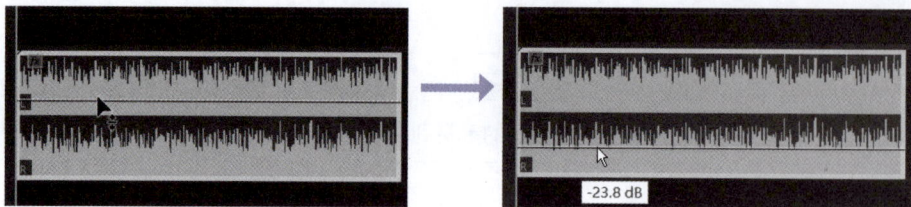

图5-37

> 🔔 **提示**
>
> 在"时间轴"面板中选择音频后，按【[】键可将音量减小 1dB，按【]】键可将音量提高 1dB；
> 按【Shift+[】组合键可将音量减小 6dB，按【Shift+]】组合键可将音量提高 6dB。

2. 调整音频增益

在"时间轴"面板中选择音频后，选择【剪辑】【音频选项】【音频增益】命令，将打开"音频增益"对话框，如图 5-38 所示。在其中，单击选中"将增益设置为"单选项，可为增益设置某一特定值；单击选中"调整增益值"单选项，可调大或调小增益（如果输入非零值，则"将增益设置为"值会自动更新，以反映应用于该音频的实际增益值）；单击选中"标准化最大峰值为"单选项，可将选定剪辑的最大峰值振幅调整为设置的值；单击选中"标准化所有峰值为"单选项，可将选定音频的所有峰值振幅调整为设置的值；峰值振幅用于显示 Premiere 自动计算的选定素材的峰值振幅，使用该值作为调整增益的参考。

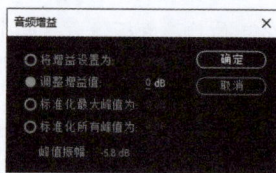

图5-38

5.2.5 音频效果和音频过渡

在"效果"面板中，Premiere 提供了音频效果组和音频过渡效果组，用于调整音频的最终播放效果，使其更符合制作需求。

1. 音频效果组

音频效果组主要用于调节音频的各种属性，以改变或增强视频素材中的音频部分。在"效果"面板中展开"音频效果"文件夹（见图 5-39），其中有多种音频效果可供选择，它们分别用于改善音频的质量、增强音频效果、修复录音产生的问题，以及创造各种音频创意效果。部分常用音频效果的介绍如下。

- **吉他套件**：该音频效果可以模拟吉他的声音和效果。
- **多功能延迟**：该音频效果可以利用延迟产生回音。
- **多频段压缩器**：该音频效果可以制作较为柔和的音频效果。
- **模拟延迟**：该音频效果可以模拟不同样式的回音。
- **带通**：该音频效果可以移除音频中的噪声。
- **降噪**：该音频效果可以降低或消除处理各种噪声。
- **低通**：该音频效果可以移除高于指定频率以下的频率，使音频产生浑厚的低音效果。
- **低音**：该音频效果可以调整音频中的重音部分。
- **卷积混响**：该音频效果可以制作混响的效果。

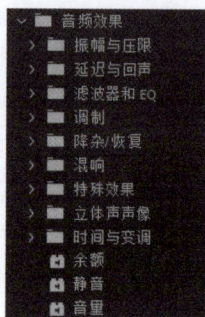

图5-39

- 互换声道：该音频效果可以交换立体声轨道上的左声道和右声道，以修复录音或混音过程中的问题。
- 人声增强：该音频效果可以提升音频中人声的清晰度和音量。
- 反转：该音频效果可以反转设置每个声道的音频相位（声波振动的相对位置或相位关系）。
- 和声/镶边：该音频效果可以产生一个与原始音频相同的音频，并附带一定的延迟，使其与原始音频混合，产生一种推动的效果。
- 通道音量：该音频效果可以调整声道的音量，如立体声、5.1素材或其他轨道的声道音量。
- 室内混响：该音频效果可以产生类似于房间内的声音和音响效果，可以在电子声音中加入充满人群氛围的声音。
- 延迟：该音频效果可以为音频制作回音效果。
- 母带处理：该音频效果可以模拟各种声音场景。
- 消除齿音：该音频效果可以消除音频中的齿音。
- 消除嗡嗡声：该音频效果可消除音频中某一范围内的嗡嗡声。
- 环绕声混响：该音频效果可以模仿室内的声音和音响效果，增加音频氛围感。
- 移相器：该音频效果可以对音频中的一部分频率进行相位反转操作，并与原始音频混合。
- 高通：该音频效果可以删除音频信号中的低频部分，只保留高频部分。
- 高音：该音频效果可以调整4000Hz及更高的频率，在"效果控件"面板的"提升"选项中可以设置调整的效果。

2. 音频过渡效果组

在"效果控件"面板中展开"音频过渡"文件夹，其中只包括一个交叉淡化效果组，该效果组主要用于制作两个音频素材之间的流畅切换效果。此外，将该效果组放在音频素材之前可创建音频淡入的效果，放在音频素材之后可创建音频淡出的效果。交叉淡化效果组内又包括以下3种过渡效果。

- 恒定功率：该过渡效果在音频之间提供平滑的过渡，它会根据时间线上的持续时间线性地降低或提高音频信号的音量。
- 恒定增益：该过渡效果可以将音频的音量平滑地从一个音频素材过渡到另一个音频素材。与"恒定功率"效果不同，该过渡效果在整个过渡期间都保持恒定的增益（音量），表示音频之间音量的变化是线性的，没有加速或减速的过程。
- 指数淡化：该过渡效果可以应用对数函数来改变音频的音量，在过渡期间逐渐改变音频的音量，创造出类似于音量曲线的效果。音频在过渡的开始和结束阶段变化较慢，而在过渡的中间阶段变化较快。

5.3 综合实训

5.3.1 制作猫粮主图视频

为了吸引潜在消费者，某宠物用品店铺为店内的一款猫粮拍摄了视频，并准备将其制作为主图视频，从而更好地展现商品特点。表 5-1 所示为猫粮主图视频制作任务单，任务单中明确给出了实训背景、制作要求、设计思路和参考效果。

表 5-1　猫粮主图视频制作任务单

实训背景	为某店铺的猫粮制作主图视频，以展现商品特点，增加销量
尺寸要求	1080 像素 × 1080 像素
时长要求	20 秒以内
制作要求	1. 文本内容 在画面中添加价格优势、商品特点、店铺名称等文本，如"多种口味选择""均衡营养 呵护肠胃"等，使消费者可以在第一时间了解到该商品的相关信息 2. 画面 视频画面需要简洁明了，同时又具有吸引力，店铺名称文本的配色可选择较为明亮的色彩，其他文本可根据画面内容调整配色，让消费者更加直观地获取到有效信息
设计思路	使用 Premiere 为视频添加文案内容，再调整文案的大小、颜色和位置等，最后添加背景音乐
参考效果	 效果预览：猫粮主图视频
素材位置	配套资源 :\ 素材文件 \ 第 5 章 \ 综合实训 \ "猫粮素材"文件夹
效果位置	配套资源 :\ 效果文件 \ 第 5 章 \ 综合实训 \ 猫粮主图视频 .prproj

操作提示如下。

STEP 01 在 Premiere 中新建"猫粮主图视频"项目文件，导入所有素材文件，创建符合制作要求的序列。

STEP 02 添加"猫粮视频 .mp4"素材，并适当调整大小。

STEP 03 使用文字工具组在画面上方输入店铺名称文本，并调整出点，然后调整文本的字体、大小、颜色和样式等属性。

STEP 04 根据画面内容依次输入相应的卖点文本，先调整入点和出点，再分别调整文本的字体、大小、颜色和样式等属性。

视频教学：
制作猫粮主图
视频

STEP 05 添加背景音乐并适当提高音量，然后调整出点，最后保存项目文件。

5.3.2　制作"五四青年节"活动开场视频

每年的 5 月 4 日是中国青年运动的纪念日，承载着新时代青年人的理想与追求。为了继承和弘扬五四运动的光荣传统，某部门准备举办一场晚会，现需要为该活动设计能够快速吸引视线的开场视频。表 5-2 所示为"五四青年节"活动开场视频制作任务单，任务单中明确给出了实训背景、制作要求、设计思路和参考效果。

表 5-2　"五四青年节"活动开场视频制作任务单

实训背景	为某部门举办的"五四青年节"活动制作开场视频，以激发青年人的爱国热情，迅速点燃现场氛围
尺寸要求	1920 像素 ×1080 像素
时长要求	8 秒左右
制作要求	1. 文本 文本出场设计新颖，文本内容要紧密围绕五四青年节的主题，能展现出青年人的活力、激情和理想 2. 音频 配有一首节奏明快、富有感染力的音频 3. 画面过渡 视频转场鲜明流畅，画面具有冲击力
设计思路	使用 Premiere 标记音频中的节奏点，然后依次输入文本并调整样式和位置，并根据节奏点调整文本的入点和出点，再在文本的入点处添加过渡效果，最后调整过渡效果的时长
参考效果	 效果预览："五四青年节"活动开场视频
素材位置	配套资源 :\ 素材文件 \ 第 5 章 \ 综合实训 \ "五四青年节素材"文件夹
效果位置	配套资源 :\ 效果文件 \ 第 5 章 \ 综合实训 \ "五四青年节"活动开场视频 .prproj

操作提示如下。

STEP 01 在 Premiere 中新建 "'五四青年节'活动开场视频"项目文件,导入所有素材文件,基于背景素材创建序列。

STEP 02 拖动音频素材至"时间轴"面板中,调整背景素材的出点与音频素材的出点一致,然后试听音频,标记所有节奏点。

STEP 03 输入多个文本并统一文本样式,然后分别调整位置,再根据音频的节奏点来调整所有文本的入点和出点位置。

STEP 04 在所有的文本入点处添加过渡效果,并缩短过渡效果的时长,最后保存项目文件。

视频教学:
制作"五四青年节"活动开场视频

5.4
课后练习

练习 1 制作黄山宣传片

【制作要求】利用提供的素材制作黄山宣传片,要求展示黄山的自然风光和独特地貌,并介绍黄山的基本信息,能够吸引游客前往游览。

【操作提示】使用 Premiere 剪辑视频素材,然后将配音素材转录为文本并生成字幕,最后添加背景音乐并调整音量。参考效果如图 5-40 所示。

【素材位置】配套资源:\ 素材文件 \ 第 5 章 \ 课后练习 \ "黄山素材"文件夹

【效果位置】配套资源:\ 效果文件 \ 第 5 章 \ 课后练习 \ 黄山宣传片 .prproj

效果预览:
黄山宣传片

图 5-40

练习 2　制作"反对浪费，厉行节约"公益视频

【**制作要求**】利用提供的素材制作"反对浪费，厉行节约"公益视频，要求突出该视频的主题，并为视频画面搭配相应的字幕。

【**操作提示**】使用 Premiere 剪辑视频素材，然后在画面上方添加主题文本，并绘制装饰元素以增强视觉冲击力，最后添加并调整字幕。参考效果如图 5-41 所示。

【**素材位置**】配套资源 :\ 第 5 章 \ 课后练习 \ "粮食素材"文件夹

【**效果位置**】配套资源 :\ 第 5 章 \ 课后练习 \ "反对浪费，厉行节约"公益视频 .prproj

效果预览：
"反对浪费，厉行节约"公益视频

图5-41

第 6 章 动画制作

动画是一种艺术形式，通过动画可以赋予原本静态的图像生动的运动行为，从而有效丰富视觉效果，增强吸引力，为观众带来丰富的视觉体验和沉浸感。随着技术的不断进步，动画制作的方式和手段也在不断创新。在 After Effects 中，利用关键帧、表达式、动画预设等功能，能够制作出各种不同类型和风格的动画。

📖 学习要点

◎ 掌握制作关键帧动画的方法。
◎ 熟悉运用表达式编辑关键帧的方法。
◎ 掌握制作文本动画的方法。

◇ 素养目标

◎ 培养良好的动画审美能力和创意设计能力，能够创作出具有独特风格的动画。
◎ 树立精益求精的工作精神，追求高质量的动画效果。

◈ 扫码阅读

案例欣赏

课前预习

6.1
制作关键帧动画

在 After Effects 中利用关键帧制作动画的方法，与在 Premiere 中利用关键帧编辑过渡效果的方法大致相同，但 After Effects 在编辑关键帧方面提供了更加精细的控制选项，能够有效提高工作效率。因此在数字媒体后期制作中，常用 After Effects 来制作动画。

6.1.1 课堂案例——制作科技展览宣传广告动画

【制作要求】为某科技展览制作一个宣传广告动画，要求以宣传广告素材为基础设计，为其中的各个元素制作动画效果，以吸引观众的视线，激发观众对该展览的兴趣。

【操作要点】使用 After Effects 结合不透明度和位置属性为画面中的各个文本制作显示动画，并通过调整关键帧图表来优化动画效果。参考效果如图 6-1 所示。

【素材位置】配套资源 :\素材文件\第 6 章\课堂案例\"展览素材"文件夹

【效果位置】配套资源 :\效果文件\第 6 章\课堂案例\科技展览宣传广告动画 .aep

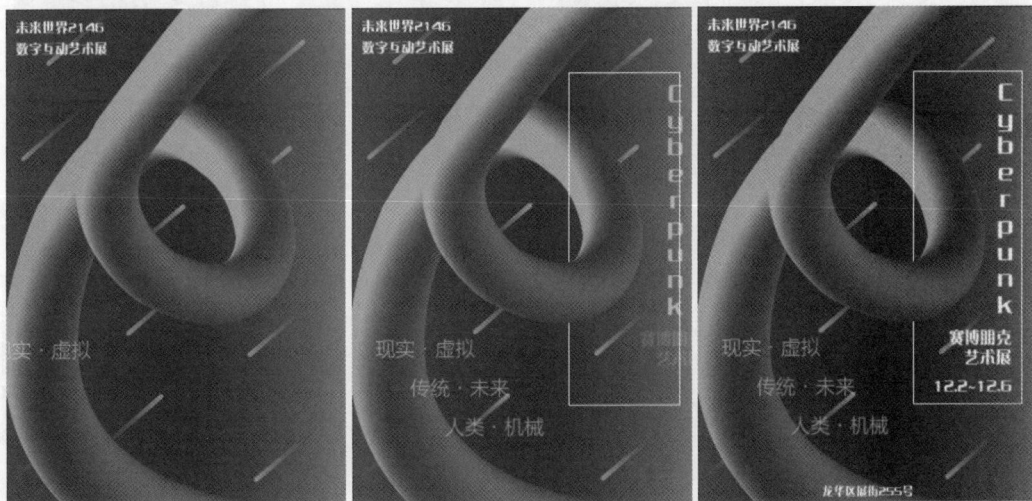

图 6-1

具体操作如下。

STEP 01 在 After Effects 中按【Ctrl+I】组合键，打开"导入文件"对话框，在其中选择"科技展览 .ai"素材，单击 导入 按钮，如图 6-2 所示。打开"科技展览 .ai"对话框，在其中设置导入种类为"合成"、素材尺寸为"图层大小"，单击 确定 按钮，如图 6-3 所示。

STEP 02 在"科技展览"合成上单击鼠标右键，在弹出的快捷菜单中选择"合成设置"命令，打开"合成设置"对话框，在其中设置合成名称为"科技展览宣传广告动画"、持续时间为"00:00:08:00"，然后单击 确定 按钮。

视频教学:
制作科技展览
宣传广告动画

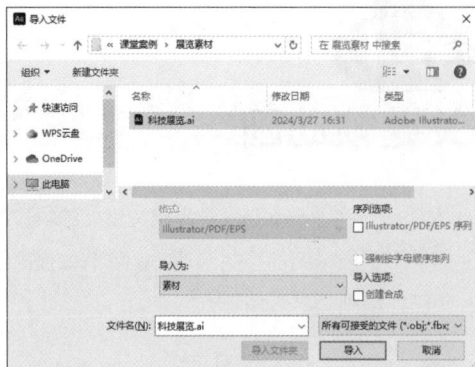

图 6-2 图 6-3

STEP 03 在"时间轴"面板中展开"左上角文本"图层,将时间指示器移至 0:00:00:14 处,单击位置和不透明度属性左侧的"时间变化秒表"按钮 ,添加关键帧,如图 6-4 所示。

STEP 04 将时间指示器移至 0:00:00:00 处,设置不透明度为"0%",然后在"节目"面板中使用"选取工具" 将其向上拖至画面外,如图 6-5 所示。按【空格】键预览动画效果,如图 6-6 所示。

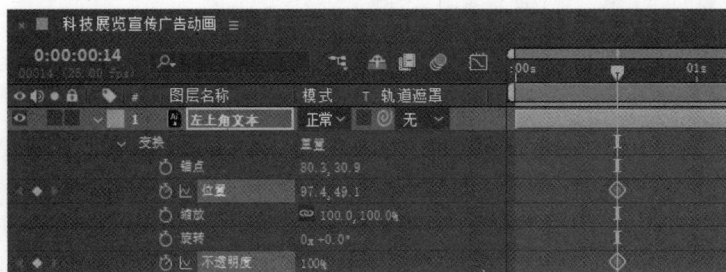

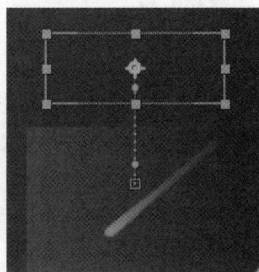

图 6-4 图 6-5

图 6-6

STEP 05 按住【Shift】键不放,单击选择"宣传文本 1"和"宣传文本 3"图层,以同时选择 3 个宣传文本所在图层,按【P】键显示位置属性,将时间指示器移至 0:00:01:10 处,开启位置属性的关键帧。将时间指示器移至 0:00:00:15 处,使用"选取工具" 将 3 个宣传文本向左拖至画面外。

STEP 06 单击"宣传文本 2"图层中的位置属性,以选择所有关键帧,然后将所有关键帧向右移动,使第 1 个关键帧对齐"宣传文本 1"图层中的第 2 个关键帧。使用相同的方法使"宣传文本 3"图层中的第 1 个关键帧对齐"宣传文本 2"图层中的第 2 个关键帧,使文本依次出现,如图 6-7 所示。

STEP 07 单击"时间轴"面板上方的"图表编辑器"按钮 切换到图表编辑器,先选择"宣传文本 1"图层中的位置属性,再单击右侧的图表,然后单击图表编辑器右下方的"缓入"按钮 ,使动画效果在前期速度较快,在后期速度较慢。调整图表前后的对比效果如图 6-8 所示。

图6-7

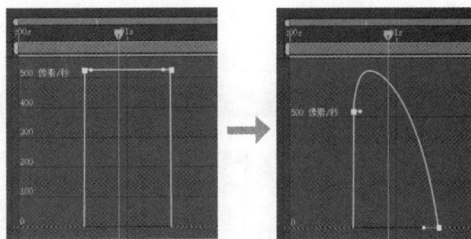

图6-8

STEP 08 使用与前面相同的方法，结合位置和不透明度属性，为画面中的其他元素依次制作出场动画，关键帧位置参考图6-9所示。

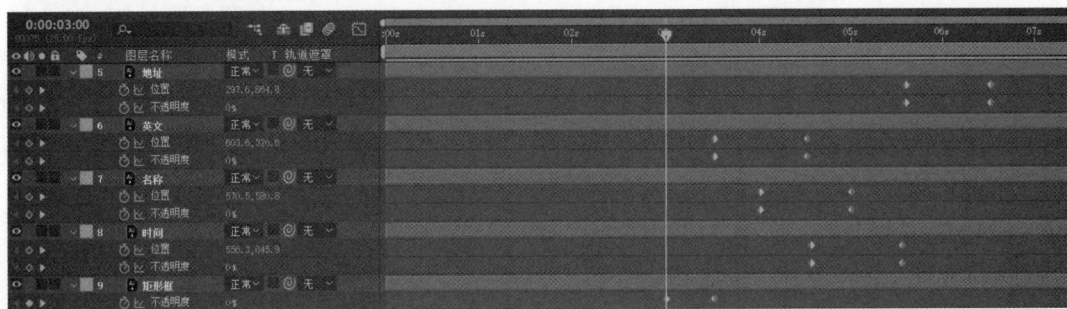

图6-9

STEP 09 预览广告效果，如图6-10所示。最后按【Ctrl+S】组合键保存文件，并将文件命名为"科技展览宣传广告动画"。

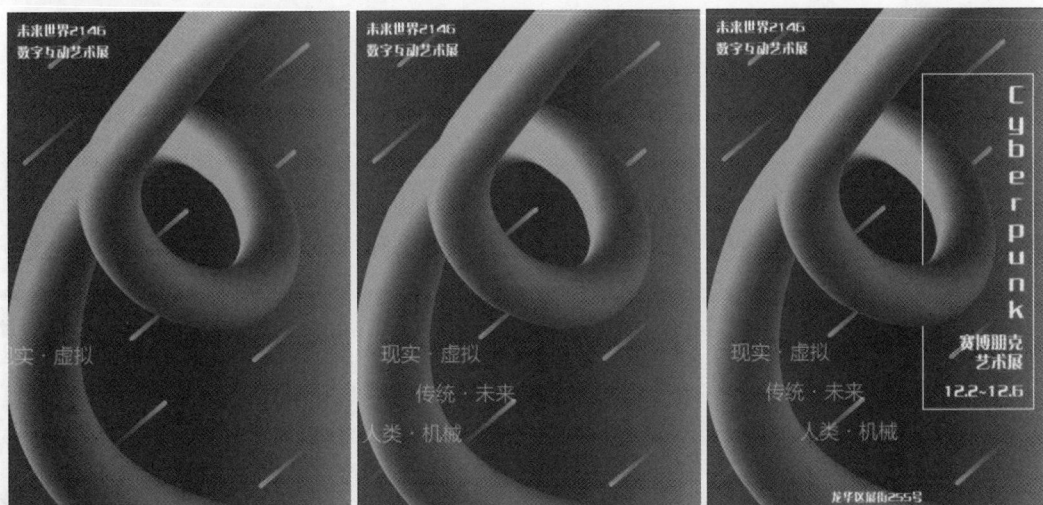

图6-10

6.1.2　认识 After Effects 中的关键帧

以图层的位置属性为例，若要为其添加关键帧，需要在"时间轴"面板中展开图层的"变换"栏，然后单击位置属性名称左侧的"时间变化秒表"按钮⏱，单击后该按钮将呈激活状态⏱，表示开启该属性的关键帧，且自动在当前时间指示器所在位置添加一个关键帧◆，以记录当前属性值。另外，位置属性最左侧还会显示 ◀ ◆ ▶ 按钮组，用于添加和选择关键帧，如图 6-11 所示。

图6-11

开启关键帧后，还可通过以下 3 种方法为当前属性添加新的关键帧。

- **通过按钮组**：先将时间指示器移至其他时间点，然后单击 ◀ ◆ ▶ 按钮组中的 ◆ 按钮，可在该时间点添加一个关键帧。

- **通过修改参数**：先将时间指示器移动至其他时间点，然后直接修改该属性的参数，将自动添加一个关键帧。

- **通过菜单命令**：先将时间指示器移至其他时间点，然后选择【动画】/【添加关键帧】命令，可在该时间点添加一个关键帧。

6.1.3 选择、复制与粘贴关键帧

通过复制与粘贴关键帧，可以减少重新创建并编辑相同属性参数关键帧的次数，从而有效提高工作效率。而在此之前，需要先掌握选择关键帧的方法。

1. 选择关键帧

根据制作需求，可以使用不同的方式选择单个或多个关键帧（被选择的关键帧周围将出现蓝色边界框）。

- **选择单个关键帧**：选择"选取工具"▶，直接在关键帧上单击鼠标左键，可以选择该关键帧。

- **选择多个关键帧**：选择"选取工具"▶，拖曳鼠标框选需要选择的关键帧，如图 6-12 所示。也可以在按住【Shift】键的同时，使用"选取工具"▶依次单击选择需要的多个关键帧。

图6-12

- **选择相同属性的关键帧**：在关键帧上单击鼠标右键，在弹出的快捷菜单中选择"选择相同的关键帧"命令，可选择与该关键帧具有相同属性的所有关键帧，或在"时间轴"面板中双击属性名称，

将该属性中的关键帧全部选中。

- 选择前面的关键帧：在关键帧上单击鼠标右键，在弹出的快捷菜单中选择"选择前面的关键帧"命令，可选择包括该关键帧在内，以及其之前具有相同属性的所有关键帧。
- 选择跟随关键帧：在关键帧上单击鼠标右键，在弹出的快捷菜单中选择"选择跟随关键帧"命令，可选择包括该关键帧在内，以及其之后具有相同属性的所有关键帧。

> **提示**
>
> 选择多个关键帧后，可在按住【Shift】键的同时，使用"选取工具"▶单击关键帧，以取消选择所有的关键帧；也可以拖曳鼠标框选需要取消选择的多个关键帧。

2. 复制与粘贴关键帧

选择需要复制的关键帧，然后选择【编辑】/【复制】命令或按【Ctrl+C】组合键，复制关键帧。将时间指示器移至需要粘贴关键帧的时间点，选择【编辑】/【粘贴】命令或按【Ctrl+V】组合键，粘贴关键帧，粘贴后的关键帧将显示在目标图层的相应属性中，最左侧的关键帧将显示在当前时间指示器所在时间点，其他关键帧将按照相对顺序依次排序，且粘贴后的关键帧将保持选中状态，如图6-13所示。

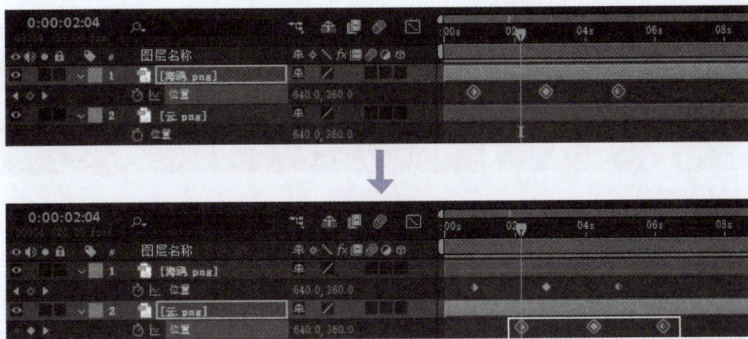

图6-13

除了能在不同图层的相同属性之间复制、粘贴关键帧，也可以在相同类型图层的不同属性（属性的参数数值类型需相同，如位置属性和锚点属性都是两个纯数值参数）之间复制、粘贴关键帧。图6-14所示为复制"海鸥"图层锚点属性的关键帧后，选择"云"图层位置属性，再执行粘贴关键帧操作。

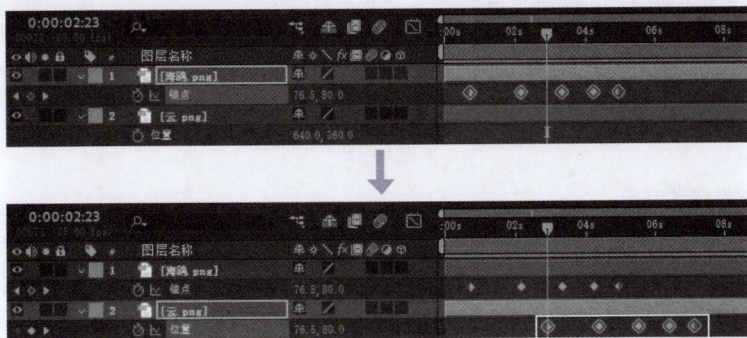

图6-14

> **🔔 提示**
>
> 在相同的属性之间复制、粘贴关键帧时，可以一次性复制多个属性到其他图层中；在不同属性之间复制、粘贴关键帧时，只能一次复制一个属性到另一个属性中。

6.1.4 调整关键帧的运动路径

为对象的空间属性（是指可以改变时间和位置的属性，如位置、锚点等）制作动态变化效果后，After Effects 将自动生成一个运动路径，选择该对象时，在"合成"面板中可查看该对象的运动路径。图 6-15 所示左侧画面中的运动路径由关键帧（常显示为方框）和帧（常显示为方框之间的小圆点）组成，帧之间的密度代表关键帧之间的相对速度，单击某个关键帧可同时选中"时间轴"面板中的关键帧；锚点表示当前时间点对象所在位置，同时也对应右侧画面中"时间轴"面板时间指示器所在时间点的位置。

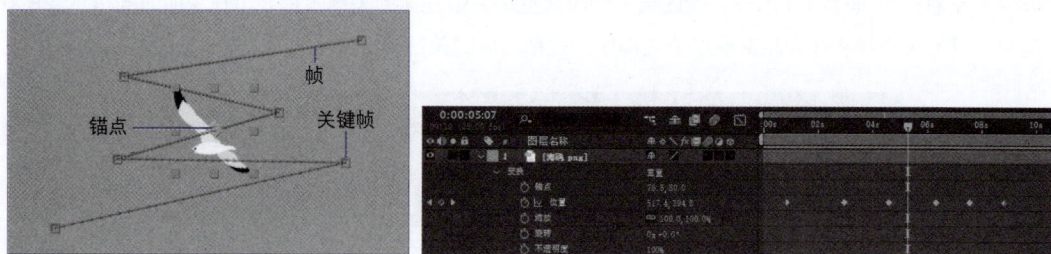

图 6-15

1. 移动运动路径中的关键帧

移动运动路径中的关键帧可改变对应关键帧的参数。具体操作方法为：选择"选取工具" ▶️ ，将鼠标指针移至关键帧（方框）上，单击选中关键帧后，按住鼠标左键不放并拖曳，可直接改变该关键帧的参数，如图 6-16 所示。

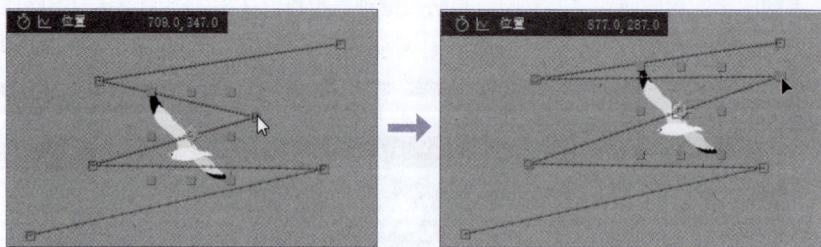

图 6-16

2. 为运动路径自动定向

在制作一些对象需要改变移动方向的动画时，如制作汽车转弯行驶动画时，若汽车的移动方向一直保持不变，则动画效果会不真实。为了解决该问题，除了单独为运动的对象创建旋转属性的关键帧，还可以直接使用自动定向功能调整对象的转向。具体操作方法为：选择对象所在图层，然后选择【图层】/【变换】/【自动定向】命令或按【Ctrl+Alt+O】组合键，打开"自动方向"对话框，如图 6-17 所示。单击选中"沿路径定向"单选项，再单击 确定 按钮，使对象能够根据路径轨迹改变方向。图 6-18 所示为汽车根据路径轨迹改变行驶方向前后的对比效果。

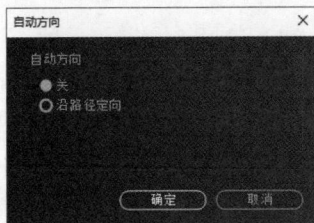

图6-17

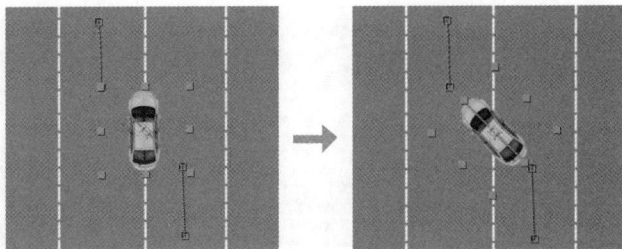

图6-18

提示

当运动路径中的关键帧过多时，为避免计算机卡顿，可选择【编辑】/【首选项】/【显示】命令，打开"首选项"对话框，在"显示"选项卡中通过限制运动路径的时长或关键帧数量，来减少显示关键帧的数量。

6.1.5　认识图表编辑器

单击"时间轴"面板中的"图表编辑器"按钮 ，或按【Shift+F3】组合键，可将图层模式切换为图表编辑器。图表编辑器使用二维图表示对象的属性变化，其中水平方向的数值表示时间，垂直方向的数值表示属性的参数值。在"时间轴"面板中选择对象的某个属性，将会在图表编辑器中显示该属性的关键帧图表。图 6-19 所示为选择位置属性后的图表编辑器，其中实心方框代表选中的关键帧，空心方框代表未选中的关键帧，将鼠标指针移至连接关键帧的线条上可显示该时间点上的具体属性参数。

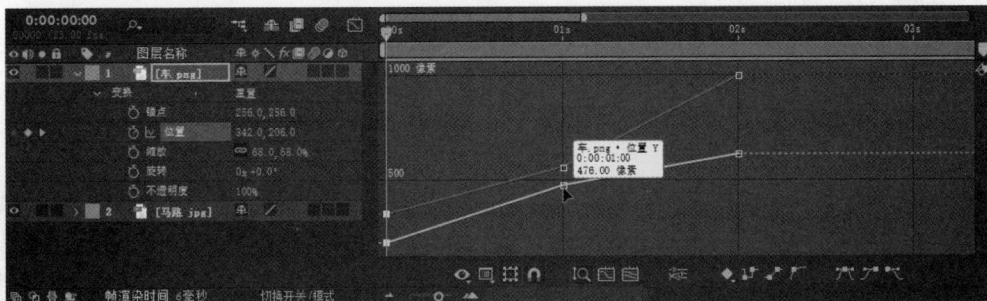

图6-19

1. 选择显示在图表编辑器中的属性

单击图表编辑器下方的 按钮，在弹出的下拉菜单中可选择显示在图表编辑器中的属性。选择"显示选择的属性"命令，可显示所选择的属性；选择"显示动画属性"命令，可显示所选图层中所有存在关键帧的属性；选择"显示图表编辑器集"命令，可显示图表编辑器集中的所有属性。

2. 选择图表类型和选项

单击图表编辑器下方的 按钮，可在弹出的图 6-20 所示的下拉菜单中选择图表类型和选项的命令，其中各命令作用如下。对于图层中的时间属性（不能改变位置，只能改变时间的属性，如不透明度），默认显示值图表，如图 6-21 所示；对于图层中的空间属性，默认显示速度图表，如图 6-22 所示。

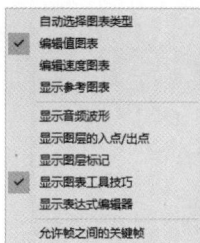
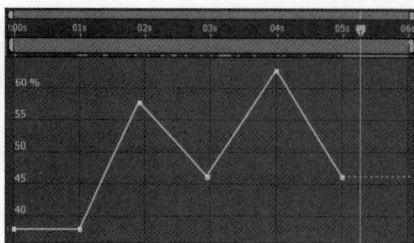
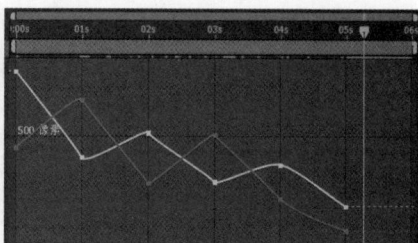

图 6-20   图 6-21   图 6-22

- 自动选择图表类型：用于自动为属性选择适当的图表类型。
- 编辑值图表 / 速度图表：用于进入值图表模式 / 速度图表模式。
- 显示参考图表：选择该命令将在图表编辑器后方显示未选择的图表类型作为参考，且不可编辑。图表编辑器右侧的数字表示参考图表的值。
- 显示音频波形：用于显示至少具有一个属性的任意图层的音频波形。
- 显示图层的入点 / 出点：用于显示具有属性的所有图层的入点和出点。
- 显示图层标记：用于显示至少具有一个属性的图层的图层标记。
- 显示图表工具技巧：用于显示图表工具提示。
- 显示表达式编辑器：用于显示表达式编辑器中的表达式。
- 允许帧之间的关键帧：用于允许在两帧之间放置关键帧以调整动画。

3. 使用变换框调整多个关键帧

单击图表编辑器下方的 ▦ 按钮，可在使用变换框框选多个关键帧后，同时对它们进行调整，如图 6-23 所示。

4. 开启"对齐"功能

单击图表编辑器下方的"对齐"按钮 ⬚，在拖动关键帧时，该关键帧会自动与关键帧值、关键帧时间、当前时间、入点和出点等所在的位置对齐，且显示一条橙色线条作为指示，如图 6-24 所示。除此之外，在按住【Ctrl】键的同时拖动关键帧也能达到同样的效果。

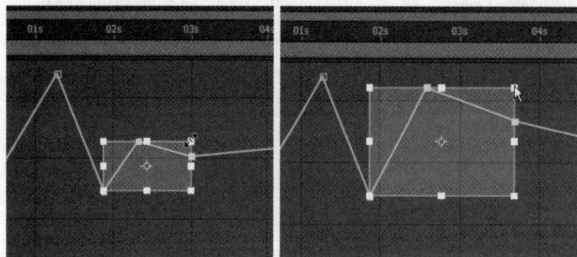
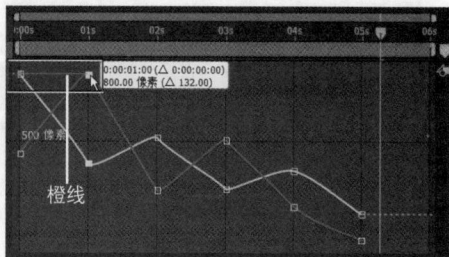

图 6-23   图 6-24

5. 调整图表的高度和刻度

单击图表编辑器下方的"自动缩放图表高度"按钮 ⬚，可自动缩放图表的高度，以便查看和编辑所有关键帧；单击图表编辑器下方的"使选择适于查看"按钮 ⬚，可调整图表的值和水平刻度，以便查看和编辑所选择的关键帧；单击图表编辑器下方的"使所有图表适于查看"按钮 ⬚，可调整图表的值和水平刻度，以便查看和编辑所有关键帧。

6. 将位置属性分为单独尺寸

选择位置属性，单击图表编辑器下方的"单独尺寸"按钮 ，可将该属性分为"X 位置"和"Y 位置"两个属性（见图 6-25），从而分别调整图层上对象在不同方向上的变化速度。

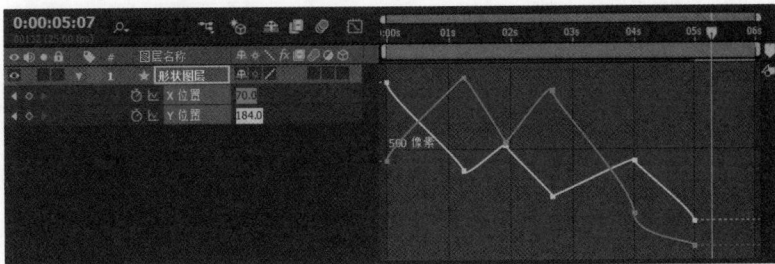

图6-25

7. 在图表编辑器中拖动关键帧

在图表编辑器中使用"选取工具" 向左或向右拖动关键帧，可改变时间点位置；向上或向下拖动关键帧，可改变该属性值的大小。图 6-26 所示分别为拖动不透明度属性和位置属性关键帧的效果，右图黄色矩形中△图标右侧的参数表示在源数值上减少（带有"－"号）或增加的数值。

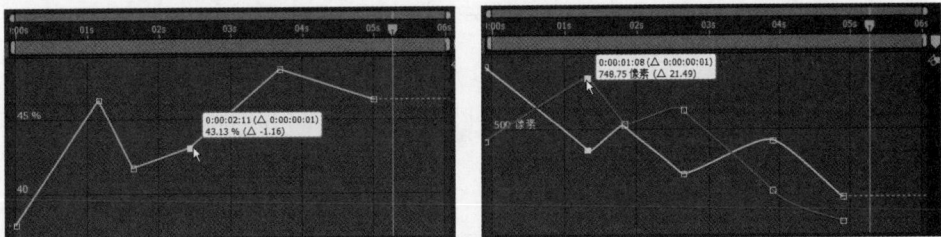

图6-26

> 🔔 **提示**
>
> 在图表编辑器中选择关键帧后，单击"缓入"按钮 可使动画入点变得平滑，单击"缓出"按钮 可使动画出点变得平滑，单击"缓动"按钮 可使动画的整体变化效果变得平滑。

6.1.6 调整关键帧插值

调整关键帧插值可以为运动、效果、音频电平、图像调整、透明度、颜色变化，以及其他视觉元素和音频元素调整变化效果。

1. 认识关键帧插值

插值是一种数字计算方法，用于在已知数据之间估算中间未知位置的值。在 After Effects 中，插值通常是指在已知关键帧之间计算中间帧的过程，从而实现平滑的动画效果。例如，创建两个及两个以上不同参数的关键帧后，After Effects 会自动在关键帧之间插入中间过渡值，这个值就是插值。关键帧插值主要有临时插值和空间插值两种类型。

● 临时插值：临时插值是指时间值的插值，影响着属性随着时间的变化方式。在图表编辑器中可以使用值图表精确调整创建的时间属性关键帧，从而改变临时插值的计算方法。

● 空间插值：空间插值是指空间值的插值，影响着运动路径的形状。在位置、锚点等属性中应用或更改空间插值时，可以在"合成"面板中调整运动路径，且运动路径上的不同关键帧可提供有关任何时间点的插值类型的信息。

2. 关键帧插值的计算方法

使用关键帧制作动态效果后，若需要更精确地调整动画效果，可以选择更换关键帧插值的计算方法。临时插值提供线性插值、自动贝塞尔曲线插值、连续贝塞尔曲线插值、贝塞尔曲线插值和定格插值 5 种计算方法，而空间插值只有前 4 种计算方法，各类插值的路径示意图如图 6-27 所示。另外，所有插值的计算方法都以贝塞尔曲线插值方法（该方法提供控制柄，以便控制关键帧之间的过渡）为基础。

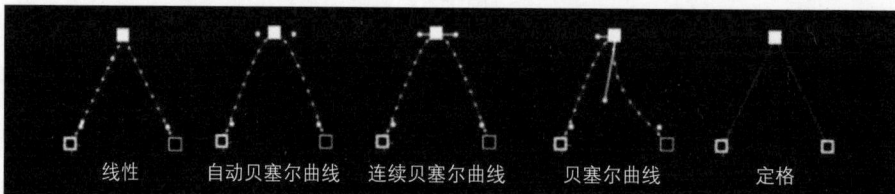

图6-27

（1）线性插值

线性插值会在关键帧之间创建统一的变化率，并尽可能直接在两个相邻的关键帧之间插入值，而不考虑其他关键帧的值。

（2）自动贝塞尔曲线插值

自动贝塞尔曲线插值可自动创建平滑的变化速率。当更改自动贝塞尔曲线关键帧的值时，将自动调整关键帧任一侧的值图表或运动路径的形状，以实现关键帧之间的平滑过渡。

（3）连续贝塞尔曲线插值

连续贝塞尔曲线插值与自动贝塞尔曲线插值相同，用于通过关键帧创建平滑的变化速率。但是可以手动设置连续贝塞尔曲线的控制柄位置，以更改关键帧任意一侧的值图表或运动路径的形状。

（4）贝塞尔曲线插值

贝塞尔曲线插值可以通过操控关键帧上的控制柄，手动调整关键帧任意一侧的值图表或运动路径的形状。如果将贝塞尔曲线插值应用于某个属性中的所有关键帧，则 After Effects 将在关键帧之间创建平滑的变化速率。

🔔 **提示**

当手动调整自动贝塞尔曲线关键帧的方向手柄时，可将自动贝塞尔曲线关键帧转换为连续贝塞尔曲线关键帧。

（5）定格插值

定格插值可以随时间更改图层属性的值，但动画的过渡不是渐变，而是突变，即一个关键帧到达下一个关键帧之前，值将保持不变，但到达下一个关键帧后，值将立即发生更改。

3. 应用和更改关键帧插值的计算方法

在 After Effects 中，可以通过以下 4 种方法应用和更改任何关键帧插值的计算方法。

（1）使用图表编辑器中的按钮

选择单个或多个关键帧后，在图表编辑器中单击█按钮，可将选定的关键帧转换为定格插值；单击█按钮，可将选定的关键帧转换为线性插值；单击█按钮，可将选定的关键帧转换为自动贝塞尔曲线插值。

（2）使用对话框

在图层模式或图表编辑器模式下，选择需要更改的关键帧，然后选择【动画】/【关键帧插值】命令或按【Ctrl+Alt+K】组合键，打开图 6-28 所示的"关键帧插值"对话框，可保留已应用于选定关键帧的插值方法或选择新的插值方法。选择空间属性的关键帧时，可使用"漂浮"下拉列表中的选项来改变所选关键帧的时间位置，选择"漂浮穿梭时间"选项，可根据离选定关键帧前后最近的关键帧位置，自动变化选定关键帧在时间上的位置，从而平滑选定关键帧之间的变化速率；选择"锁定到时间"选项，可将选定关键帧保持在其当前的时间位置。

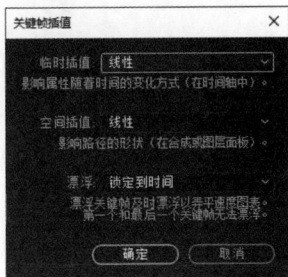

图6-28

（3）使用"选取工具"

在图层模式下，选择"选取工具"█，如果关键帧使用的是线性插值，则在按住【Ctrl】键的同时单击该关键帧，可将其更改为自动贝塞尔曲线插值。如果关键帧使用的是贝塞尔曲线插值、连续贝塞尔曲线插值或自动贝塞尔曲线插值，则在按住【Ctrl】键的同时单击该关键帧，可将其更改为线性插值。

（4）使用"转换'顶点'工具"

在图表编辑器中，选择"转换'顶点'工具"█，在关键帧上单击鼠标左键，或按住鼠标左键不放并拖曳，可将线性插值更改为贝塞尔曲线插值，如图 6-29 所示。相反，使用"转换'顶点'工具"█单击贝塞尔曲线插值的关键帧时，可将其更改为线性插值。

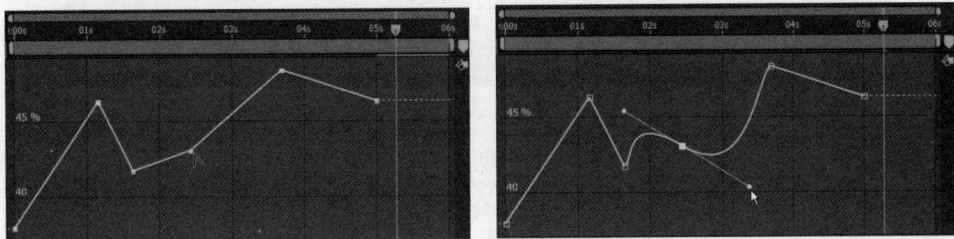

图6-29

6.1.7 课堂案例——制作时钟动画

【制作要求】为某综艺节目设计一个时钟动画，要求具有趣味性和观赏性，能有效传递时间流逝的信息，以营造紧张刺激的氛围。

【操作要点】使用 time*n 表达式分别为时钟里的秒针、分针和时针制作旋转动画。参考效果如图 6-30 所示。

【素材位置】配套资源 :\ 素材文件 \ 第 6 章 \ 课堂案例 \ "时钟素材" 文件夹

【效果位置】配套资源 :\ 效果文件 \ 第 6 章 \ 课堂案例 \ 时钟动画 .aep

图6-30

具体操作如下。

STEP 01 在 After Effects 中按【Ctrl+I】组合键,打开 "导入文件" 对话框,在其中选择 "时钟 .psd" 素材,在 "导入为:" 下拉列表中选择 "合成 – 保持图层大小" 选项,单击 导入 按钮。

STEP 02 在 "时钟" 合成上单击鼠标右键,在弹出的快捷菜单中选择 "合成设置" 命令,打开 "合成设置" 对话框,在其中设置合成名称为 "时钟动画",持续时间为 "0:01:00:00",单击 确定 按钮。

视频教学:
制作时钟动画

STEP 03 选择 "秒针" 图层,按【R】键显示旋转属性,在按住【Alt】键的同时单击该属性左侧的 "时间变化秒表" 按钮，然后在右侧显示的表达式输入框中输入 "time*60" 文本(见图 6-31),使秒针每秒转动 60 度。图 6-32 所示分别为第 1 秒、第 2 秒、第 5 秒时秒针的位置。

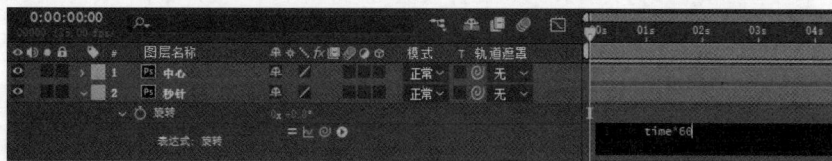

图6-31

（a）第1秒的画面效果　　　（b）第2秒的画面效果　　　（c）第5秒的画面效果

图6-32

> 🔔 **提示**
>
> 　　在旋转属性中，time*n 表达式中的 n 表示 1 秒旋转的度数。根据时钟的原理，秒针每秒转动 6 度，分针每秒转动 0.1 度，时针每秒转动 0.0083 度，但在制作时为了加快转动速度，可以统一乘一个数，此处以 ×10 为例。

STEP 04 使用与步骤 03 相同的方法，为"分针""时针"图层分别添加"time*1""time*0.083"表达式，如图 6-33 所示。预览时钟的动画效果，如图 6-34 所示。

图6-33

图6-34

STEP 05 按【Ctrl+S】组合键保存项目文件，并将项目文件命名为"时钟动画"。

6.1.8 运用表达式编辑关键帧

　　在 After Effects 中使用表达式可以为图层中不同的属性建立联系，以快速制作出复杂的动画效果，提高视觉效果。

1. 认识表达式

　　表达式基于标准的 JavaScript 语言（一种高级编程语言，常用于在网页上实现交互式的功能），虽然看起来像编程，但实际应用并不难，可以从分析和理解表达式的各部分内容入手。例如，在某图层的位置属性中输入表达式如下。

$$a=[100,200],[300,400];thisComp.layer("图层 2").random(a)$$

数值和数组　　　全局属性　　层级连接符号　　变量

　　该表达式表示，在当前合成中，"图层 2"的位置将随机生成坐标在"100,200"和"300,400"之间的范围内。

- 数值和数组：旋转、不透明度属性由单个数值组成，被称为数值，从 0 开始表示，如 X 轴用 0 表示，Y 轴用 1 表示，Z 轴用 2 表示；而锚点、位置、缩放 3 个属性由多个数值组成，被称为数组。
- 全局属性：用于表示表达式的最高级，也可以理解为当前合成。

- **层级连接符号**：用于表示表达式中的层级关系。该符号前为上位层级，该符号后为下位层级。
- **layer(" ")**：用于定义图层名称。名称用引号，且与全局属性之间必须用 "." 符号分隔。
- **变量**：变量是运用自定义元素代替具体的数值，主要用于存储数值。变量需要用 "=" 符号来赋值，如需要让某图层的 X 轴发生变化，而 Y 轴保持数值 10 不变，则可以在该图层的缩放属性中输入表达式 a=scale[1];[a,10]，其中的 a 即为变量。注意，为变量赋值不能使用中文。

> **知识拓展**
>
> 表达式需要遵循以下几点 JavaScript 编程语言的书写规范，才能保证正常运行。
> ① 表达式中的字符、标点符号都需要在英文输入法的状态下输入（表达式注释除外）。
> ② JavaScript 编程语言需要区分大小写，如 layer("MG.jpg") 与 layer("mg.jpg") 定义的图层名称不同。
> ③ 单行表达式由一行一行的语句构成，一行语句通常以分号 ";" 作为结束；在多行表达式中，前面每行语句以分号 ";" 结束，但最后一行反馈属性的数值可不添加分号，不会影响语句的执行。

2. 表达式的基本操作

表达式的基本操作主要有以下几种。

（1）添加与删除表达式

添加表达式时，需要先选择目标图层下的某个属性，再选择【动画】/【添加表达式】命令，或按【Alt+Shift+=】组合键；或在按住【Alt】键的同时单击该属性左侧的 "时间变化秒表" 按钮，显示表达式输入框，在其中添加表达式后，图层的属性值将变为红色，表示该值由表达式控制，将不能手动编辑该参数，如图 6-35 所示。

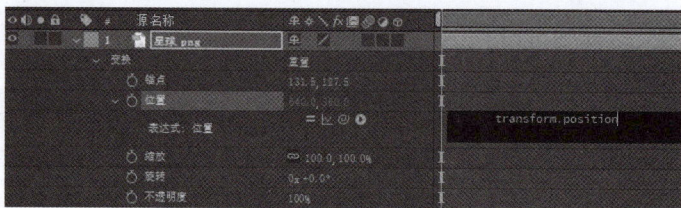

图6-35

> **提示**
>
> 输入表达式后，若 "表达式" 栏中出现一个黄色的感叹号图标，则说明该表达式有误。单击该图标，在弹出的对话框中会提示错误原因。

要删除表达式，可选择对应属性后，选择【动画】/【移除表达式】命令，或按【Alt+Shift+=】组合键；或在按住【Alt】键的同时单击该属性左侧的 "时间变化秒表" 按钮。

（2）链接表达式

通过链接的方式可将一个图层的属性（该属性需已添加表达式）与另外一个图层的属性建立关联。具体操作方法为：为某图层属性添加表达式后，在该属性下方的表达式栏中单击 "表达式关联器" 按钮，然后将该按钮拖至目标图层（目标图层可以是本合成中的其他图层，也可以是其他合成中的某图层）的属性名称上与其建立动态链接，如图 6-36 所示。

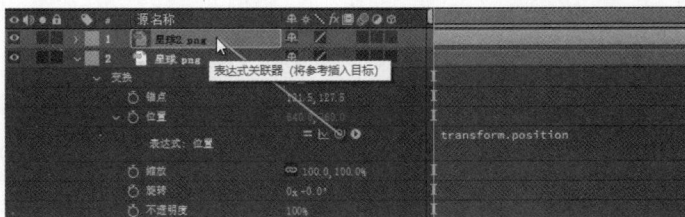

图6-36

（3）禁用表达式

如果暂时不想应用表达式，则可在该图层属性的"表达式"栏中单击"启用表达式"图标■，当其变为■状态时，表示该表达式处于禁用状态，再次单击该图标，便可重新启用。

（4）为表达式添加注释

为了更好地管理表达式，增强其可读性，可以为其添加注释（注释不会产生任何效果），可以添加以下两种注释。

● 单行注释：如果注释内容只有一行，则只需在表达式后、注释内容前输入"//"文本，如图6-37所示。

图6-37

● 多行注释：如果注释内容有多行，则在表达式后、注释内容前后分别输入"/*""*/"文本，如图6-38所示。

图6-38

3. 常用的表达式函数

常用的表达式函数有以下几种，用户可根据需要引用。

（1）wiggle 抖动表达式

该表达式可以为图层添加抖动效果，一般用于位置属性上。该表达式及注释如下。

wiggle(freq, amp); // freq 表示频率，amp 表示幅度

（2）loopOut 循环表达式

该表达式可以为图层添加无限循环效果，使用时首先需要为图层插入两个关键帧。该表达式主要有以下4种类型。

● loopOut(type="pingpong",numkeyframes=0) //类似乒乓球一样的来回循环

● loopOut(type="cycle",numkeyframes=0) //周而复始的圆形循环

● loopOut(type="continue",numkeyframes=0) //沿着最后一帧的方向和运动速度循环

● loopOut(type="offset",numkeyframes=0) //重复指定的时间段进行循环（一般为合成时间）

其中，numkeyframes 是指循环的次数（如果表达式中不写 numkeyframes，则默认为 0），0 为无限循环，1 为最后两个关键帧无限循环，2 为最后 3 个关键帧无限循环，以此类推。

（3）time 表达式

该表达式用于制作单位时间内属性参数的变化量，time 表示时间，以秒为单位，time*n = 时间（秒数）*n（若应用于旋转属性，则 n 表示角度）。

（4）value 表达式

value 代表属性的原始数值，value 表达式表示在当前时间输出当前属性值，经常结合其他表达式一起使用。例如，value+time*10 表示该图层在当前旋转数值的基础上增加 time*10 的速度进行旋转。

（5）Math.floor 倒计时表达式

该表达式可以产生倒计时的效果，常用于源文本属性。该表达式如下。

Math.floor(value-time) //value 代表开始倒计时的数值

（6）random 随机表达式

该表达式可以产生随机变化的效果，可用于源文本属性，也可以用于旋转和缩放属性。该表达式如下。

random(min,max) //min 指最小值，max 指最大值

例如，在某个文本图层的源文本属性表达式输入框中输入 random(1,100)，数字就会在 1 ~ 100 间随机变化。若需要变化结果为整数，则输入表达式 a=random(1,100);Math.round(a)。

4．表达式控制

在"效果和预设"面板中有一个"表达式控制"效果组，如图 6-39 所示。其中的各种效果可用于快速控制表达式中的数值，而不需要在表达式输入框中进行修改，同时单个效果还可以同时影响多个图层属性。各效果具体介绍如下。

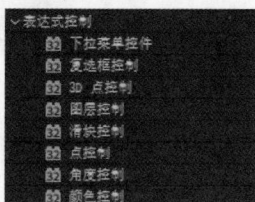

图 6-39

- "下拉菜单控件"效果通过下拉菜单的子菜单项来控制表达式。
- "复选框控制"效果通过复选框（数值）来控制表达式。其"效果控件"面板中只有勾选复选框（值为 1）和取消勾选复选框（值为 0）两种状态，常用于逻辑判断。
- "3D 点控制"效果通过设置 3D 点的数值（三维数组中的数值）来控制表达式，通常用于三维图层中。
- "图层控制"效果通过设置图层来控制表达式。
- "滑块控制"效果通过设置滑块数值来控制表达式。
- "点控制"效果通过设置点的数值（二维数组中的数值）来控制表达式。
- "角度控制"效果通过设置角度数值来控制表达式。
- "颜色控制"效果通过设置颜色（四维数组中的数值）来控制表达式，可以在一个图层中控制下方所有图层的颜色。

6.1.9 课堂案例——制作节能公益动画

【制作要求】为某公益组织制作一个节能公益动画，要求分辨率为"720 像素 ×1280 像素"，画面色调偏暗，文本契合公益主题，动画效果自然流畅。

【操作要点】在 After Effects 中利用动画预设为画面中的各个元素制作动画。参考效果如图 6-40 所示。

【素材位置】配套资源:\ 素材文件 \ 第 6 章 \ 课堂案例 \ "节能素材"文件夹

【效果位置】配套资源 :\ 效果文件 \ 第 6 章 \ 课堂案例 \ 节能公益动画 .aep

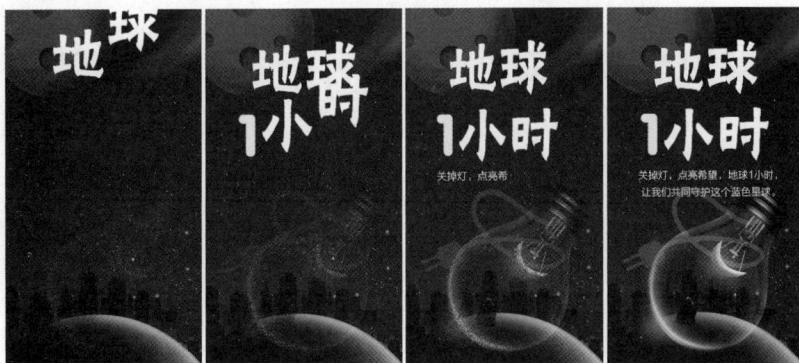

图6-40

具体操作如下。

STEP 01　在 After Effects 中新建项目文件，以及名称为"节能公益动画"、大小为"720 像素 ×1280 像素"、持续时间为"0:00:08:00"的合成。

STEP 02　导入所有素材，依次拖动"背景 .jpg""城市 .png""灯泡 .png"素材到"时间轴"面板中，并适当调整位置，效果如图 6-41 所示。

STEP 03　选择"横排文字工具" T ，将鼠标指针移至画面上方，单击鼠标左键确认插入点，输入"地球 1 小时"文本，按【Ctrl+Enter】组合键完成输入，然后在"字符"面板中设置图 6-42 所示的参数，再在"段落"面板中单击"居中对齐文本"按钮 ▤ 。

STEP 04　为突出"1"文本，使用"横排文字工具" T 单独选择"1"文本，在"字符"面板中单击填充颜色对应的色块，打开"文本颜色"对话框，修改填充颜色为"#F4FF47"，单击 确定 按钮。

STEP 05　将鼠标指针移至"1"文本左下方，按住鼠标左键不放并向右下方拖曳，绘制一个文本框，然后在其中输入"关掉灯，点亮希望，地球 1 小时，让我们共同守护这个蓝色星球。"文本，按【Ctrl+Enter】组合键完成输入，再修改字体为"方正兰亭纤黑简体"、字体大小为"36 像素"，效果如图 6-43 所示。

视频教学:
制作节能公益
动画

图6-41

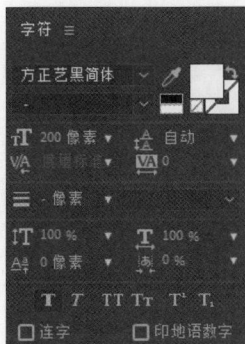

图6-42

图6-43

STEP 06 在"效果和预设"面板中依次展开"*动画预设""Text""Animate In"文件夹,拖动"从作品边缘滑入"预设至"地球 1 小时"文本中进行应用,预览文本出现动画,效果如图 6-44 所示。

图6-44

STEP 07 将时间指示器移至 0:00:01:10 处,使用与步骤 06 相同的方法,拖动"打字机"预设至"地球 1 小时"下方的文本中进行应用。

STEP 08 打开"Transitions-Dissolves"文件夹,拖动"溶解 - 沙粒"预设至"灯泡"图层进行应用,然后在"图层"面板中选择该图层,按【U】键显示关键帧,将第 2 个关键帧移至 0:00:03:00 处。

STEP 09 为了加强主题文本的显示,打开"Behaviors"文件夹,拖动"摆动 - 缩放"预设至"地球 1 小时"文本中进行应用。查看动画的最终效果,如图 6-45 所示。按【Ctrl+S】组合键保存项目文件,并将项目文件命名为"节能公益动画"。

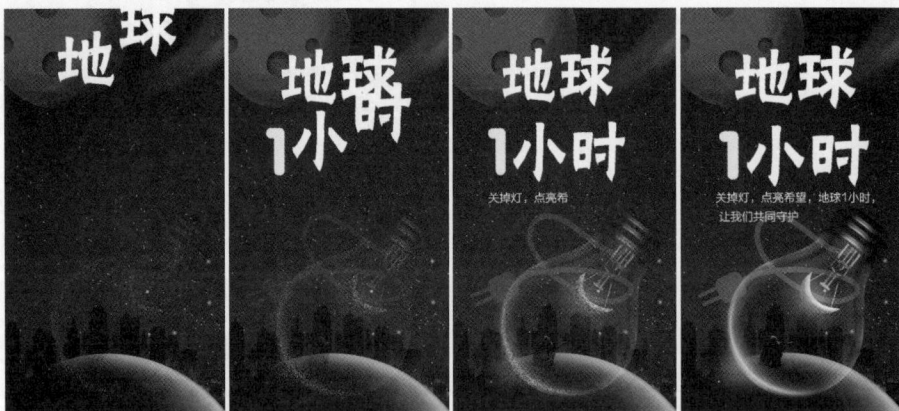

图6-45

知识拓展　应用动画预设中的动画时,其关键帧的间距是固定的,此时可显示关键帧后自行调整动画时长。若需要调整由一组关键帧生成的动画时长,且不改变关键帧的数量,则选择该组中的 3 个或 3 个以上关键帧,按住【Alt】键,将鼠标指针移至最左或最右侧的关键帧上方,然后按住鼠标左键不放并向左或向右拖曳,即可扩展或收缩该组关键帧,从而调整动画时长。

6.1.10 常用动画预设

在"效果和预设"面板中展开"*动画预设"文件夹,其中包括 Backgrounds(背景)、Behaviors

（行为）、Image-Creative（图像 - 创意）、Image-Special Effects（图像 - 特殊效果）、Image-Utilities（图像 - 实用效果）、Shapes（形状）、Sound Effects（声音效果）、Synthetics（合成品）、Text（文本）、Transform（变换）、Transitions-Dissolves（过渡 - 溶解）、Transitions-Movement（过渡 - 移动）、Transitions-Wipes（过渡 - 擦除）13 个预设文件夹，如图 6-46 所示。每一个文件夹都包含了多种预设效果，其中常用的动画预设效果如图 6-47 ~ 图 6-55 所示。使用这些动画预设时，只需选择预设，将其拖至对应的图层上即可，也可以选择图层后双击所需的动画预设。

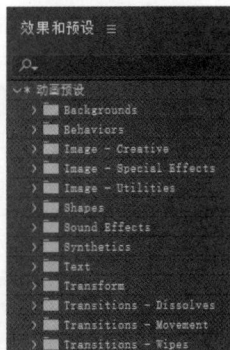

图6-46

摆动 - 位置

图6-47

下雨字符入

图6-48

伸缩进入每行

图6-49

闪烁的光标打字机控制台

图6-50

按字符淡出

图6-51

块溶解 - 数字化

图 6-52

块溶解 - 扫描线

图 6-53

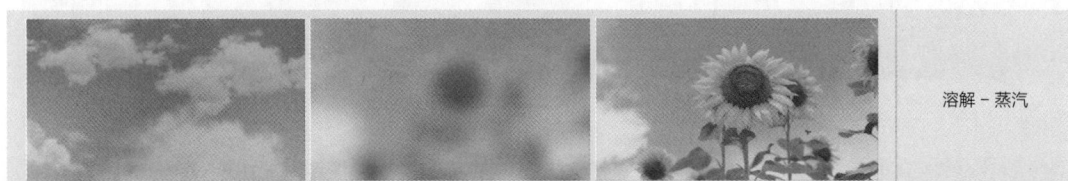

溶解 - 蒸汽

图 6-54

卡片擦除 -3D 像素风暴

图 6-55

知识拓展

除"*动画预设"文件夹中的预设效果外，单击 Adobe Effects 的"效果和预设"面板中的 按钮，在弹出的下拉菜单中选择"浏览预设"命令，将自动启动 Adobe Bridge，同时打开预设文件夹，在其中可选择更多预设效果，如图 6-56 所示。

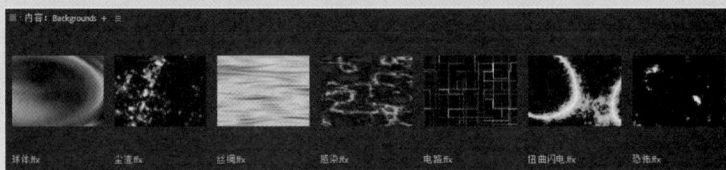

图 6-56

6.2

制作文本动画

文本作为信息传递和表达思想的重要载体,在数字媒体中扮演着不可或缺的角色。当文本以动画的形式呈现在观众面前,不仅能够吸引观众的注意力,还能够有效传递信息,增强观众的记忆与理解。

6.2.1 课堂案例——制作诗词栏目展示动画

【**制作要求**】为某诗词栏目制作一个展示动画,要求分辨率为"1280像素×720像素",先显示"诗词展示"的标题,然后展开卷轴,最后逐渐显示出诗词。

【**操作要点**】利用After Effects的文本属性为标题制作渐显动画,结合不透明度、位置和缩放属性制作卷轴展开动画,利用源文本属性为诗词制作渐显动画。参考效果如图6-57所示。

【**素材位置**】配套资源:\素材文件\第6章\课堂案例\"诗词栏目素材"文件夹

【**效果位置**】配套资源:\效果文件\第6章\课堂案例\诗词栏目展示动画.aep

图6-57

具体操作如下。

STEP 01 在After Effects中新建项目文件,以及名称为"诗词栏目展示动画"、大小为"1280像素×720像素"、持续时间为"0:00:12:00"的合成。

STEP 02 导入"水墨背景.jpg"素材,将"水墨背景.jpg"拖至"时间轴"面板中,按【P】键显示位置属性,分别在0:00:00:00和0:00:11:24处添加关键帧,并分别调整该图层的位置,制作出从右至左移动的动画。

STEP 03 将时间指示器移至0:00:00:00处,选择"横排文字工具"**T**,在画面中输入"诗词展示"文本,在"字符"面板中设置字体为"鸿雷行书简体"、填充颜色为"#A88531"、字体大小为"200像素",并单击"仿粗体"按钮**T**,如图6-58所示。

视频教学:
制作诗词栏目
展示动画

图6-58

STEP 04 展开文本图层，单击"文本"栏右侧的"动画"按钮 ▶，在弹出的下拉菜单中选择"模糊"命令，"文本"栏中将出现"动画制作工具 1"栏，在其中设置模糊为"200.0,200.0"，然后单击左侧的"时间变化秒表"按钮 ◎，开启关键帧。将时间指示器移至 0:00:01:00 处，设置模糊为"0.0,0.0"。

STEP 05 单击"动画制作工具 1"栏右侧的"添加"按钮 ▶，在弹出的下拉菜单中选择【属性】/【不透明度】命令，然后分别在 0:00:01:12 和 0:00:02:00 处添加不透明度为"100%""0%"的关键帧，如图 6-59 所示。文本的变化效果如图 6-60 所示。

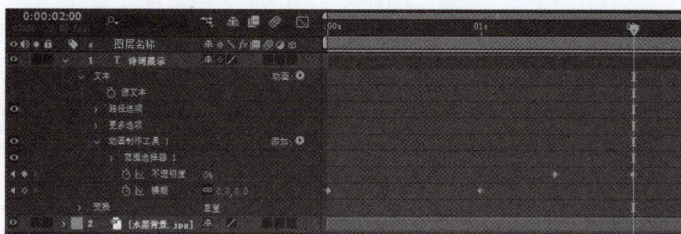

图6-59

图6-60

STEP 06 导入"卷轴 .psd"素材，并在"卷轴 .psd"对话框中设置导入种类为"合成 - 保持图层大小"。双击打开"卷轴"合成，选择"卷轴左侧"图层，按【P】键显示位置属性，在 0:00:04:00 处添加关键帧，然后将时间指示器移至 0:00:02:12 处，在按住【Shift】键的同时使用"选取工具" ▶ 将卷轴向右拖动，使其与"卷轴右侧"图像相重合。

STEP 07 选择"卷轴内容"图层，按【S】键显示缩放属性，单击"约束比例"按钮 ∞ 取消约束，然后分别在 0:00:02:12 和 0:00:04:00 处添加缩放为"0%,100%"和"100%,100%"的关键帧，制作出展开卷轴的效果。将"卷轴"合成拖至"诗词栏目展示动画"合成中，并分别在 0:00:02:00 和

0:00:02:12处添加不透明度为"0%"和"100%"的关键帧。展开卷轴的动画效果如图6-61所示。

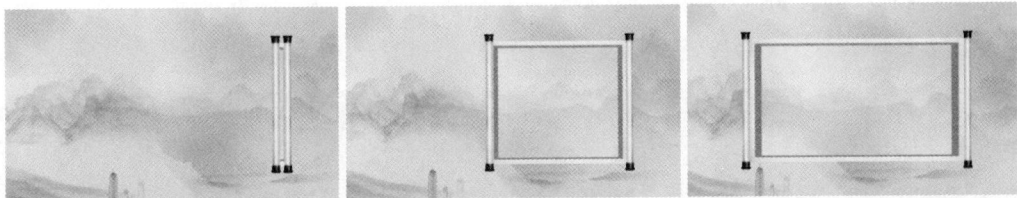

图6-61

STEP 08 选择"直排文字工具"，在"字符"面板中设置字体为"方正清刻本悦宋简体"、填充颜色为"黑色"、字体大小为"60像素"、字符间距为"10"，再单击下方的"仿粗体"按钮，在卷轴右上侧输入"梅花落"文本。

STEP 09 将时间指示器移至0:00:04:10处，展开"梅花落"文本图层中的"文本"栏，单击源文本左侧的"时间变化秒表"按钮添加关键帧。再将时间指示器移至0:00:04:05处，双击文本图层，在"合成"面板中修改文本为"梅花"，此时自动在该时间点添加关键帧，且图层名称变为"梅花"，如图6-62所示。

图6-62

STEP 10 将时间指示器移至0:00:04:00处，使用与步骤09相同的方法修改文本为"梅"；再将时间指示器移至0:00:03:20处，删除所有文本，制作出文本逐个显示的效果，此时图层名称也变为"<空文本图层>"。为便于后续进行管理，将该图层名称修改为"梅花落"。

STEP 11 使用"直排文字工具"在"梅花落"文本左下方输入"卢照邻"文字，然后在"字符"面板中修改字体大小为"40像素"，再单击"仿粗体"按钮取消应用该样式。使用与步骤09、步骤10相同的方法为"卢照邻"文本图层制作逐个显示的效果，并修改图层名称为"卢照邻"，关键帧位置分别为0:00:04:15、0:00:04:20、0:00:05:02和0:00:05:09。

STEP 12 选择"直排文字工具"，在卷轴左上方按住鼠标左键不放，然后向右下方拖曳鼠标绘制图6-63所示的文本框，在文本框中输入图6-64所示的文本，在"字符"面板中设置行距为"60像素"。

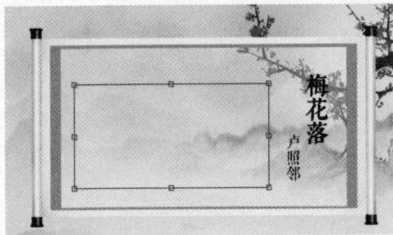

图6-63

图6-64

STEP 13 使用与步骤 09、步骤 10 相同的方法，为步骤 12 创建的文本图层在图 6-65 所示位置添加源文本属性的关键帧，并分别调整不同关键帧的文本内容，制作出逐列显示的效果，再将该文本图层的名称修改为"内容"，诗词的显示效果如图 6-66 所示。

图 6-65

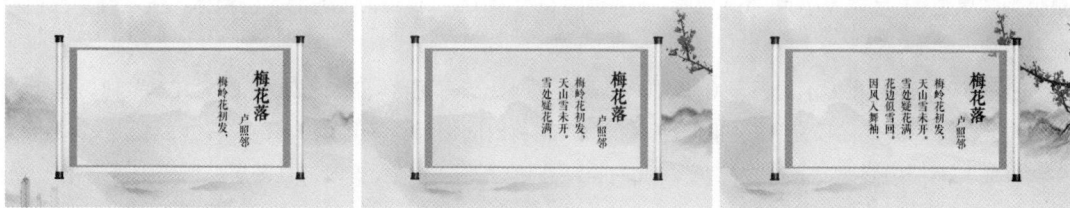

图 6-66

STEP 14 按【Ctrl+S】组合键保存项目文件，并将项目文件命名为"诗词栏目展示动画"。

6.2.2 文本属性动画

除了可以利用图层的基本属性为文本制作动画，还可以使用文本的动画属性设置动画。具体操作方法为：展开文本图层，单击"文本"栏右侧的"动画"按钮 ，弹出图 6-67 所示的下拉菜单，在其中选择相应的命令，通过相应的属性可制作对应的变化动画。

- **启用逐字 3D 化**：用于将文本逐字开启三维图层模式，此时的二维文本图层将转换为三维图层。
- **锚点、位置、缩放、倾斜、旋转、不透明度**：用于制作文本的中心点变换、位移、缩放、倾斜、旋转和不透明度动画，与图层属性参数作用相同。
- **全部变换属性**：用于同时为文本添加锚点、位置、缩放、倾斜、旋转、不透明度 6 种变换属性的动画。
- **填充颜色**：用于设置文本的填充颜色，在其子菜单中可以选择填充颜色的 RGB、色相、饱和度、亮度、不透明度等命令。
- **描边颜色**：用于设置文本的描边颜色，在其子菜单中可选择描边颜色的 RGB、色相、饱和度、亮度、不透明度等命令。
- **描边宽度**：用于设置文本的描边粗细。
- **字符间距**：用于设置字符之间的距离。
- **行锚点**：用于设置文本的对齐方式。
- **行距**：用于设置段落文本中每行文本的距离。

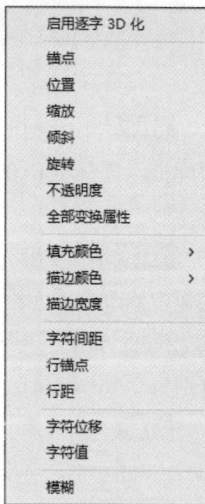

图 6-67

- 字符位移：用于按照统一的字符编码标准，对文本进行位移。
- 字符值：用于按照统一的字符编码标准，统一替换设置的字符值所代表的字符。
- 模糊：用于设置为文本添加的模糊效果。

6.2.3 源文本动画

源文本动画是指在同一个文本图层中通过改变文本内容形成的动画，常用于制作打字效果动画、倒计时效果动画、逐帧文本动画、定格文本动画等。具体操作方法为：在"合成"面板中输入文本内容后，在"时间轴"面板中展开该文本所在图层的"文本"栏，单击源文本属性左侧的"时间变化秒表"按钮 ⏱ 添加关键帧，然后将时间指示器移动到其他位置并修改文本内容，此时自动添加相应的关键帧，当播放到该帧时，文本内容将直接发生变化，从而形成动画效果，如图 6-68 所示。

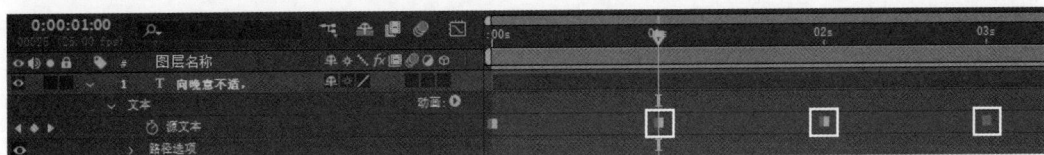

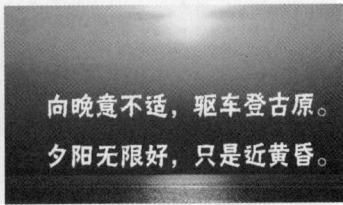

（a）第1秒的画面效果　　　　　（b）第2秒的画面效果　　　　　（c）第3秒的画面效果

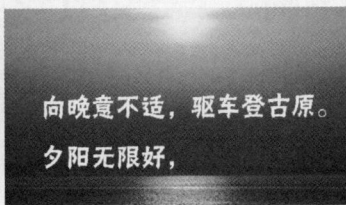

图6-68

6.3 综合实训

6.3.1 制作彩妆 App 开屏 UI 动效

随着移动互联网的快速发展，彩妆行业也迎来了数字化转型的浪潮。越来越多的彩妆品牌开始注重线上渠道的拓展，这不仅能够为用户提供便捷的购物体验，还能通过丰富的内容互动，增强用户黏性，提升品牌影响力。"彩妆丽人"App 即将上线，需要制作一个与品牌形象相符、充满创意与美感的开屏 UI 动效，提升用户对该 App 的好感度。表 6-1 所示为彩妆 App 开屏 UI 动效制作任务单，任务单中明确给出了实训背景、制作要求、设计思路和参考效果。

视频教学：
制作卡通风格
舞台背景动画

表 6-1　彩妆 App 开屏 UI 动效制作任务单

实训背景	为"彩妆达人"App 制作开屏 UI 动效，以吸引用户的眼球，同时提升用户对 App 的整体好感度
尺寸要求	720 像素 ×1280 像素
时长要求	4 秒左右
制作要求	1. 风格 UI 动效需要准确呈现彩妆 App 的品牌风格，包括色彩搭配、元素设计及整体视觉风格，提升用户对品牌的识别度和好感度 2. 动效设计 UI 动效应该流畅自然，且加载时间应较短，只需依次展现出彩妆 App 的 Logo、主要元素和 App 名称即可
设计思路	使用 After Effects 先为 Logo 制作放大并逐渐显示的动画，再依次显示 4 个与彩妆相关的元素，并使动画效果先快后慢，最后展示 App 名称，并利用动效增强视觉冲击力
参考效果	 效果预览：彩妆 App 开屏 UI 动效
素材位置	配套资源 :\ 素材文件 \ 第 6 章 \ 综合实训 \ "彩妆 App 素材"文件夹
效果位置	配套资源 :\ 效果文件 \ 第 6 章 \ 综合实训 \ 彩妆 App 开屏 UI 动效 .aep

操作提示如下。

STEP 01 在 After Effects 中以"合成 - 保持图层大小"形式导入素材，修改合成名为"彩妆 App 开屏 UI 动效"、合成时间为"0:00:04:00"。

STEP 02 为"Logo"元素制作逐渐放大的动画。

STEP 03 为"元素 1"～"元素 4"元素制作依次逐渐放大的动画，并调整关键帧插值，使其在前期变化快，在后期变化慢。

STEP 04 为"彩妆丽人"元素制作逐渐显示的动画，再对其应用"摆动 - 缩放"动画预设，并适当调整振动量和振动宽度，使其在画面中突出显示，最后保存项目文件。

视频教学：制作彩妆 App 开屏 UI 动效

　　App 全称为 Application，是指在移动设备上运行的软件程序。它们通常是为了满足用户的某种特定需求开发的，如社交、购物、娱乐、学习等。UI 动效即用户界面动效，是指在 App 界面中显示的动态效果。这些效果可以包括元素的过渡、动画、微交互等，旨在提升用户的交互体验，使界面更加生动、有趣。UI 动效在 App 设计中扮演着重要角色，它们不仅可以引导用户的视线，帮助他们更好地理解界面结构和操作流程，还可以提高用户对 App 的好感度，提升品牌的形象。因此，App 动效也是数字媒体后期制作的常见类型。

　　在制作 UI 动效时，需要注意以下事项。

- 明确目标：在制作动效之前，首先要明确动效的目标是什么，是引导用户、增强视觉冲击力还是其他。只有明确了目标，才能制作出符合需求的动效。
- 保持一致性：动效的风格、速度、方向等要素应与 App 的整体风格保持一致，避免出现不协调的情况。
- 简洁明了：动效应该简洁明了，避免过于复杂或冗长。过于复杂的动效可能会让用户感到困惑或不适。
- 考虑性能：动效可能会对 App 的性能产生影响，因此在制作动效时需要考虑性能因素，避免过于消耗设备的资源。

6.3.2 制作文明城市宣传广告

　　随着城市化进程的加速推进，文明城市建设日益成为社会各界关注的焦点。文明城市不仅是城市形象的重要体现，更是城市软实力的核心组成部分。加强文明城市建设，可以提升市民的文明素质，增强城市的凝聚力和向心力，促进城市的可持续发展。某城市的宣传部门为了让广大市民更加深入地了解文明城市的意义，积极参与到文明城市的建设中，准备制作一则宣传广告。表 6-2 所示为文明城市宣传广告制作任务单，任务单中明确给出了实训背景、制作要求、设计思路和参考效果。

表 6-2　文明城市宣传广告制作任务单

实训背景	为某城市宣传部门制作一则文明城市宣传广告，以号召市民积极参与文明城市的建设
尺寸要求	720 像素 ×1280 像素
时长要求	6 秒左右
制作要求	1. 内容 广告内容应表现某种文明行为，可鼓励市民参与文明城市建设，传递正能量和社会责任感 2. 动画 为画面中的元素设计不同的动画效果，并能通过时间差异性来表现层次感，突出信息的主次，动画整体具有较强的表现力
设计思路	使用 After Effects 先在画面中输入文本信息、绘制装饰图形，然后结合图层属性和文本属性，依次为各个元素制作不同的动画

续 表

参考效果	
	效果预览：文明城市宣传广告
素材位置	配套资源:\素材文件\第6章\综合实训\"宣传广告素材"文件夹
效果位置	配套资源:\效果文件\第6章\综合实训\文明城市宣传广告.aep

操作提示如下。

STEP 01 在 After Effects 中以"合成 - 保持图层大小"形式导入素材，修改合成名称为"文明城市宣传广告"、合成时间为"0:00:06:00"。

STEP 02 为"天空"元素制作从右至左的移动动画，为"垃圾桶"元素制作从下至上移动并逐渐显示的动画。

STEP 03 在画面中依次输入"宣传语 .txt"素材中的文本信息，再绘制多个矩形作为装饰和文本背景。

STEP 04 结合不透明度和行距属性为最上方的文本制作动画，结合不透明度和模糊属性为中间区域的文本制作动画。

STEP 05 调整装饰矩形的锚点位置，利用缩放属性为其制作从左至右进行划线的动画。

STEP 06 先为最下方文本和矩形制作逐渐显示的动画，再利用倾斜属性为文本制作左右摇摆动画，最后保存项目文件。

视频教学：制作文明城市宣传广告

6.4 课后练习

练习 1 制作国庆晚会舞台背景动画

【制作要求】利用提供的素材制作"欢度国庆"晚会的舞台背景动画，要求视觉效果简约、大气，让观众能够从中感受到晚会的氛围，以顺利引入主题。

【**操作提示**】使用 After Effects 根据视频画面的元素位置设计动态效果,利用不同属性的关键帧分别为背景元素、文本及装饰元素制作动画,并优化动画的播放效果。参考效果如图 6-69 所示。

【**素材位置**】配套资源 :\ 素材文件 \ 第 6 章 \ 课后练习 \ "国庆素材"文件夹

【**效果位置**】配套资源 :\ 效果文件 \ 第 6 章 \ 课后练习 \ 国庆晚会舞台背景动画 .aep

效果预览:
国庆晚会舞台
背景动画

图6-69

练习 2 制作发布会倒计时动画

【**制作要求**】利用提供的素材制作发布会倒计时动画,要求画面简洁明了,展示一个清晰、醒目的倒计时,同时倒计时数字应醒目、易读,颜色与背景形成对比,以吸引观众注意。

【**操作提示**】在 After Effects 中导入素材,输入发布会的名称、主题及倒计时文本,根据播放顺序分别调整文本的出点和入点,再利用图层属性、文本的动画属性及动画预设为文本添加动画效果。参考效果如图 6-70 所示。

效果预览:
发布会倒计时
动画

【**素材位置**】配套资源 :\ 第 6 章 \ 课后练习 \ "发布会素材"文件夹

【**效果位置**】配套资源 :\ 第 6 章 \ 课后练习 \ 发布会倒计时动画 .aep

图6-70

第 **7** 章　视频特效

　　视频特效是指通过添加、调整和组合各种视觉元素，创造出独特且引人入胜的视觉效果，且这些效果是用拍摄方式难以达到的。在数字媒体后期制作中，运用 After Effects 提供的特殊视频效果、跟踪运动、三维和插件等功能可制作出视频特效。

📖 **学习要点**

　　◎ 熟悉不同视频效果的作用。
　　◎ 掌握制作跟踪特效的方法。
　　◎ 掌握制作三维特效的方法。
　　◎ 掌握应用插件制作特效的方法。

◇ **素养目标**

　　◎ 培养创新思维，能够在特效制作中融入创意，创造出新颖、独特的视觉效果。
　　◎ 加强自学能力，能够持续跟进并掌握新的特效技术。

◈ **扫码阅读**

案例欣赏

课前预习

7.1
使用效果模拟特效

After Effects 中的效果种类多样且功能强大，为特效制作提供了丰富的可能性，从而可以实现各种创意和想法，创作出独具特色的数字媒体作品。

7.1.1 课堂案例——制作卡通火焰特效

【制作要求】为某防火宣传视频制作卡通火焰特效，要求卡通火焰的色彩与现实中的火焰色彩类似，能够以较强的视觉效果引起观众的注意。

【操作要点】在 After Effects 中结合效果和关键帧动画模拟火焰随风流动的效果，结合多种效果模拟火焰燃烧时的形状，根据真实火焰的颜色为火焰的不同区域添加色彩。参考效果如图 7-1 所示。

【效果位置】配套资源 :\ 效果文件 \ 第 7 章 \ 课堂案例 \ 卡通火焰特效 .aep

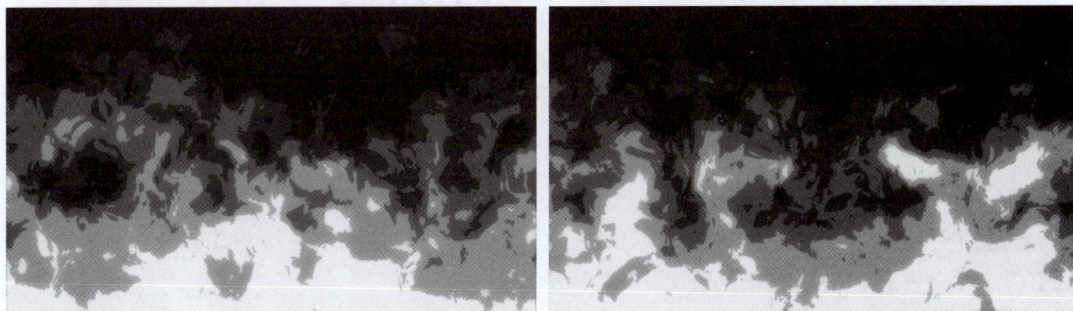

图7-1

具体操作如下。

STEP 01 在 After Effects 中新建项目文件，再新建名称为"卡通火焰特效"、尺寸为"1920 像素 ×1080 像素"、持续时间为"0:00:06:00"的合成。

STEP 02 在"时间轴"面板中单击鼠标右键，在弹出的快捷菜单中选择【新建】/【纯色】命令，打开"纯色设置"对话框，设置名称为"渐变"、颜色为"#FFFFFF"，然后单击 确定 按钮，新建白色的纯色图层。

STEP 03 选择"渐变"图层，然后选择【效果】/【生成】/【梯度渐变】命令，此时画面中的白色变为从上至下的黑白渐变，如图 7-2 所示。

STEP 04 在"效果控件"面板中选中"梯度渐变"效果，在"合成"面板中将鼠标指针移至画面上方边界的◉图标处，然后按住鼠标左键不放并向上拖曳，以改变渐变起点的位置，如图 7-3 所示。

视频教学：
制作卡通火焰
特效

图7-2

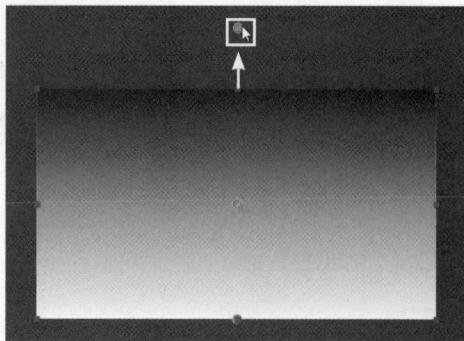

图7-3

STEP 05 向下拖动画面下方边界的 图标，以改变渐变终点的位置。另外，也可以直接在"效果控件"面板中设置图7-4所示的参数。调整后的渐变效果如图7-5所示。

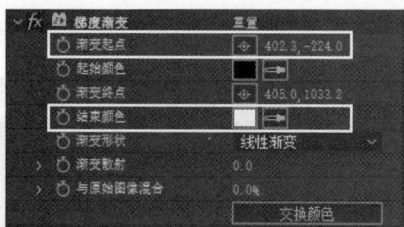

图7-4

图7-5

STEP 06 新建一个名称为"流动"、颜色为"#FFFFFF"的纯色图层。选择【效果】/【杂色和颗粒】/【分形杂色】命令，此时的画面效果如图7-6所示。

STEP 07 在"效果控件"面板中先取消勾选"统一缩放"复选框，激活下方的缩放高度属性，然后设置该属性为"200"，此时画面效果如图7-7所示。通过这些操作使画面在垂直方向上拉伸，以便后期模拟火焰形状。

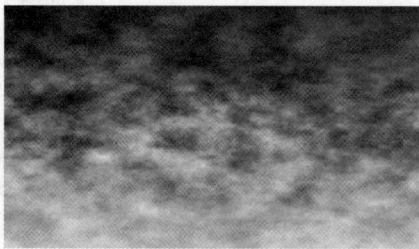

图7-6

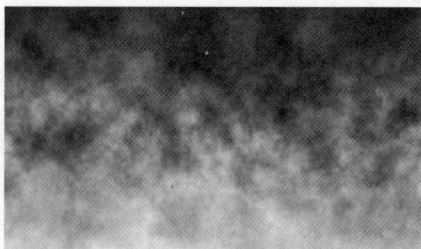

图7-7

STEP 08 将时间指示器移至 0:00:00:00 处，为偏移（湍流）和演化属性开启关键帧，然后将时间指示器移至 0:00:05:24 处，设置偏移（湍流）为"400，−360"，演化为"1x+260°"，使火焰具有流动效果。

STEP 09 在"时间轴"面板中单击鼠标右键，在弹出的快捷菜单中选择【新建】/【调整图层】命令，新建一个调整图层，然后选择【效果】/【扭曲】/【湍流置换】命令，在"效果控件"面板中设置

图 7-8 所示的参数。此时画面效果如图 7-9 所示，使画面中的线条无规则地变动。

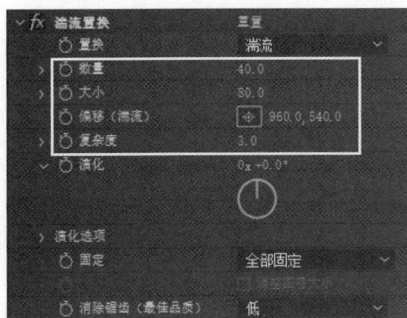

图7-8

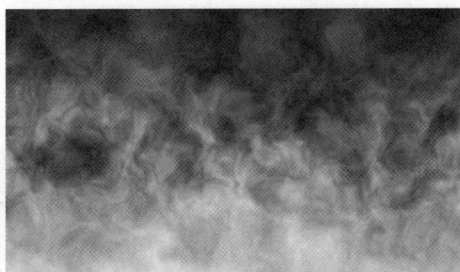

图7-9

STEP 10 选择【效果】/【颜色校正】/【色阶】命令，在"效果控件"面板中设置图 7-10 所示的参数，提高色彩的对比度。

STEP 11 选择【效果】/【风格化】/【色调分离】命令，在"效果控件"面板中设置级别为"6"，减少画面中的颜色数量，以模拟火焰形状，效果如图 7-11 所示。

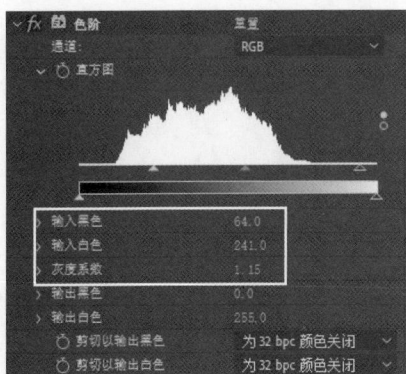

图7-10

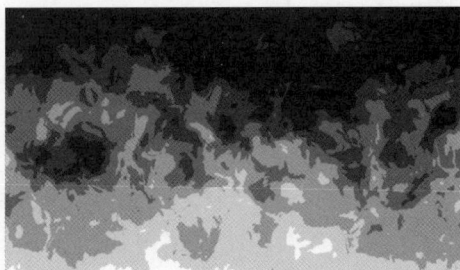

图7-11

STEP 12 选择最顶层的调整图层，然后选择【效果】/【颜色校正】/【三色调】命令，在"效果控件"面板中分别设置高光、中间调和阴影的颜色为"#EFFB8C、#A54E36、#000000"，如图 7-12 所示。调整后的火焰颜色如图 7-13 所示。

图7-12

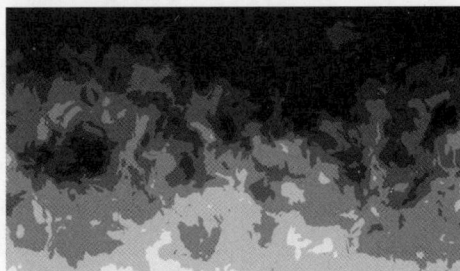

图7-13

STEP 13 选择【效果】/【风格化】/【发光】命令，在"效果控件"面板中设置图 7-14 所示的参数，火焰效果如图 7-15 所示。最后按【Ctrl+S】组合键保存项目文件，并将项目文件命名为"卡通火焰特效"。

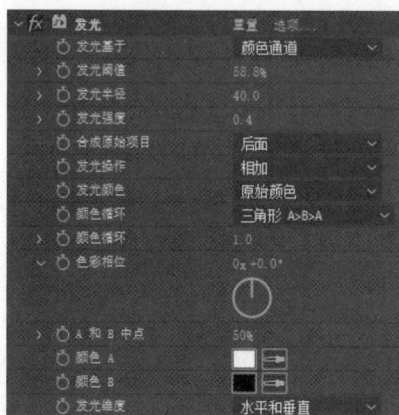

图 7-14

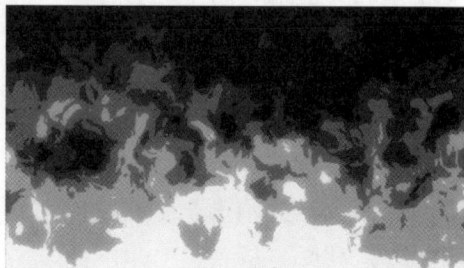

图 7-15

7.1.2 课堂案例——制作水墨晕染特效

【制作要求】为某国风文化宣传片制作水墨晕染特效，要求融合传统水墨画的绘画技法，展现出水墨画的意境美。

【操作要点】先利用 After Effects 的"圆形"效果生成墨点，然后为其制作放大动画，并适当调整动画速度，再结合"湍流杂色""置换图""曲线""CC Radial Blur"效果为墨点增加各种细节。参考效果如图 7-16 所示。

【素材位置】配套资源 :\ 素材文件 \ 第 7 章 \ 课堂案例 \ 复古背景 .jpg

【效果位置】配套资源 :\ 效果文件 \ 第 7 章 \ 课堂案例 \ 水墨晕染特效 .aep

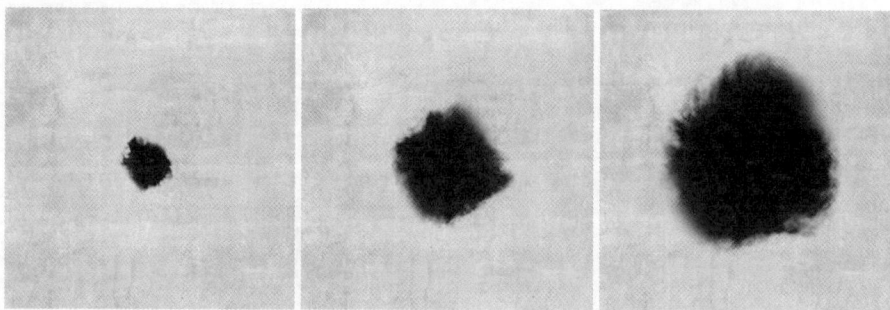

图 7-16

具体操作如下。

STEP 01 在 After Effects 中新建项目文件，再新建名称为"水墨"、尺寸为"800 像素 ×800 像素"、持续时间为"0:00:05:00"的合成。

STEP 02 新建一个纯色背景，在"效果和预设"面板中搜索"圆形"效果，双击该效果进行应用，将生成一个白色的圆形，同时自动打开"效果控件"面板，在其中设置羽化外侧边缘为"10.0"。

STEP 03 选择纯色图层，按【S】键显示缩放属性，设置缩放为 "0.0%,0.0%"，然后开启关键帧，在 0:00:04:23 处设置缩放为 "300.0%,300.0%"，使圆形逐渐变大。

STEP 04 由于水墨晕染的速度是由快至慢的，因此需要调整缩放效果。在 "时间轴" 面板中单击 "图表编辑器" 按钮 ，将图层模式切换为图表编辑器，然后将图表调整为图 7-17 所示的形态。单击 "图表编辑器" 按钮 ，切换回图层模式。

视频教学：
制作水墨晕染
特效

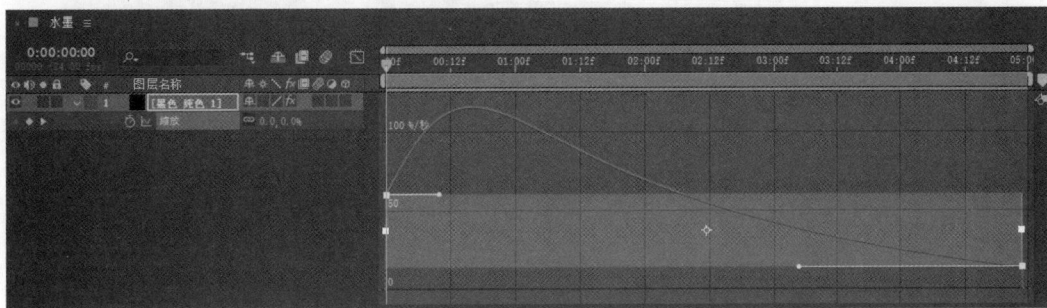

图7-17

STEP 05 新建 "样式" 合成，并新建纯色图层，在 "效果和预设" 面板中搜索 "湍流杂色" 效果，双击该效果进行应用，在 "效果控件" 面板中设置对比度为 "260.0"、缩放为 "60.0"，如图 7-18 所示。画面效果如图 7-19 所示。

STEP 06 新建 "水墨晕染特效" 合成，先拖动 "复古背景 .jpg" 素材至 "时间轴" 面板中作为背景，再拖动 "水墨" "样式" 合成至 "时间轴" 面板中。

STEP 07 选择 "水墨" 合成，对其应用 "置换图" 效果，在 "效果控件" 面板中置换图层的第 1 个下拉列表中选择 "1.样式" 选项，设置最大水平置换和最大垂直置换均为 "20.0"，画面效果如图 7-20 所示。

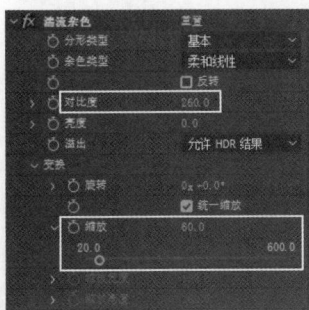
图7-18

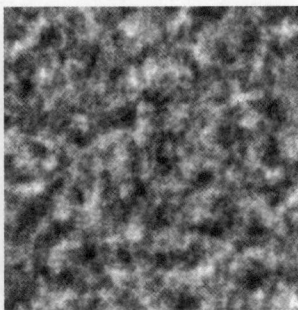
图7-19

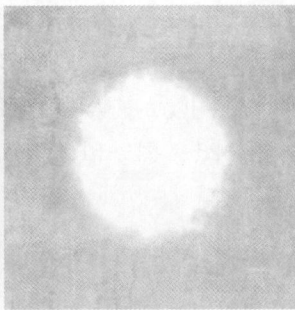
图7-20

STEP 08 选择 "水墨" 合成，对其应用 "分形杂色" 效果，设置亮度为 "-70.0"，再应用 "湍流置换" 效果，保持默认设置，以调整水墨的色彩和样式，如图 7-21 所示。

STEP 09 根据现实水墨晕染的效果，可以适当增添一些细节。选择 "水墨" 合成，按【Ctrl+D】组合键复制图层。选择复制后的合成，对其应用 "曲线" 效果，将鼠标指针移至 "效果控件" 面板中的曲线右上方，按住鼠标左键不放并向左拖曳。曲线前后的对比效果如图 7-22 所示。

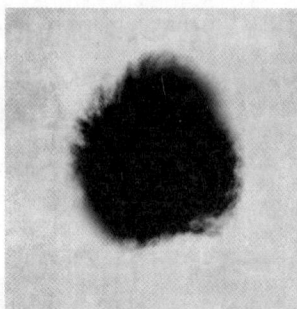

图7-21

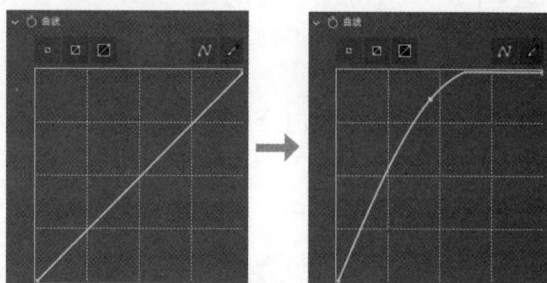

图7-22

STEP 10 对复制的合成应用 "CC Radial Blur" 效果，设置 Type 为 "Straight Zoom"、Amount 为 "-70.0"，如图 7-23 所示。调整该图层的不透明度为 "50%"，此时的画面效果如图 7-24 所示。

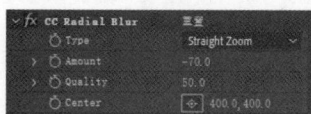

图7-23

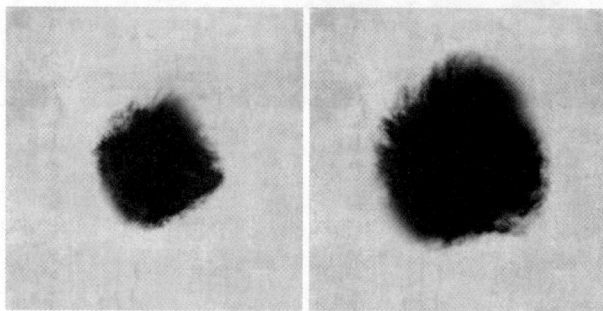

图7-24

STEP 11 按【Ctrl+S】组合键保存项目文件，并将项目文件命名为 "水墨晕染特效"。

7.1.3 常用视频效果详解

After Effects 提供了多种效果，用户可选择 "效果" 菜单命令，在弹出的子菜单中选择不同的分类，其对应的子菜单中有各种类型的效果；也可以直接在 "效果和预设" 面板中展开对应文件夹查找需要的效果，或在上方的搜索框中搜索，然后双击效果或拖动效果至对应图层进行应用。图 7-25 所示为原画面；图 7-26 ~ 图 7-51 所示为应用不同效果后的画面。

原画面

球面化
该效果可以将原本平面的画面转化为
球面效果

湍流置换
该效果可以使用不规则的变形置
换图层

图7-25

图7-26

图7-27

置换图
该效果可以基于其他图层的像素值位
移本图层的像素

图7-28

极坐标
该效果可以产生由画面旋转拉伸所带
来的极限效果

图7-29

波纹
该效果可以产生从中心点依次向外散
开的波纹效果

图7-30

液化
该效果可以通过推拉、旋转、扩大、
收缩、扭曲等方式调整画面

图7-31

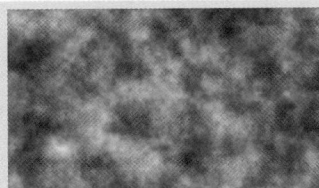

分形杂色
该效果可以创建基于分形的
图案

图7-32

中间值
该效果可以在指定半径内使用中间值
替换像素，有模糊去噪的作用

图7-33

杂色
该效果可以为画面添加杂色

图7-34

湍流杂色
该效果可以创建基于湍流的图案，与
"分形杂色"效果类似

图7-35

蒙尘与划痕
该效果可以指定半径内的不同像素，
将其更改为类似的邻近像素，
从而减少杂色和瑕疵

图7-36

CC Ball Action（CC 滚珠）
该效果可以使画面形成球形网格

图7-37

CC Particle World（CC 粒子世界）
该效果可以制作出不同类型的粒
子效果

图7-38

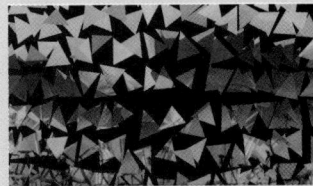

CC Pixel Polly（CC 像素多边形）
该效果可以将画面分成多个多边形，
以模拟画面破碎的效果

图7-39

CC Rainfall（CC 下雨）
该效果可以模拟有折射和运动模糊的
下雨效果

图 7-40

CC Snowfall（CC 下雪）
该效果可以模拟带深度、光效和运动
模糊的下雪效果

图 7-41

碎片
该效果可以让画面模拟出爆炸、剥落
的效果

图 7-42

锐化
该效果可以强化像素之间的差异来锐
化画面

图 7-43

CC Radial Blur（CC 径向模糊）
该效果可以缩放或旋转模糊画面

图 7-44

高斯模糊
该效果可以使画面变模糊，柔化画面
并消除杂色

图 7-45

圆形
该效果可以生成一个纯色的实心圆
或圆环

图 7-46

四色渐变
该效果可以创建 4 种混合颜色的渐
变效果

图 7-47

高级闪电
该效果可以创建闪电效果

图 7-48

画笔描边
该效果可以使画面变为画笔绘制
的效果

图 7-49

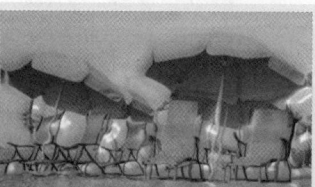

玻璃
该效果可以使画面产生玻璃、金属
等质感

图 7-50

马赛克
该效果可以使用纯色的矩形填充图
层，使原始的画面像素化

图 7-51

7.2
制作跟踪特效

在数字媒体后期制作中，字幕和装饰元素往往能为作品增添一抹亮色，利用 After Effects 中的跟踪特效，可以让字幕或装饰元素灵活、精准地跟随作品中的某个特定部分移动，从而让画面更加生动自然。

7.2.1 课堂案例——为商品视频添加跟踪字幕条

【制作要求】为电动牙刷的商品视频制作跟踪字幕条，要求字幕跟随商品移动，让消费者更加清晰地了解商品的优势。

【操作要点】使用 After Effects 先添加跟踪点，调整跟踪点的位置，再适当调整特征区域和搜索区域的大小，然后进行跟踪分析，添加字幕条并设置运动目标。参考效果如图 7-52 所示。

【素材位置】配套资源：\ 素材文件 \ 第 7 章 \ 课堂案例 \ "字幕跟踪素材"文件夹

【效果位置】配套资源：\ 效果文件 \ 第 7 章 \ 课堂案例 \ 字幕条跟踪特效 .aep

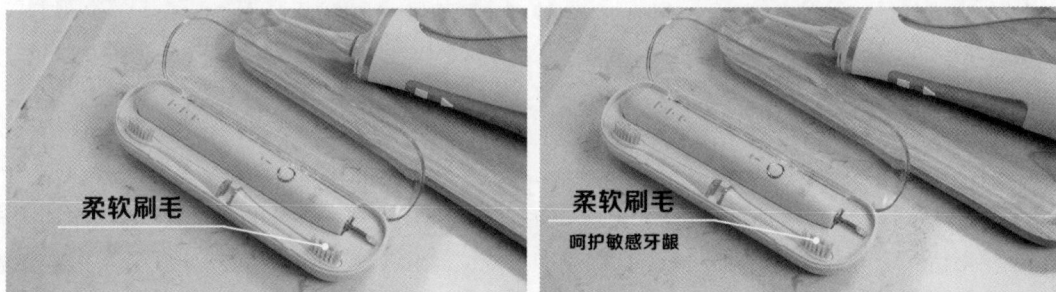

图 7-52

具体操作如下。

STEP **01** 在 After Effects 中打开"字幕条素材 .aep"项目文件，将"牙刷 .mp4"素材文件导入"项目"面板中，然后将其拖曳到"新建合成"按钮上新建合成。按【Ctrl+K】组合键打开"合成设置"对话框，在其中设置开始时间码为"0：00：00：00"，单击 确定 按钮。

STEP **02** 打开"跟踪器"面板，单击 跟踪运动 按钮，此时"图层"面板中出现一个跟踪点。

视频教学：
为商品视频添加
跟踪字幕条

STEP **03** 选择"选取工具" ，将鼠标指针放置在搜索区域，当鼠标指针变为 形状时拖曳鼠标，将跟踪点位置移动到右侧的牙刷刷头，如图 7-53 所示。

STEP **04** 将鼠标指针放置在特征区域的边角点，当鼠标指针变为 形状时拖曳鼠标，调整搜索区域的大小，覆盖右侧的牙刷刷头大部分。使用相同的方法再调整特征区域的大小，如图 7-54 所示。

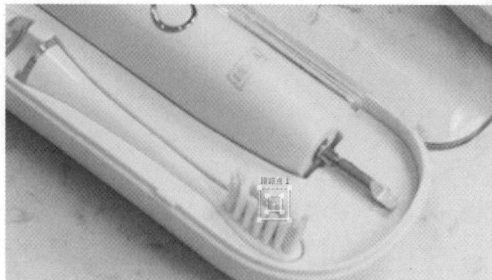
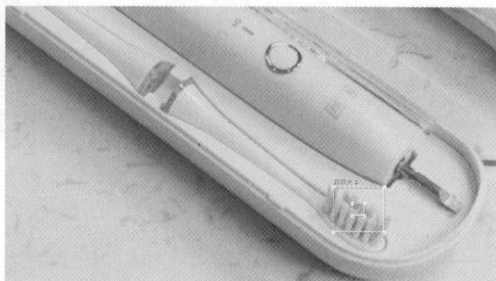

图 7-53　　　　　　　　　　　　　图 7-54

STEP 05 在"跟踪器"面板中单击"向前分析"按钮▶️，此时"图层"面板中显示跟踪点在画面中的位移情况，如图 7-55 所示。

STEP 06 完成跟踪分析后，将"项目"面板中的"合成 1"文件拖到"牙刷"合成中，并将锚点移动到"合成 1"中的白色圆形位置，然后移动整个合成，如图 7-56 所示。

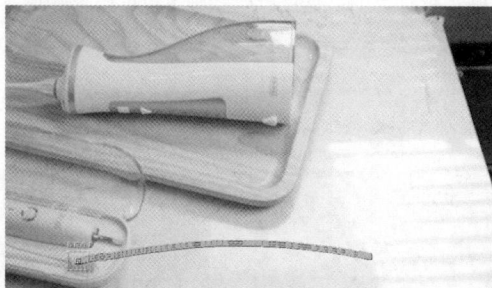
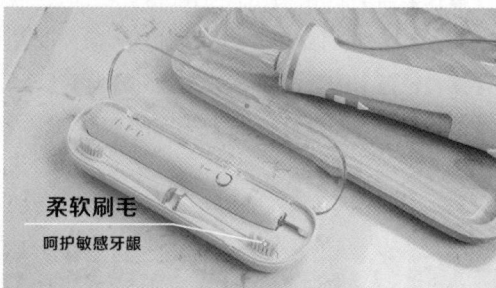

图 7-55　　　　　　　　　　　　　图 7-56

STEP 07 选择"牙刷"图层，打开"图层"面板和"跟踪器"面板，单击 编辑目标 按钮，打开"运动目标"对话框，该对话框将自动选择目标图层为"合成 1"图层，单击 确定 按钮，然后单击 应用 按钮，打开"动态跟踪器应用选项"对话框，保持默认设置后单击 确定 按钮。

STEP 08 查看效果，如图 7-57 所示。最后按【Ctrl+Shift+S】组合键另存项目文件，并将项目文件命名为"字幕条跟踪特效"。

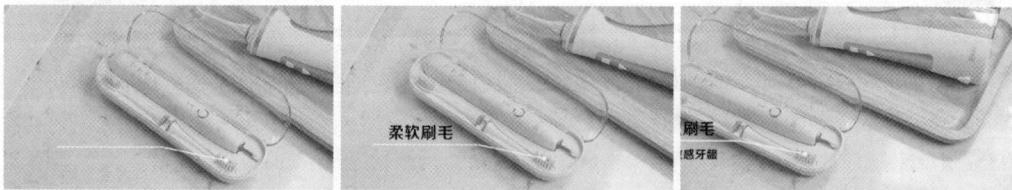

图 7-57

7.2.2 跟踪运动

　　跟踪运动功能可以通过手动设置将运动的跟踪数据应用于另一个对象上，然后通过认识与调整跟踪点、分析应用跟踪数据，以及设置跟踪属性来调整跟踪效果。

1．使用跟踪运动

在"时间轴"面板中选择视频素材，然后选择【动画】/【跟踪运动】命令；或在"合成"面板、"时间轴"面板中的视频素材上单击鼠标右键，在弹出的快捷菜单中选择【跟踪和稳定】/【跟踪运动】命令；或选择【窗口】/【跟踪器】命令，在打开的"跟踪器"面板中单击 跟踪运动 按钮。

2．认识与调整跟踪点

在使用跟踪运动时，After Effects 会自动生成跟踪点，通过该跟踪点可以指定跟踪区域。

（1）认识跟踪点

After Effects 在跟踪运动时会通过跟踪点将一帧中所选区域的像素和后续每帧中的像素加以匹配，然后在"合成"面板中显示为一个跟踪线框。该线框包含一个特征区域、一个附加点和一个搜索区域，如图 7-58 所示。

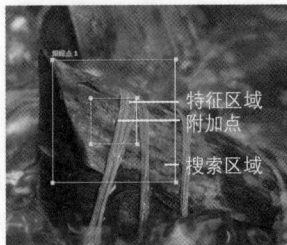

图7-58

- **特征区域**：用于定义跟踪的像素范围，记录当前特征区域的像素（尽量选择特征明显的元素），以保证 After Effects 在整个跟踪持续期间都能够以该特征进行识别。
- **附加点**：用于指定目标的附加位置。默认的附加点位于特征区域中心。
- **搜索区域**：用于定义下一帧的跟踪范围。搜索区域的位置和大小取决于所跟踪目标的运动方向、偏移的大小和快慢，跟踪目标的运动速度越快，搜索区域就越大。

（2）调整跟踪点

设置运动跟踪时，为达到所需效果，可通过调整特征区域、附加点和搜索区域来实现。实现的方式有以下几种。

- **只移动附加点位置**：选择"选取工具" ，将鼠标指针移至附加点上（使鼠标指针形状变为 ），然后按住鼠标左键不放并拖曳，可只移动附加点位置。
- **移动搜索区域和特征区域位置**：选择"选取工具" ，将鼠标指针放置在搜索区域或特征区域（除了边角点和边框位置）并拖曳鼠标，可同时移动整个跟踪点位置。若在移动的同时按住【Alt】键，可只移动搜索区域和特征区域位置。
- **只移动搜索区域位置**：选择"选取工具" ，将鼠标指针放置在搜索区域边框并拖曳鼠标，可移动搜索区域位置。
- **调整搜索区域或特征区域的大小**：选择"选取工具" ，将鼠标指针放置在搜索区域或特征区域 4 个边角点并拖曳鼠标，可调整搜索区域或特征区域的大小。图 7-59 所示为调整特征区域大小前后的对比效果。

图7- 59

3. 分析应用跟踪数据

调整完跟踪点后就可以在"跟踪器"面板中分析应用跟踪数据，以调整跟踪效果，如图7-60所示。

- **跟踪摄像机**按钮：用于为当前图层添加"3D摄像机跟踪器"效果。
- **变形稳定器**按钮：用于消除因摄像机移动造成的抖动问题，从而保证摇晃拍摄的素材，其画面更为稳定、流畅。
- **跟踪运动**按钮：用于开启跟踪运动。
- **稳定运动**按钮：手动设置跟踪点后，单击该按钮，After Effects会让整体画面移动，从而保证跟踪点相对稳定。
- 运动源：用于选择要跟踪的运动图层。
- 当前跟踪：在该下拉列表中选择当前的跟踪器，然后修改该跟踪器。
- 跟踪类型：用于选择需要的跟踪类型。不同的跟踪类型，在"图层"面板中跟踪点的数量及跟踪数据应用于目标的方式也会不同。
- 位置、旋转、缩放：用于指定为目标图层生成的关键帧类型。默认勾选"位置"复选框，即当前跟踪为一点跟踪，只跟踪位置。
- **编辑目标**按钮：单击该按钮，打开"运动目标"对话框，在其中可更改目标（After Effects会自动将紧靠在运动源图层上方的那个图层设置为运动目标）。若在"跟踪类型"下拉列表中选择"原始"选项，则没有目标与跟踪器相关联，该选项将会被禁止。
- **选项**按钮：单击该按钮，打开"动态跟踪器选项"对话框，在其中可设置跟踪的一些详细参数，使跟踪更加精确。
- "分析"按钮组 ◀Ⅰ ◀ ▶ Ⅰ▶：用于对源素材中的跟踪点进行帧到帧的分析。其中从左到右依次为："向后分析1个帧"按钮（通过返回到上一帧来分析当前帧）、"向后分析"按钮（从当前时间指示器分析到视频持续时间的开始）、"向前分析"按钮（从当前时间指示器分析到视频持续时间的结尾）、"向前分析1个帧"按钮（通过前进到下一帧来分析当前帧）。
- **重置**按钮：用于恢复特征区域、搜索区域和附加点的默认位置，以及删除当前所选跟踪中的跟踪数据。已应用于目标图层的跟踪器控制设置和关键帧将保持不变。
- **应用**按钮：用于将跟踪数据应用于指定的目标图层。After Effects会为目标图层创建关键帧。单击该按钮，将打开"动态跟踪器应用选项"对话框，"应用维度"下拉列表中有3个选项，其中"X和Y"选项（默认设置）表示允许沿水平和垂直两个轴运动；"仅X"选项表示将运动目标限定于水平运动；"仅Y"选项表示将运动目标限定于垂直运动。

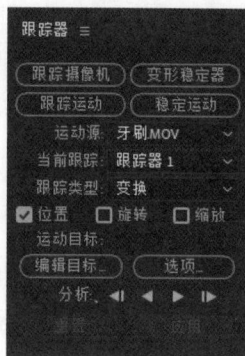

图7-60

4. 设置跟踪属性

应用跟踪运动后，After Effects会在"时间轴"面板中为图层创建一个跟踪器，每个跟踪器都包含跟踪点，跟踪点中的跟踪属性可用于调整特征区域、搜索区域和附加点等，如图7-61所示。

- 功能中心：用于设置特征区域的中心位置。
- 功能大小：用于设置特征区域的宽度和高度。
- 搜索位移：用于设置搜索区域中心相对于特征区域中心的位置。
- 搜索大小：用于设置搜索区域的宽度和高度。

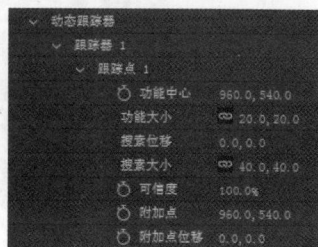

图7-61

- 可信度：After Effects 可通过"可信度"报告有关每个帧的匹配程度的属性。一般来说，该项为默认，不需要修改。
- 附加点：用于设置目标图层的指定位置。
- 附加点位移：用于设置附加点相对于特征区域中心的位置。

7.3
制作三维特效

三维特效能够赋予画面更加丰富的层次感，创造出逼真的立体效果；同时还能提升数字媒体作品的艺术表现力，打破现实世界的限制，让观众更容易沉浸其中。

7.3.1 课堂案例——制作环保宣传视频片头

【制作要求】为环保宣传视频制作片头，要求分辨率为"1920 像素 ×1080 像素"，能突出主题文本"环保从点滴做起 美丽家园靠大家"，增强其视觉效果，起到强调作用。

【操作要点】使用 After Effects 输入文本并将其转化为 3D 图层；先利用动画预设为其制作显示动画，再利用旋转属性制作翻转效果，然后制作绿色点光移动效果，以引导观众的视线；最后添加环境光改善文本颜色效果。参考效果如图 7-62 所示。

【素材位置】配套资源：\ 素材文件 \ 第 7 章 \ 课堂案例 \ 山峦 .mp4

【效果位置】配套资源：\ 效果文件 \ 第 7 章 \ 课堂案例 \ 环保宣传视频片头 .aep

图 7-62

具体操作如下。

STEP 01 在 After Effects 中新建项目文件，并新建名称为"环保宣传视频片头"、大小为"1920 像素 ×1080 像素"、持续时间为"0:00:06:00"的合成文件。

STEP 02 导入"山峦 .mp4"素材，将其拖至"时间轴"面板中并调整大小。选择"横排文字工具" T，在画面中输入"环保从点滴做起 美丽家园靠大家"文本，在"字符"面板中设置图 7-63 所示的参数，再应用"投影"图层样式，效果如图 7-64 所示。单击文本图层右侧 图标下方的 图标，使其变为 图标，将该图层转换为三维图层。

视频教学：
制作环保宣传
视频片头

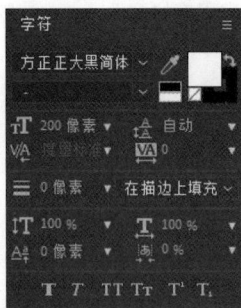

图 7-63

图 7-64

STEP 03 在"效果和预设"面板中依次展开"＊动画预设""Text""3D Text"文件夹，拖动"3D 下飞和展开"预设至文本图层，效果如图 7-65 所示。

图 7-65

STEP 04 在"时间轴"面板中选择文本图层，按【R】键显示旋转属性，分别在 0:00:02:00 和 0:00:03:12 处添加 X 轴旋转为"1x+0°""0x+0°"的关键帧，使其围绕 X 轴旋转一圈，画面效果如图 7-66 所示。

图 7-66

STEP 05 在"时间轴"面板中单击鼠标右键，在弹出的快捷菜单中选择【新建】/【灯光】命令，打开"灯光设置"对话框，设置灯光类型为"点"、颜色为"#004D07"、强度为"200%"、衰减为"平滑"，勾选"投影"复选框，然后单击 确定 按钮，如图 7-67 所示。

STEP 06 在"节目"面板右下角的最后一个下拉列表中选择"2 个视图"选项，然后选择右侧的视图，再在"节目"面板右下角的倒数第二个下拉列表中选择"顶部"选项，切换视角。

STEP 07 将时间指示器移至 0:00:05:00 处，先在左侧视图中将灯光移至文本右下方，然后在右侧视图中将其适当向下拖动，使部分文本被灯光照射。

STEP 08 为灯光的位置属性创建并添加关键帧，将时间指示器移至 0:00:03:12 处，先在左侧视图中按住【Shift】键的同时将其适当向上平移，然后在右侧视图中将灯光向左平移。将时间指示器移至 0:00:03:00 处，然后将灯光向左平移至图 7-68 所示位置。

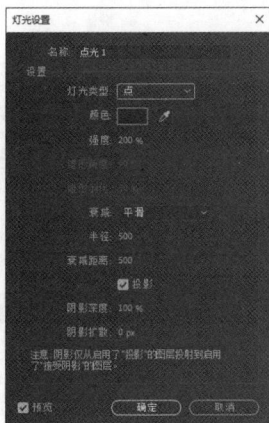

图7-67   图7-68

STEP 09 由于添加点光后部分文本呈现黑色，不太美观，因此可添加环境光。使用与步骤05相同的方法打开"灯光设置"对话框，设置灯光类型为"环境"、颜色为"#7EFF6D"、强度为"70%"，然后单击 确定 按钮，此时的画面效果如图7-69所示。最后按【Ctrl+S】组合键保存项目文件，并将项目文件命名为"环保宣传视频片头"。

图7-69

7.3.2 认识三维与三维图层

　　二维是指一个平面中的内容只存在左右和上下两个方向，不存在前后方向。比如一张纸中的内容就可以看成是二维的世界，即只有长度和宽度，没有厚度。三维是在二维的基础上加入了一个方向向量而构成的空间系，包含坐标轴的3个轴（X轴、Y轴、Z轴），存在前后方向，从而形成视觉立体感。图7-70所示为二维图像（左）与三维图像（右）的视觉对比效果。

图7-70

在 After Effects 中，默认图层都为二维图层。在"合成"面板中可以通过上下左右拖动画面，改变对应图层在 X 轴和 Y 轴上的位置。在"时间轴"面板中单击二维图层"图层开关"窗格中■图标下方的■图标，使其变为■图标，即可将该图层转换为三维图层。三维图层在"合成"面板中会显示 3 种不同颜色的箭头，如图 7-71 所示。这 3 个箭头分别代表着三维世界的 3 个坐标轴，其中 X 轴为红色，Y 轴为绿色，Z 轴为蓝色。三维坐标轴构成了整个立体空间，主要用于空间定位。需要注意的是，除了音频图层，其他类型的二维图层都能转换为三维图层。

图 7-71

三维图层不仅具有二维图层中原有的基本属性，还将增加其他属性。展开三维图层的"变换"栏，可看到除了不透明度属性的参数保持不变，锚点、位置和缩放属性都增加了 Z 轴的参数，并且旋转属性细分为 3 组参数，同时还增加了方向属性（当调整某个图层的方向属性时，该图层将围绕世界轴旋转，其调整范围只有 360°）。另外，三维图层中还增加了一个"材质选项"栏，用于指定图层与光照或阴影交互的方式。

> **知识拓展**
>
> 为了更方便地操作三维图层，三维坐标轴有 3 种不同模式供用户选择。使用"选取工具"▶选择三维图层后，在工具箱右侧可看到这 3 种模式，单击相应的按钮可以进行切换。
>
> - 本地轴模式■：该模式可将三维坐标轴与三维图层的表面对齐，即与图层相对一致，当旋转三维图层时，三维坐标轴会跟着旋转。
> - 世界轴模式■：该模式将使三维坐标轴的方向固定不变，旋转三维图层时，三维坐标轴的方向不会发生变化。
> - 视图轴模式■：该模式可将三维坐标轴与选择的视图对齐，即无论选择哪种视图，三维图层的三维坐标轴都始终正对视图。

7.3.3 三维图层的基本操作

在应用三维图层之前，需要先掌握三维图层的基本操作。

1. 移动三维图层

选择要移动的三维图层，然后选择"选取工具"▶，在"合成"面板中直接拖动三维坐标轴的箭头，可在相应的轴上移动该图层，图 7-72 所示为在 Z 轴方向上移动三维图层；也可以直接在"时间轴"面板中通过修改位置属性的参数来移动三维图层。

图 7-72

2．旋转三维图层

选择要旋转的三维图层，然后选择"旋转工具" ![icon]，打开工具箱右侧的"组"下拉列表，选择"方向"或"旋转"选项，以确定该工具影响的是方向属性还是旋转属性，然后在"合成"面板中直接拖动三维坐标轴的箭头以旋转三维图层；也可以在"时间轴"面板中通过修改方向、X 轴旋转、Y 轴方向或 Z 轴旋转等属性的参数来旋转三维图层。

3．调整三维视图

通过切换视图和选择视图布局的方式可以调整三维视图，以便从不同的角度观察和调整三维图层。

（1）切换视图

在"合成"面板右下方的"活动摄像机"下拉列表中可选择视图选项来切换不同的视图。默认情况下，"合成"面板中显示的视图为"活动摄像机"。在该视图下，三维图层没有固定的视角。选择"正面""左侧""顶部""背面""右侧""底部"视图选项可直接从对应的方向查看，图 7-73 所示为"正面"视图；选择"自定义视图 1""自定义视图 2""自定义视图 3"视图选项则以 3 种透视的角度（依次为从左前上方、正前上方、右前上方观察）来查看，图 7-74 所示为"自定义视图 2"视图。

图7-73

图7-74

（2）选择视图布局

在"合成"面板右下方的"1 个"下拉列表中可选择不同的视图布局选项。默认为选择"1 个视图"选项，即画面中只有一个视图；选择"2 个视图"选项时，画面显示为左右两个视图，如图 7-75 所示；选择"4 个视图"选项时，画面显示为左、右、上、下 4 个大小相同的视图，如图 7-76 所示。

图7-75

图7-76

7.3.4 使用灯光

灯光是用于照亮三维图层中物体的工具，类似于光源。灵活运用灯光可以模拟出物体在不同明暗和阴影下的效果，使该物体更具立体感。

1. 灯光类型

After Effects 提供了以下 4 种类型的灯光，不同的灯光可以营造出不同的效果。

（1）平行光

平行光类似于来自太阳的光线，光照范围无限，可照亮场景中的任何地方，并且光照强度无衰减。平行光能使被照射物体产生阴影，同时也具有方向性，其照射效果为整体照射，如图 7-77 所示。

（2）聚光

聚光不仅可以调整光源的位置，还可以调整光源照射的方向，同时被照射物体产生的阴影具有模糊效果。聚光可通过发射圆锥形光线实现，还可根据圆锥的角度确定照射范围，如图 7-78 所示。

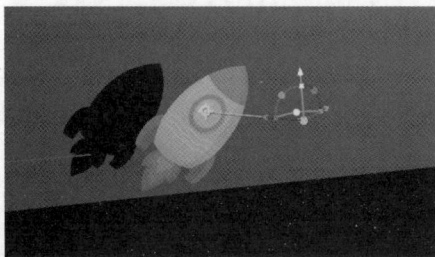
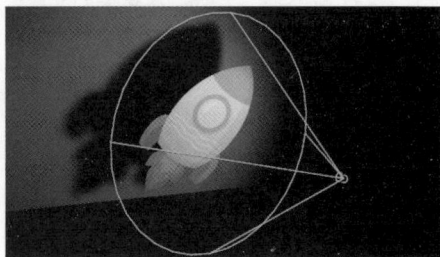

图 7-77   图 7-78

（3）点光

点光是从一个点向四周发射光线，因此被照射物体与光源的距离不同，照射效果也不同，如图 7-79 所示。

（4）环境光

环境光没有发射点和方向性，只能设置灯光强度和颜色。通过环境光可以为整个场景添加光源，调整整个画面的亮度，如图 7-80 所示。因此，环境光常用于为场景补充照明，或与其他灯光配合使用。

图 7-79   图 7-80

2. 添加与编辑灯光

选择【图层】/【新建】/【灯光】命令，打开"灯光设置"对话框，在其中可以设置光源的各种属性参数，单击 确定 按钮，便可为当前合成添加对应的灯光图层。

图 7-81 所示为"灯光设置"对话框，其中各参数的介绍如下。

● **名称**：用于设置灯光的名称。默认为"灯光类型 + 数字"。

● **灯光类型**：用于设置灯光的类型。

● **颜色**：用于设置灯光的颜色。默认为白色。

● **强度**：用于设置光源的亮度。强度越大，光源越亮。强度为负值可产生吸光效果，降低场景中其他光源的光照强度。

● **锥型角度**：用于设置聚光灯的照射范围。

● **锥型羽化**：用于设置聚光灯照射区域边缘的柔化程度。

● **衰减**：用于控制灯光的强度随距离增加而减弱的效果。启用"衰减"后，可激活"半径"和"衰减距离"参数，用于控制光照能达到的位置。其中"半径"参数用于控制光线照射的范围，半径之内的范围，光照强度不变，半径之外的范围，光照开始衰减；"衰减距离"参数用于控制光线照射的距离，当该值为 0 时，光照边缘不会产生柔和效果。

● **投影**：用于指定光源是否可以产生投影。

● **阴影深度**：用于控制阴影的浓淡程度。

● **阴影扩散**：用于控制阴影的模糊程度。

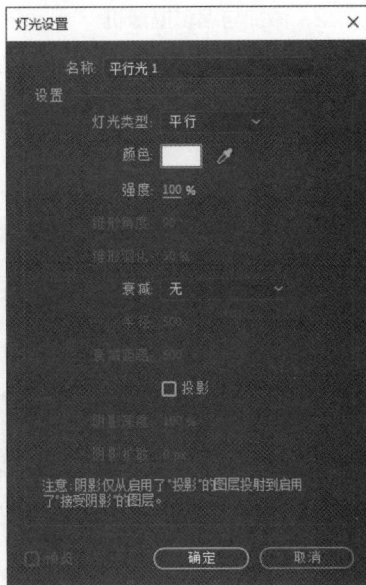

图7-81

7.3.5　使用摄像机

使用摄像机可以从任何角度和距离查看"合成"面板中的画面效果。

1. 摄像机类型

After Effects 提供的摄像机有单节点摄像机和双节点摄像机两种类型，用户可根据具体需要进行选择。

（1）单节点摄像机

单节点摄像机只能操控摄像机本身，有位置、方向和旋转等属性。图 7-82 中右下角为摄像机所在位置。单节点摄像机常用于制作直线运动之类的简单画面。

（2）双节点摄像机

双节点摄像机相对于单节点摄像机，多一个目标点属性，用于锁定拍摄方向，如图 7-83 所示。使用双节点摄像机可以通过移动摄像机来选择不同的目标点，也可以让摄像机围绕目标点进行推、拉、摇、移等操作。双节点摄像机常用于需要切换视角或主体等较为复杂的画面。

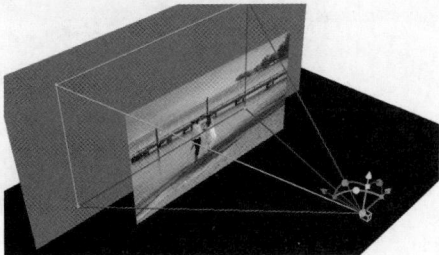

图7-82

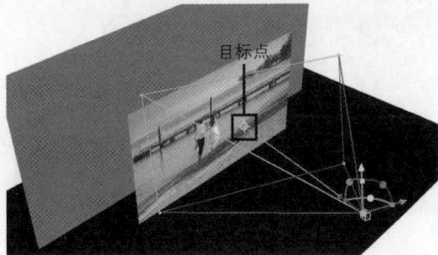

图7-83

2. 添加与编辑摄像机

选择【图层】/【新建】/【摄像机】命令，或按【Ctrl+Alt+Shift+C】组合键，打开"摄像机设置"对话框，如图 7-84 所示。在其中可设置摄像机类型、名称、焦距等参数，然后单击 确定 按钮，便可在当前合成中添加摄像机图层。

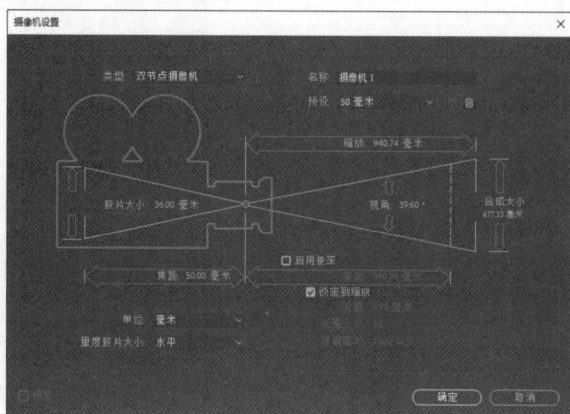

资源链接："摄像机设置"对话框详解

图 7-84

为满足数字媒体后期制作的需要，可以使用摄像机工具组调整摄像机的位置、方向等属性。在工具箱中长按 按钮组中的任意一个按钮，可在打开的工具组中选择以下 8 个摄像机工具。

● **绕光标旋转工具** ：使用该工具可以绕鼠标单击位置移动摄像机。
● **绕场景旋转工具** ：使用该工具可以绕合成的中心移动摄像机，如图 7-85 所示。

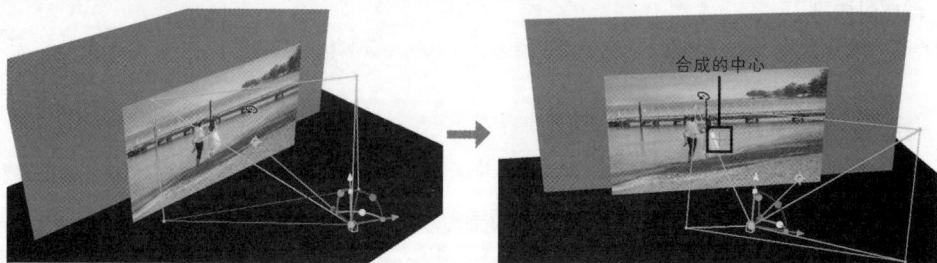

图 7-85

● **绕相机信息点旋转** ：使用该工具可以绕目标点移动摄像机，如图 7-86 所示。

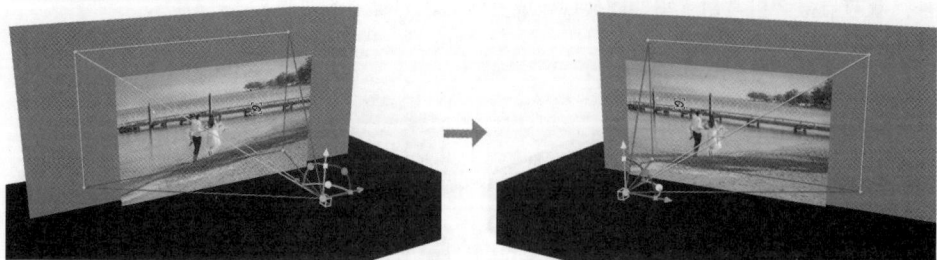

图 7-86

● **在光标下移动工具** ：使用该工具可以让摄像机根据鼠标指针位置平移。

- **平移摄像机 POI 工具**：使用该工具可以根据摄像机的目标点移动摄像机。
- **向光标方向推拉镜头工具**：使用该工具可以将摄像机镜头从合成中心推向鼠标单击位置。
- **推拉至光标工具**：使用该工具可以针对鼠标单击位置来推拉摄像机镜头。
- **推拉至摄像机 POI 工具**：使用该工具可以针对目标点推拉摄像机。图 7-87 所示为推近摄像机前后的对比效果。

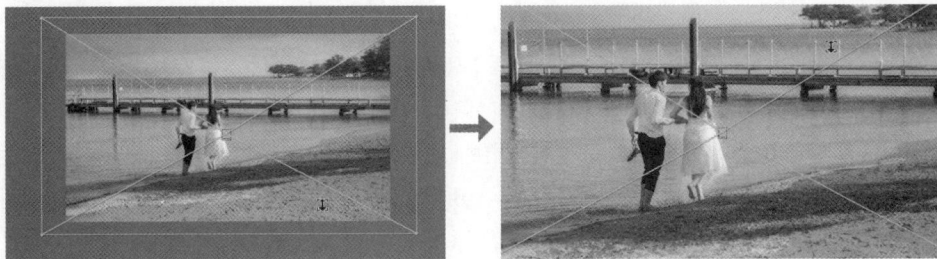

图 7-87

7.3.6 课堂案例——制作"智慧城市"宣传视频

【制作要求】为某市宣传部门制作"智慧城市"宣传视频，要求分辨率为"1920 像素 ×1080 像素"，展现出智慧城市的内涵和特点，让更多的人了解和参与到智慧城市的建设中。

【操作要点】使用 After Effects 先剪辑视频素材，然后分析视频画面，利用跟踪点创建实底和摄像机；接着将实底替换为文本，再添加主题文本并制作动画，最后添加光效素材。参考效果如图 7-88 所示。

【素材位置】配套资源 :\ 素材文件 \ 第 7 章 \ 课堂案例 \ "智慧城市素材"文件夹

【效果位置】配套资源 :\ 效果文件 \ 第 7 章 \ 课堂案例 \ "智慧城市"宣传视频 .aep

图 7-88

具体操作如下。

STEP 01 在 After Effects 中新建项目文件，并新建名称为"'智慧城市'宣传视频"、大小为"1920 像素 ×1080 像素"、持续时间为"0:00:20:00"的合成，导入所有素材。

STEP 02 拖动"高楼.mp4""大桥.mp4""建筑.mp4"视频素材至"时间轴"面板中，再调整素材所在图层的入点、出点和伸缩，如图 7-89 所示。

视频教学：制作"智慧城市"宣传视频

图 7-89

STEP 03 选择"高楼.mp4"图层，然后选择【效果】/【透视】/【3D 摄像机跟踪器】命令，应用该效果后将自动在后台中进行分析，分析完成后画面中将显示所有的跟踪点。

STEP 04 在跟踪点上单击鼠标右键，在弹出的快捷菜单中选择"创建实底和摄像机"命令，如图 7-90 所示。此时画面左侧的建筑物表面出现一个矩形（跟踪实底即"跟踪实底 1"图层），再拖动矩形四周的控制点，以调整矩形的大小，如图 7-91 所示。

图 7-90   图 7-91

STEP 05 选择"跟踪实底 1"图层，在其上单击鼠标右键，在弹出的快捷菜单中选择"预合成"命令，打开"预合成"对话框，设置新合成名称为"智慧城市"，单击选中第 1 个单选项并勾选"打开新合成"复选框，再单击 确定 按钮。

STEP 06 打开预合成，隐藏"跟踪实底 1"图层，在画面中输入"智慧城市"文本，在"字符"面板中设置图 7-92 所示的参数，文本填充颜色为"#004ECE"。再对文本应用"描边"图层样式，并设置描边颜色为白色，返回总合成，效果如图 7-93 所示。

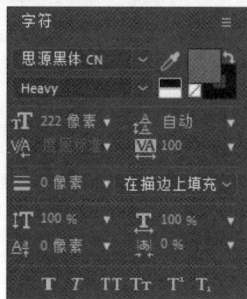

图 7-92   图 7-93

STEP 07 使用与步骤 03 相同的方法分析其他两个视频素材，然后创建图 7-94 所示的实底，"大

桥 .mp4"素材中由于河面的跟踪点较少,所以可直接复制左侧的实底再移至右侧。

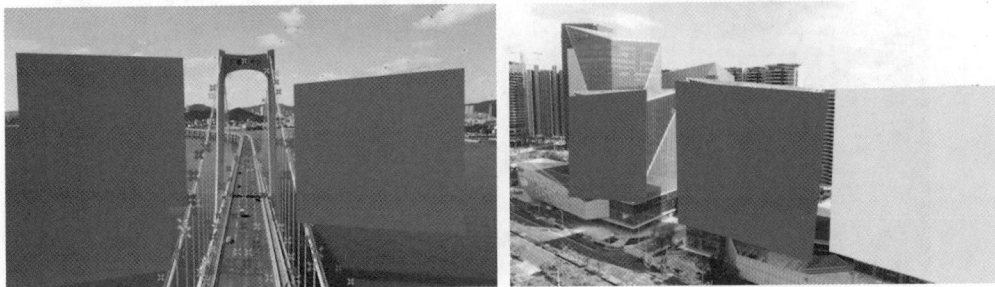

图7-94

STEP 08 使用与步骤 05 和步骤 06 相同的方法,依次为实底图层创建预合成,再隐藏对应图层并输入文本,画面效果如图 7-95 所示。

图7-95

STEP 09 将时间指示器移至 0:00:18:00 处,在"字符"面板中设置图 7-96 所示的参数,再在画面中输入图 7-97 所示的文本。然后在 0:00:17:00 和 0:00:18:00 处分别添加缩放为"10.7%,10.7%""69.7%,69.7%"的关键帧,在 0:00:17:00 和 0:00:17:14 处分别添加不透明度为"0%""100%"的关键帧,使其逐渐出现。

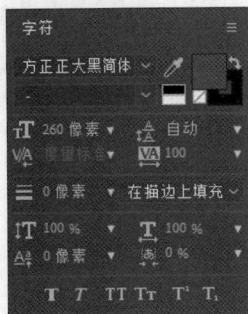

图7-96

图7-97

STEP 10 拖动"蓝色粒子线条 .mp4"素材至 0:00:15:23 处。新建调整图层,对其应用"照片滤镜""颜色平衡"效果,设置图 7-98 所示的参数。画面效果如图 7-99 所示。最后添加背景音乐素材到"时间轴"面板中,按【Ctrl+S】组合键保存项目文件,并将项目文件命名为"'智慧城市'宣传视频"。

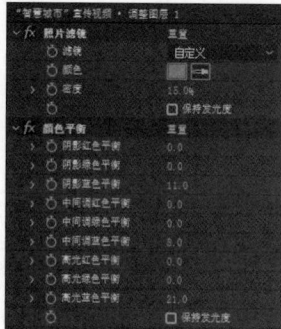

图7-98

图7-99

7.3.7 跟踪摄像机

跟踪摄像机功能可以自动分析视频，以提取摄像机运动和三维场景中的数据，然后创建虚拟的3D摄像机来匹配画面，最后将图像、文字等元素融入画面中。

1. 应用跟踪摄像机

在应用跟踪摄像机功能之前需要先分析素材。具体操作方法为：选择视频素材，然后选择【动画】/【跟踪摄像机】命令，或选择【窗口】/【跟踪器】命令，在打开的"跟踪器"面板中单击 跟踪摄像机 按钮，视频图层将自动添加一个"3D摄像机跟踪器"效果，并开始自动进行分析，此时可在图7-100所示的"效果控件"面板中修改相应参数。

- 分析/取消：用于开始或停止素材的后台分析。分析完成后，分析/取消处于无法应用的状态。
- 拍摄类型：用于指定以视图的固定角度、变量收缩或指定视角选项来捕捉素材，更改此设置需重新解析。
- 水平视角：用于指定解析器使用的水平视角，需在"拍摄类型"下拉列表中选择"指定视角"选项时才会启用该设置。
- 显示轨迹点：用于将检测到的特性显示为带透视提示的3D点（3D已解析），或由特性跟踪捕捉的2D点（2D源）。
- 渲染跟踪点：用于控制跟踪点是否渲染为效果的一部分。
- 跟踪点大小：用于更改跟踪点的显示大小。
- 创建摄像机：用于创建3D摄像机。

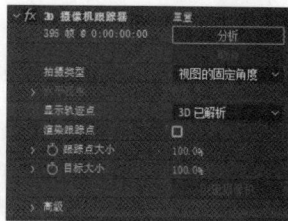

图7-100

- 高级：用于查看当前自动分析所采用的方法和误差情况。

对视频素材应用"3D摄像机跟踪器"效果后，After Effects将在"合成"面板中显示"在后台分析"的文字提示，同时在"效果控件"面板中也会显示分析的进度。分析结束后，After Effects将在"合成"面板中显示"解析摄像机"的文字提示，该提示消失后将显示跟踪点。需要注意的是，"3D摄像机跟踪器"效果对素材的分析是在后台进行的，因此，在进行视频分析时，可在After Effects中继续进行其他操作。

2. 跟踪点的基本操作

分析视频素材结束后，在"效果控件"面板中选择"3D摄像机跟踪器"效果，此时"合成"面板中出现不同颜色的跟踪点，如图7-101所示。编辑这些跟踪点可以跟踪物体的运动。

（1）选择跟踪点

选择"选取工具" ▶，在可以定义一个平面的、3 个相邻且未选定跟踪点之间移动鼠标指针，此时鼠标指针会自动识别画面中的一组跟踪点，这些点之间会出现一个半透明的三角形和一个红色的圆圈（目标），以预览选取效果，如图 7-102 所示。此时单击鼠标左键确认选择跟踪点，被选中的跟踪点将呈高亮显示。

图7-101 图7-102

另外，也可以使用"选取工具" ▶绘制选取框，框内的跟踪点可被选择；还可以按住【Shift】键或【Ctrl】键的同时单击选择多个跟踪点。

（2）取消选择跟踪点

选择跟踪点后，在按住【Shift】键或【Ctrl】键的同时单击所选的跟踪点；或远离跟踪点单击鼠标左键，可取消选择跟踪点。

（3）删除跟踪点

选择跟踪点后，在其上单击鼠标右键，在弹出的快捷菜单中选择"删除选定的点"命令，或按【Delete】键可将其删除。需要注意的是，删除跟踪点后，摄像机将重新分析视频素材，并且在重新分析视频素材时，可以继续删除其他跟踪点。

3. 目标与跟踪图层

选择跟踪点后，将红色圆圈目标移动到其他位置，后期创建的内容也将在该位置上生成。具体操作方法为：将鼠标指针移动到红色圆圈目标的中心，此时鼠标指针变为 ▶ 形状，按住鼠标左键不放并拖曳，可移动红色圆圈目标的位置。图 7-103 所示为移动红色圆圈目标前后的对比效果。

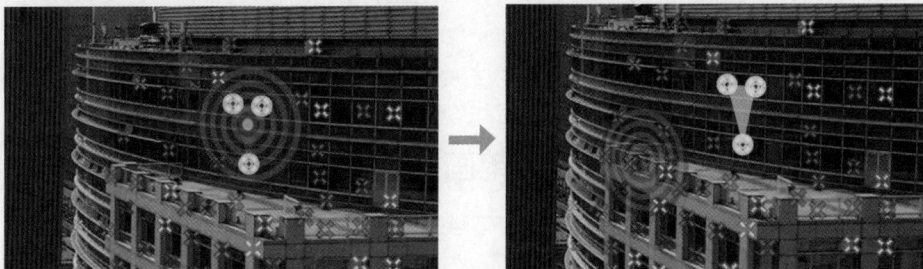

图7-103

选择跟踪点后，可以在跟踪点上创建跟踪图层，使跟踪图层中的对象跟随视频运动。具体操作方法为：在选择的跟踪点上单击鼠标右键，在弹出的快捷菜单中选择相应的命令，如图 7-104 所示。

● 创建文本和摄像机：选择该命令，将在"时间轴"面板中创建一个文本图层和 3D 跟踪器摄像机图

层（选择"创建 3 文本图层和摄像机"命令将创建 3 个文本图层和
3D 跟踪器摄像机图层，后续命令的效果类似，此处不再赘述）。

创建文本和摄像机
创建实底和摄像机
创建空白和摄像机
创建阴影捕手、摄像机和光
创建 3 文本图层和摄像机
创建 3 实底和摄像机
创建 3 个空白和摄像机
设置地平面和原点
删除选定的点

图 7-104

- 创建实底和摄像机：选择该命令，将在"时间轴"面板中创建一个
  实底的纯色图层和 3D 跟踪器摄像机图层。
- 创建空白和摄像机：选择该命令，将在"时间轴"面板中创建一个
  空对象图层和 3D 跟踪器摄像机图层。
- 创建阴影捕手、摄像机和光：选择该命令，将在"时间轴"面板中
  创建"阴影捕手"图层、3D 跟踪器摄像机图层和光照图层，可为画
  面添加逼真的阴影和光照。
- 设置地平面和原点：选择该命令，将在选定的位置建立一个包含地平面和原点的参考点，该参考点
  的坐标为（0,0,0）。该操作虽然在"合成"面板中看不到任何效果，但在"3D 摄像机跟踪器"效
  果中创建的所有项目都将基于此地平面和原点，从而更便于调整摄像机的旋转和位置。

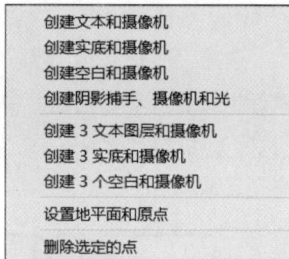

7.4 使用插件制作特效

插件作为 After Effects 特效制作中的得力助手，其优势在于能够极大地拓展软件的功能范围，从而
轻松实现各种复杂的特效需求，缩短手动操作时间，有效提高工作效率。

7.4.1 了解插件

在 After Effects 中制作特效时，除了可以使用官方内置的效果，还可以安装第三方插件，从而使用
非官方的效果。通过插件可以扩展 After Effects 的功能，实现一些 After Effects 本身无法实现的特效。
After Effects 中有部分以 CC 开头，分散在各个效果组中的效果，这些效果原本属于 Cycore Effects
HD 插件，后被内置到软件中，成为内置插件。

除了内置的插件，其他插件都称为外挂插件。针对部分外挂插件，将插件文件复制到对应文件夹
（Adobe\Adobe After Effects 2024\Support Files\Plug-ins 文件夹）中，即可在 After Effects 中直接
使用该插件。另外，还有部分外挂插件需要用户执行安装程序后才能使用。

7.4.2 课堂案例——制作汉字笔画拼合特效

【制作要求】为"汉字的魅力"栏目制作汉字笔画拼合特效，要求画面中有多个漂浮的笔画，同时不
间断地让笔画消失和出现。

【操作要点】用 After Effects 先将多个笔画制作为粒子，然后适当调整粒子、发射器等对应栏中的
参数，制作出对应的特效，最后添加背景和文本并制作动效。参考效果如图 7-105 所示。

【素材位置】配套资源 :\ 素材文件 \ 第 7 章 \ 课堂案例 \ "笔画素材"文件夹

【效果位置】配套资源 :\ 效果文件 \ 第 7 章 \ 课堂案例 \ 汉字笔画拼合特效 .aep

图7-105

具体操作如下。

视频教学:
制作汉字笔画
拼合特效

STEP 01 在 After Effects 中新建项目文件,并新建名称为"汉字笔画拼合特效"、大小为"1920 像素 ×1080 像素"、持续时间为"0:00:10:00"、背景颜色为"#FFFFFF"的合成文件。导入"笔画素材.aep"素材,在"项目"面板中展开"笔画素材.aep"文件夹,拖动"笔画"合成至该合成中,然后隐藏"笔画"图层。

STEP 02 创建一个黑色的纯色图层并重命名为"粒子"。选择【效果】/【RG Trapcode】/【Particular】命令,在"效果控件"面板中展开"Particle"栏,先设置 Particle Type 为"Sprite",然后展开下方的"Sprite Controls"栏,设置 Layer 为"2.笔画"、Time Sampling 为"Random-Still Frame",如图 7-106 所示。

STEP 03 继续在下方的参数中调整粒子的大小和不透明度,并为其添加随机性,如图 7-107 所示。将时间指示器移至 0:00:03:00 处,查看粒子效果,如图 7-108 所示。

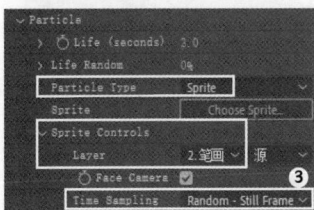
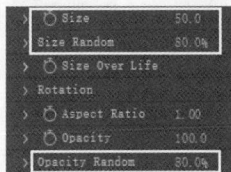

图7-106　　　　　　　　图7-107　　　　　　　　图7-108

STEP 04 展开"Emitter"栏,设置 Emitter Type 为"Box",然后在下方设置其他参数调整发射器的大小、发射方向及速度等参数,如图 7-109 所示。笔画的发射效果如图 7-110 所示。

STEP 05 将"粒子"图层转换为三维图层,新建一个双节点摄像机,为其开启景深,并分别设置焦距、光圈和模糊层次为"3000 毫米、300 毫米、200%",让背景产生模糊的效果,如图 7-111 所示。拖动"背景.jpg"素材至"时间轴"面板底部,并修改不透明度为"70%"。

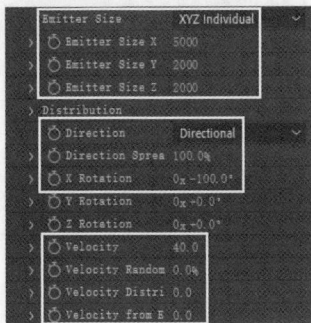

图7-109　　　　　　　　　　　　图7-110

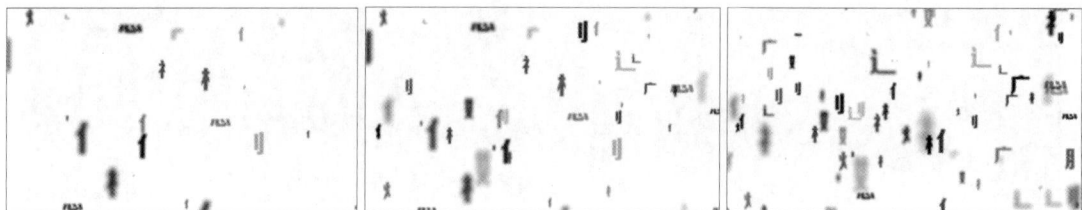

图7-111

STEP 06 选择除"背景"图层外的所有图层，预合成为"背景"预合成。选择【效果】/模糊和锐化/【高斯模糊】命令，分别在0:00:04:00和0:00:05:00处添加模糊度属性为"0"和"30"的关键帧，使其逐渐变得模糊，模糊效果如图7-112所示。

STEP 07 选择横排文字工具 **T**，设置字体为"方正正大黑简体"、字体大小为"280像素"、文本颜色为"#FFFFFF"，分别输入"汉字的魅力"文本，接着应用"投影"图层样式并保持默认设置，然后适当调整位置，如图7-113所示。

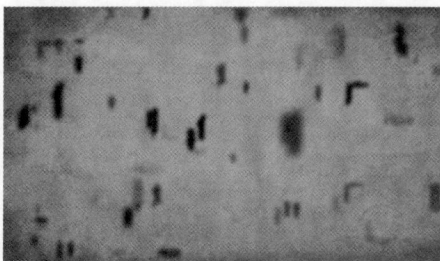

图7-112

图7-113

STEP 08 将时间指示器移至0:00:04:00处，同时调整文本图层入点至0:00:04:00处。依次展开"效果和预设"面板中的"*动画预设""Text""Animate In"文件夹，对文本应用"闪烁的光标打字机控制台"动画预设，查看画面效果，如图7-114所示。

STEP 09 拖动"背景音乐.mp3"素材至"时间轴"面板中，按【Ctrl+S】组合键保存项目文件，并将项目文件命名为"汉字笔画拼合特效"。

图7-114

7.4.3 认识 Particular 插件

　　Trapocde系列插件是一款专业的视觉特效工具包，由Red Giant公司开发。Trapcode系列插件包括16个插件，每个插件都具有自己的功能和特点，用户可以根据需要单独使用或组合使用。

　　Particular是Trapocde系列插件中的一个粒子插件，可以制作出各种有趣的粒子动画效果。Particular 插件由多个系统组成，安装插件后，可在"效果和预设"面板中搜索并应用，然后在"效果控件"面板中调整各个系统的参数。下面主要介绍 Emitter（发射器）、Particle（粒子）和 Environment（环境）这 3 个核心系统及其主要参数。

1. Emitter 系统

Emitter 系统可以控制粒子的发射源类型，也可以改变粒子的初始排列方式、位置等。需要注意的是，Emitter 系统控制的是所有粒子的整体情况，而非单个粒子。"Emitter"系统参数如图 7-115 所示。下面对部分关键参数进行说明。

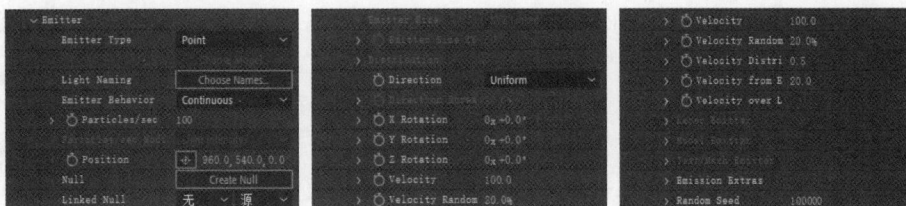

图 7-115

- **Emitter Type（发射器类型）**：用于设置粒子发射源的初始形态，包括 Point（点，粒子以一个点作为发射源进行发射，粒子从中间发射出来，如图 7-116 所示）、Box（盒子，粒子在一个立方体范围内发射，粒子从立方体中发射出来，如图 7-117 所示）、Sphere（球形，粒子在一个球体范围内发射，球体中心点作为发射源）、Light(s)（灯光，粒子以灯光作为发射源）、Layer（图层，粒子以三维图层作为发射源）、3D Model（3D 模型，粒子以 3D 模型为发射源）、Text/Mask（文本 / 蒙版，粒子发射源为文本图层或带有蒙版路径的图层，以文本大小和 Mask 路径大小为粒子发射范围）等选项。

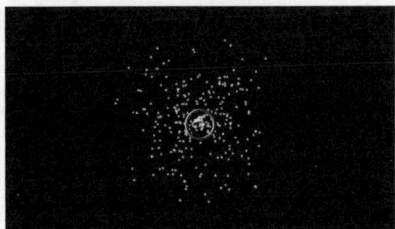

图 7-116

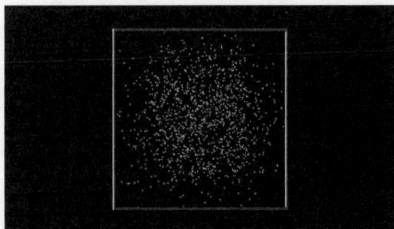

图 7-117

- **Emitter Behavior（发射器行为）**：用于设置粒子发射器在时间和空间上如何发射粒子，包括 Continuous（持续）、Explode（爆炸）、From Emitter Speed（根据发射器的速度）、Dynamic Form（动态形式）、Classic Form（经典形式）等选项。
- **Particles/sec（粒子 / 秒）**：用于设置每秒钟产生多少数量的粒子。
- **Position（位置）**：用于设置发射器的位置。
- **Direction（方向）**：用于设置粒子的发射方向，包括 Uniform（统一，粒子由发射源统一向四周发射，并均匀分布在画面中）、Directional（特定方向，粒子由发射源向某一个方向发射，如图 7-118 所示）、Bi-Directional（双向，粒子由发射源向两个相反方向对称发射，如图 7-119 所示）、Dics（圆盘，粒子由发射源以圆盘的形状向四周发射）、Out wards（向外，粒子由发射源发射，发射方向为发射器原点向外发射）等选项。

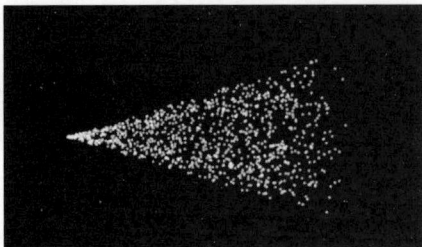

图7-118

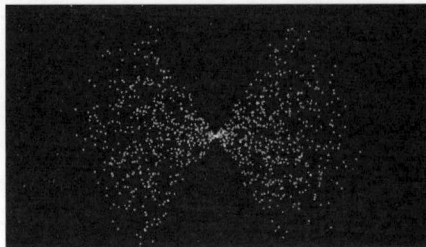

图7-119

- **X/Y/Z Rotation**（**X/Y/Z 旋转**）：用于设置粒子在 3 个轴上的旋转角度。
- **Velocity**（**速度**）：用于设置发射粒子的速度。
- **Velocity Random**（**速度随机**）：用于随机化粒子的速度，使粒子效果更加真实和自然。
- **Velocity Distri**（**速度分布**）：用于设置基础速度值，然后将该值应用于整个粒子系统，从而实现速度分布。通过此参数可以使所有粒子都以相似的速度运动。
- **Velocity from E**（**来自发射器运动的速度**）：用于以粒子发射器的速度来控制粒子的运动。
- **Velocity over L**（**生命期内的速度变化**）：用于控制粒子速度随着生命期变化而发生的参数。

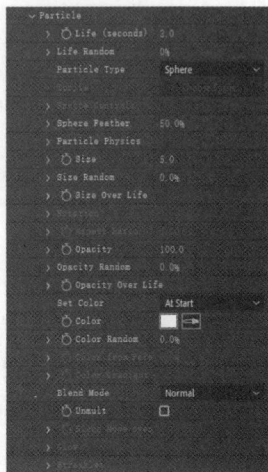

图7-120

2. Particle 系统

Particle 系统可以控制每个粒子的单独属性，比如粒子本身的大小、不透明度等。"Particle"系统参数如图 7-120 所示。下面对部分关键参数进行说明。

- **Life(seconds)**（**粒子生命**）：用于设置粒子在画面中的显示时间。
- **Life Random**（**粒子生命随机**）：用于随机延长或缩短粒子的显示时间。
- **Particle Type**（**粒子类型**）：用于设置粒子的形状，包括 Sphere（球形）、Glow Sphere(No DOF)（球形辉光）、Star(No DOF)（星形，如图 7-121 所示）、Cloudlet（云朵，如图 7-122 所示）、Streaklet（条痕状）、Sprite（精灵贴图，利用其他素材或者图层作为贴图来生成想要的粒子）。
- **Size**（**大小**）：用于设置每个粒子的大小。

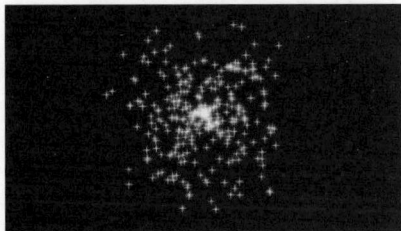

图7-121

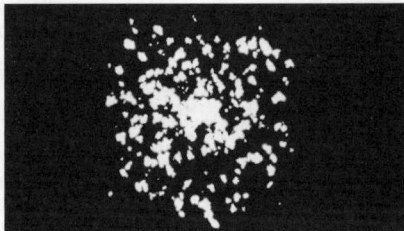

图7-122

- **Size Random**（**大小随机**）：用于随机控制粒子的大小。
- **Size Over Life**（**粒子一生的大小变化**）：用于改变粒子在显示期间的大小。
- **Opacity**（**不透明度**）：用于设置每个粒子的不透明度。

- Opacity Random（不透明度随机）：用于随机控制粒子的不透明度。
- Opacity Over Life（粒子一生的不透明度变化）：用于改变粒子在显示期间的不透明度。
- Set Color（设置颜色）：用于设置粒子颜色的类型，包括 At Star（初始，颜色与生成时的颜色保持一致）、Over Life（一生，颜色会随时间变化）、Random From Gradient（梯度随机，颜色从渐变中随机生成）、From Light Emitter（从灯光发射器获取颜色）等选项。
- Blend Mode（混合方式）：用于设置粒子和粒子之间的混合模式。效果与图层混合模式类似。

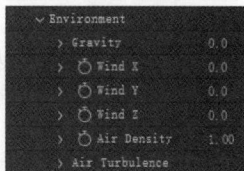

3. Environment 系统

Environment 系统可以模拟粒子在环境中受到的外界影响，加深粒子效果的真实程度。"Environment"系统参数如图 7-123 所示。下面对部分关键参数进行说明。

图7-123

- Gravity（重力）：用于模拟真实世界的重力影响。当参数为正数时，粒子增加重力，粒子会往下飘落，如图 7-124 所示；当参数为负数时，粒子减小重力，粒子会向上飞舞，如图 7-125 所示。

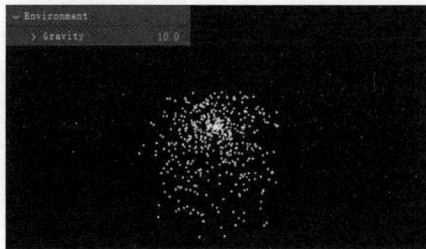

图7-124

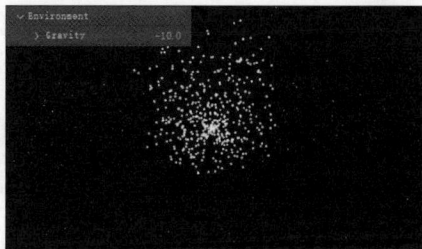

图7-125

- Wind X/Y/Z（风）：用于设置 3 个方向的风力场（风力场是指风力所在空间中，流动的空气在某一时刻的速度分布情况）。调整不同轴对应的参数，粒子就会在单个轴向风力的影响下，往该方向飘散。
- Air Density（空气密度）：用于影响粒子在空气中的运动。该参数较低时，粒子移动较顺畅；反之，粒子移动较缓慢。
- Air Turbulence（空气湍流）：用于设置粒子周围的空气湍流场，从而影响粒子的位置、方向及旋转等。

7.5
综合实训

7.5.1 制作流光特效

某科技公司即将召开新品发布会，需要制作一个具有科技感的特效画面，用作开场时的背景。这个特效画面不仅要符合公司的品牌形象，还要能够为发布会增添一份神秘与未来感。表 7-1 所示为流光特效制作任务单，任务单中明确给出了实训背景、制作要求、设计思路和参考效果。

表 7-1 流光特效制作任务单

实训背景	为某科技公司的新品发布会开场设计一个流光特效，以吸引大众的视线，同时营造出科技、前卫的氛围
尺寸要求	1280 像素 ×720 像素
时长要求	8 秒左右
制作要求	1. 色彩 蓝色不仅代表着科技、创新的意象，还能够营造出冷静、专业的氛围，因此画面应以蓝色为主色，背景可采用自然的渐变效果，使整体更具层次感 2. 光线 光线应具有立体感，能够呈现出流动、闪烁的视觉效果，同时线条的流动应与蓝色渐变背景相融合，形成统一的视觉效果
设计思路	使用 After Effects 先制作浅蓝到深蓝的渐变背景，然后模拟光线及其流动效果，再调整光线的高光、中间调和阴影的色彩，并制作立体效果，最后提高光线的亮度
参考效果	 效果预览：流光特效
效果位置	配套资源:\ 效果文件 \ 第 7 章 \ 综合实训 \ 流光特效 .aep

操作提示如下。

STEP 01 在 After Effects 中新建项目文件，新建符合要求的合成，并新建纯色图层，对其应用"梯度渐变"效果，制作从上至下浅蓝到深蓝渐变的背景。

STEP 02 新建纯色图层，对其应用"分形杂色"效果，结合偏移（湍流）和演化属性的关键帧模拟出光线及其流动效果。

STEP 03 继续应用"三色调"效果调整光线的高光、中间调和阴影的色彩，应用"变形"效果制作出光线的立体效果，应用"发光"效果提高光线的亮度，最后保存项目。

视频教学：制作流光特效

7.5.2 制作烟花特效

为了在更广阔的市场上推广其产品，同时给消费者提供更为便捷、个性化的购买体验，某烟花制作企业决定开设线上店铺。为了符合自身定位，企业准备投放推广短视频，并计划制作一个烟花特效作为视频开头的引入。表 7-2 所示为烟花特效制作任务单，任务单中明确给出了实训背景、制作要求、设计思路和参考效果。

表 7-2 烟花特效制作任务单

实训背景	为某烟花企业的推广短视频制作一个烟花特效，作为视频开头的引入
尺寸要求	720 像素 ×1280 像素

续 表

时长要求	6秒左右
制作要求	烟花特效需模拟真实烟花绽放的过程，符合物理原理，即烟花先从画面下方缓缓升起，然后逐渐上升，并在画面中间位置达到某个较高的点后爆开，同时要注重动态感和节奏感，确保视觉效果流畅自然
设计思路	使用 After Effects 先结合点光和粒子插件模拟烟花上升的特效，然后单独制作一个烟花爆炸的特效，再为爆炸后的烟花添加外发光样式，最后复制多个特效并调整色彩
参考效果	 效果预览： 烟花特效
效果位置	配套资源:\效果文件\第7章\综合实训\烟花特效.aep

操作提示如下。

STEP 01 在 After Effects 中新建项目文件，并新建"烟花"合成，创建一个点光，然后在前一秒为其制作从下至上的移动动画。

STEP 02 新建纯色图层，应用"Particular"效果，设置 Emitter Type 为"Light（s）"，并设置粒子为"点光"，再设置 Particles/sec 为"800"。

STEP 03 调整 Emitter Size XY、Velocity 和 Velocity from E 参数，使粒子以较细的线条向上移动。

STEP 04 依次展开"Environment""Air Turbulence"栏，设置 Affect Position 为"80"，使点光上升后，尾部的粒子可以产生扭曲效果。

STEP 05 展开"Particle"栏，设置 Size、Size Random、Opacity Random 和 Color 参数，再分别展开"Size Over Life"和"Opacity Over Life"栏，设置为从左上至右下的线段，调整粒子的样式及变化。

STEP 06 依次展开"Rendering""Motion Blur"栏，设置 Motion Blur 为"On"、Shutter Angle 为"800"，使尾部的粒子产生运动模糊的效果。使用不透明度为纯色图层在点光上升后制作逐渐消失的动画。

STEP 07 新建"烟花炸开"合成，并新建纯色合成，应用"Particular"效果，在"Emitter"栏中调整粒子爆炸的样式；在"Particle"栏中调整粒子的样式；在"Environment"栏中使烟花效果受重力和空气阻力影响。

STEP 08 在2秒后利用不透明度使烟花炸开的效果逐渐消失，返回"烟花"合成，将"烟花炸开"合成拖至0:00:01:00处，对其应用"外发光"图层样式，并在0:00:01:00和0:00:02:13处分别添加大小为"0""8"的关键帧。

视频教学：
制作烟花特效

STEP 09 新建"烟花特效"合成，拖动"烟花"合成到其中，然后复制 5 个，并适当调整图层入点和位置，再对其中 4 个应用"色相／饱和度"效果调整烟花颜色，最后保存项目文件。

7.6 课后练习

练习 1 制作诗歌背景特效

【制作要求】利用提供的素材制作诗歌背景特效，要求画面布局有层次感，色彩鲜艳，能够吸引观众的视线。

【操作提示】使用 After Effects 先制作画面背景，然后添加摄像头，接着输入所有文本，开启三维图层并调整文本的位置；为文本制作移动动画，再添加一个点光增强文本的显示效果。参考效果如图 7-126 所示。

【素材位置】配套资源 :\ 素材文件 \ 第 7 章 \ 课后练习 \ "诗歌背景素材"文件夹

【效果位置】配套资源 :\ 效果文件 \ 第 7 章 \ 课后练习 \ 诗歌背景特效 .aep

效果预览:
诗歌背景特效

图 7-126

练习 2 制作天气预报短视频

【制作要求】利用提供的素材制作天气预报短视频，要求根据天气情况为对应的图像制作相应的特效，并显示具体的地名、温度等信息。

【操作提示】使用 After Effects 先为图像素材制作对应的特效，然后输入地名、温度等文本，利用不透明度属性制作出文本出场动画，再分别将对应的图层制作为预合成，最后制作翻页的转场效果。参考效果如图 7-127 所示。

效果预览:
天气预报短视频

【素材位置】配套资源 :\ 第 7 章 \ 课后练习 \ "天气预报素材"文件夹

【效果位置】配套资源 :\ 第 7 章 \ 课后练习 \ 天气预报短视频 .aep

图 7-127

第 **8** 章 | 视频抠像与合成

视频抠像与合成是数字媒体后期制作中的关键技术之一，它能够从原始素材中精确地抠取出所需元素，并将它们与其他素材巧妙结合，呈现出别具一格的视觉效果。After Effects 提供了抠像、蒙版和遮罩功能，让用户可以根据抠像与合成需求灵活运用。

学习要点

◎ 熟悉应用抠像效果的方法。
◎ 掌握应用蒙版的方法。
◎ 掌握应用遮罩的方法。

素养目标

◎ 充分发挥想象力和创造力，尝试不同的抠像方法和合成方式，创作出
　具有个性和创意的作品。
◎ 提升细节把控能力，养成严谨细致的工作态度。

扫码阅读

案例欣赏

课前预习

8.1
使用效果抠像

After Effects 提供了多种抠像效果，这些抠像效果能够帮助用户从复杂的背景中分离出所需的元素，从而实现高质量的数字媒体制作。

8.1.1　了解抠像原理

"抠像"一词源自早期电视制作，英文为"Key"，意思是吸取画面中的某一种颜色作为透明色，将它从画面中抠去，从而使背景透出来。而视频抠像则是指将视频中的目标对象与背景分离的过程，其基本原理是通过计算机视觉和图像处理技术，将目标对象从背景中提取出来，如图 8-1 所示。

图8-1

🔔 提示

　　用户在拍摄一些人像的视频素材时，可以采用绿幕或蓝幕作为背景，以便后期更好地进行处理。因为人物皮肤不包含蓝色和绿色信息，在抠像时很容易将人物与绿幕和蓝幕背景分离。

8.1.2　课堂案例——制作柠檬视频广告

【制作要求】为森先水果店铺的柠檬产品制作一个视频广告，要求广告中要展示柠檬的外观及多汁的特点，以吸引消费者购买，同时画面中要添加店铺的 Logo。

【操作要点】使用 After Effects 先将视频素材的深色背景替换为浅色背景，然后剪辑视频素材，再选择合适的抠像效果抠取 Logo，最后添加背景音乐。参考效果如图 8-2 所示。

【素材位置】配套资源：\ 素材文件 \ 第 8 章 \ 课堂案例 \ "柠檬素材"文件夹

【效果位置】配套资源：\ 效果文件 \ 第 8 章 \ 课堂案例 \ 柠檬视频广告 .aep

　　具体操作如下。

STEP 01 在 After Effects 中新建项目文件，并新建名称为"柠檬视频广告"、大小为"1920 像素 ×1080 像素"、持续时间为"0：00：10：00"的合成，导入所有素材。

视频教学：
制作柠檬视频
广告

STEP 02 拖动"柠檬展示.mp4"视频素材至"时间轴"面板中，然后按【Ctrl+Alt+Shift+G】组合键，使其与合成等高。

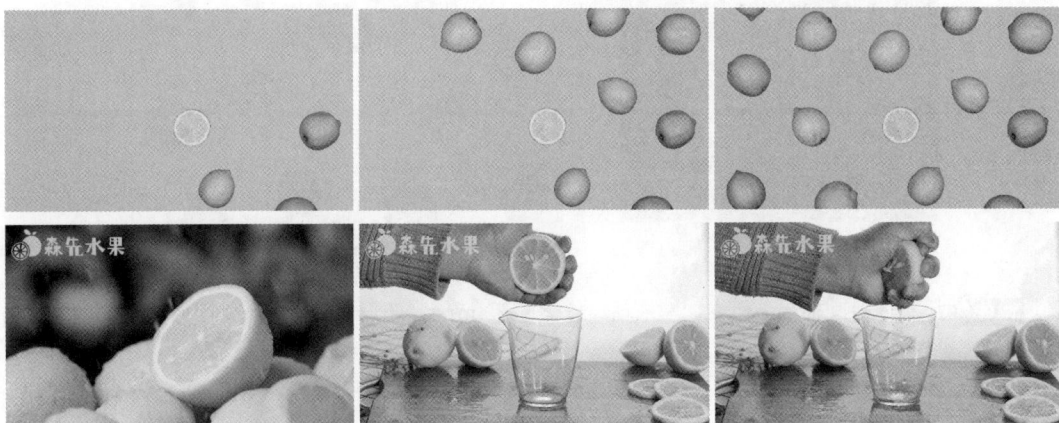

图8-2

STEP 03 选择"柠檬展示"图层，然后选择【效果】/【Keying】/【Keylight】命令，在"效果控件"面板中单击Screen Colour右侧的"吸管工具" ，吸取画面中的深蓝色。吸取颜色前后画面的对比效果如图8-3所示。

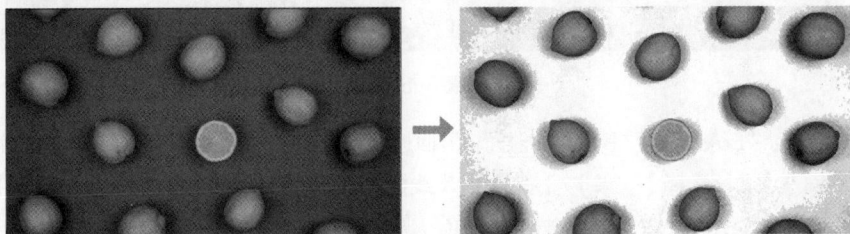

图8-3

STEP 04 此时柠檬周围还未抠取干净，在"效果控件"面板中设置Screen Gain为"200.0"，如图8-4所示。抠取效果如图8-5所示。

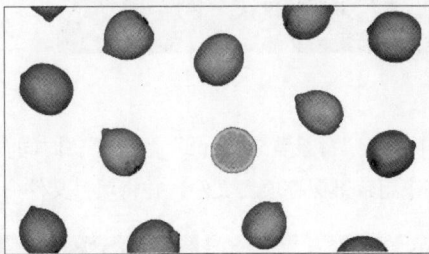

图8-4　　　　　　　　　　　　　　　　图8-5

STEP 05 柠檬的色彩较为黯淡，需要调整。选择【效果】/【颜色校正】/【曲线】命令，在"效果控件"面板中调整曲线至图8-6所示的形状，效果如图8-7所示。

STEP 06 在"时间轴"面板中单击鼠标右键，在弹出的快捷菜单中选择【新建】/【纯色】命令，打开"纯色设置"对话框，设置颜色为"#FFC4C7"，单击 确定 按钮，然后将该图层移至最底层。

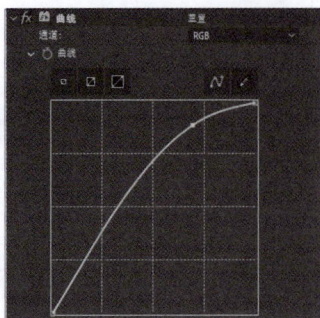

图8-6

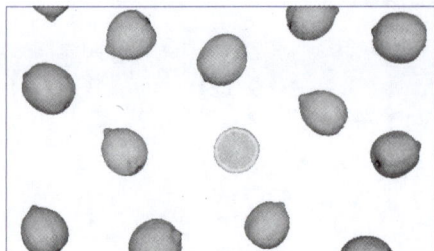

图8-7

STEP 07 在"时间轴"面板中向左拖动"柠檬展示.mp4"图层，使0:00:00:00处的画面中只有一个柠檬，此处调整入点至-0:00:03:06处。

STEP 08 拖动"柠檬.mp4"素材至"时间轴"面板中，分别在0:00:03:00和0:00:05:00处按【Ctrl+Shift+D】组合键拆分图层，然后删除拆分后的第1段和第3段素材。拖动"柠檬汁.mp4"素材至"时间轴"面板中，调整入点至0:00:05:00处，如图8-8所示。

图8-8

STEP 09 拖动"Logo.jpg"素材至"时间轴"面板中，调整入点至0:00:03:00处，适当调整大小，再将其移至画面左上角。选择【效果】/【抠像】/【线性颜色键】命令，在"效果控件"面板中单击主色右侧的"吸管工具" ➡，再吸取Logo素材中的白色。吸取颜色前后画面的对比效果如图8-9所示。

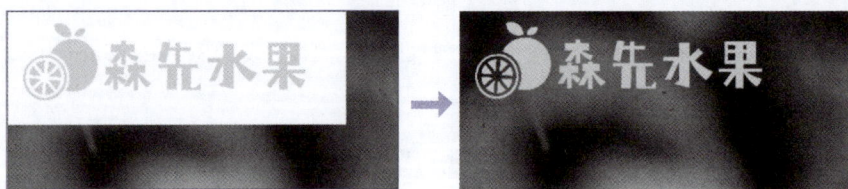

图8-9

STEP 10 拖动"背景音乐.mp3"素材至"时间轴"面板中，预览画面效果，如图8-10所示。最后按【Ctrl+S】组合键保存项目文件，并将项目文件命名为"柠檬视频广告"。

图8-10

8.1.3 常用抠像效果

针对不同的素材背景，用户可选择不同的抠像效果进行操作。除了"Keylight"效果位于"效果"菜单中，其余抠像效果都在选择【效果】/【抠像】命令的子菜单中。下面介绍4种较为常用的抠像效果。

1. "Keylight"效果

"Keylight"是一个高效、便捷，且功能强大的抠像效果，能通过所选颜色检索视频画面，然后抠除画面中包含对应颜色的区域。选择【效果】/【Keying】/【Keylight】命令时，"效果控件"面板中会显示图8-11所示的"Keylight"效果对应的参数。

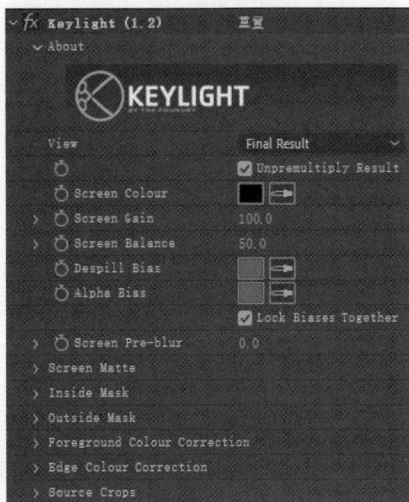

图8-11

- View（视图）：用于设置在"合成"面板中的预览方式，默认为 Final Result（最后结果）。另外，Screen Matte（屏幕遮罩）也比较常用，可查看抠像结果的黑白剪影，其中黑色区域表示被抠取的部分，白色区域表示保留的部分，灰色区域表示半透明的部分。

- Screen Colour（屏幕颜色）：用于设置需要抠除的背景颜色。可以在右侧的色块上单击鼠标左键，打开"Screen Colour"对话框，在其中设置颜色值；也可以单击色块右侧的"吸管工具" ，然后直接吸取画面中的颜色。

- Screen Gain（屏幕增益）：用于设置扩大或缩小抠像的范围。

- Screen Balance（屏幕平衡）：用于调整 Alpha 通道的对比度。绿幕抠像时默认值为50，当数值大于50时，画面整体颜色会受 Screen Colour 参数影响；数值小于50时，画面整体颜色会受 Screen Colour 参数以外的颜色（红色和蓝色）影响。蓝幕抠像时默认值为95。

- Despill/Alpha Bias（色彩/Alpha 偏移）：用于设置色彩和 Alpha 通道的偏移色彩，可对抠取出的对象边缘进行细化处理。

- Screen Pre-blur（屏幕模糊）：用于设置边缘的模糊程度，适合有明显噪点（是指画面中的粗糙部分，也指不该出现的外来像素）的画面。

- Screen Matte（屏幕遮罩）：用于设置屏幕遮罩的具体参数，在对应的视图中修改参数可以更好地进行抠取。

- Inside Mask（内侧蒙版）：用于防止抠取画面中的颜色与 Screen Colour 参数设置的颜色相近，而被抠除掉。绘制蒙版后，可使蒙版区域内的画面在抠像时保持不变。

- Outside Mask（外侧蒙版）：功能与 Inside Mask 相反，可将蒙版区域内的画面在抠像时整体抠除。

- Foreground Colour Correction（前景颜色校正）：用于校正抠取画面内部的颜色。

- Edge Colour Correction（边缘颜色校正）：用于校正抠取画面边缘的颜色。

- Source Crops（源裁剪）：用于快速使用垂直和水平的方式来抠取不需要的元素。

2. "内部 / 外部键"效果

"内部 / 外部键"效果可以通过为图层创建蒙版（蒙版将在下一节详细介绍）来决定图层上对象的边缘内部和外部，从而进行抠像，并且绘制蒙版时不需要完全贴合对象的边缘。图 8-12 所示为"内部 / 外部键"效果对应的参数。

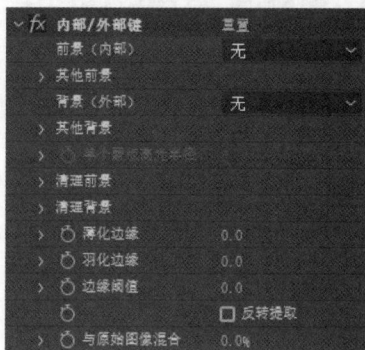

图 8-12

- 前景（内部）：用于选择图层中的蒙版作为合成中的前景层。
- 其他前景：与前景（内部）功能相同，可再添加 10 个蒙版作为前景层。
- 背景（外部）：用于选择图层中的蒙版作为合成中的背景层。
- 其他背景：与背景（外部）功能相同，可再添加 10 个蒙版作为背景层。
- 清理前景 / 背景：用于沿蒙版提高 / 降低不透明度。
- 薄化边缘：用于设置受抠像影响的遮罩边界效果。正值使边缘朝透明区域的相反方向移动，可增大透明区域；负值使边缘朝透明区域移动，可增大前景区域。
- 羽化边缘：用于设置抠像区域边缘的柔化程度。需要注意的是，该值越高，渲染文件的时间也就越长。
- 边缘阈值：用于移除使背景产生不需要杂色的低不透明度像素。
- 反转提取：勾选该复选框，可反转前景与背景的区域。
- 与原始图像混合：用于设置生成的提取画面与原始画面的混合程度。

3. "颜色差值键"效果

"颜色差值键"效果可以将视频画面分为"A""B"两个遮罩（其中"A 遮罩"使透明度基于主色之外的区域，而"B 遮罩"使透明度基于指定的主色），将这两个遮罩合并后生成第 3 个遮罩（称为"Alpha 遮罩"，即"α"遮罩），可使画面中的部分区域变为透明。图 8-13 所示为"颜色差值键"效果对应的参数。

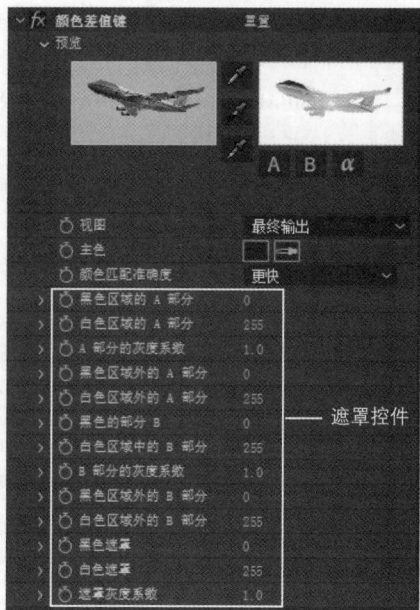

图 8-13

- 预览：用于显示两个缩览图图像。左侧缩览图为源图像；右侧缩览图可单击下方的 A B α 按钮来选择显示 "A""B""α"中的一种遮罩。两个缩览图中间提供了 3 个吸管工具，其中第 1 个"吸管工具" 用于吸取画面中的颜色作为主色；第 2 个"吸管工具" 用于在遮罩视图内黑色区域最亮的位置单击鼠标左键指定透明区域，调整最终输出的透明度值；第 3 个"吸管工具" 用于在遮罩视图内白色区域最暗的位置单击鼠标左键指定不透明区域，调整最终输出的不透明度值。
- 视图：用于设置在"合成"面板中的预览方式。选择"未校正"选项可查看不含调整的遮罩；选择"已校正"选项可查看包含所有调整的遮罩；选择"已校正 [A，B，遮罩]，最终"选项可同时显示多个视图，以便查看区别；选择"最终输出"选项可查看最终的抠取效果。

● 主色：用于设置抠取的主色。

● 颜色匹配准确度：用于选择颜色匹配的精度。选择"更快"选项会缩短渲染时间，但精确度一般；选择"更准确"选项会延长渲染时间，但可以输出更好的抠像结果。

● 遮罩控件：与"黑色"相关的参数用于调整每个遮罩的透明度；与"白色"相关的参数用于调整每个遮罩的不透明度；与"灰度系数"相关的参数用于控制透明度值遵循线性增长的严密程度。

4."线性颜色键"效果

"线性颜色键"效果可将视频画面中的每个像素与指定的主色加以比较，如果像素的颜色与主色相似，则此像素将变为完全透明；部分相似的像素将变为半透明；完全不相似的像素将保持不透明。图 8-14 所示为"线性颜色键"效果对应的参数。

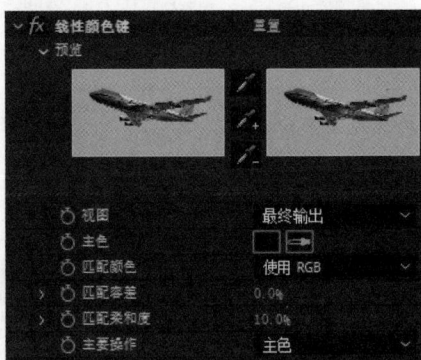

图8-14

● 预览：用于显示两个缩览图图像。左侧的缩览图图像为源图像；右侧的缩览图图像为在"视图"下拉列表中选择的视图选项图像。两个缩览图中间还提供了 3 个"吸管工具"，其中 ✐ 用于吸取画面中的颜色作为主色；✐ 用于将其他颜色添加到主色范围中，可增加透明度的匹配容差；✐ 用于从主色范围中减去其他颜色，可减小透明度的匹配容差。

● 匹配颜色：用于选择匹配主色的色彩空间。可选择"使用 RGB""使用色相""使用色度"选项。

● 匹配容差：用于设置图像中像素与主色的匹配程度。该数值为 0 时，可使整个图像变为不透明；该数值为 100 时，可使整个图像变为透明。

● 匹配柔和度：用于设置图像中像素与主色匹配时的柔化程度。通常设置在 20% 以内。

● 主要操作：用于保持应用该效果的抠像结果，同时恢复某些颜色。具体操作方法为：再次应用该效果，并在"效果控件"面板中将其移至第一次应用该效果的下方，然后在"主要操作"下拉列表中选择"保持颜色"选项。

知识拓展

除了本章介绍的 4 种常用抠像效果，After Effects 还有"Advanced Spill Suppressor（高级溢出抑制器）""CC Simple Wire Removal（简单威亚移除效果）""Key Cleaner（抠像清除器）""差值遮罩""提取""颜色范围"等其他抠像效果，具体介绍可扫描右侧的二维码，查看详细内容。

资源链接：
其他抠像效果

8.2

使用蒙版合成

蒙版原本是摄影术语，是指用于控制照片不同区域曝光的传统暗房技术。而在 After Effects 中，用户通过蒙版能够精确控制画面的显示区域，隐藏画面中的部分元素。

8.2.1 认识并创建蒙版

蒙版可以简单地理解成一个特殊的区域，它依附于图层，作为图层的属性存在，通过调整蒙版的相关属性，可以将图层中对象的某一部分隐藏起来，只显示一部分，从而实现不同图层中对象之间的混合，最终达到合成的效果，如图 8-15 所示。

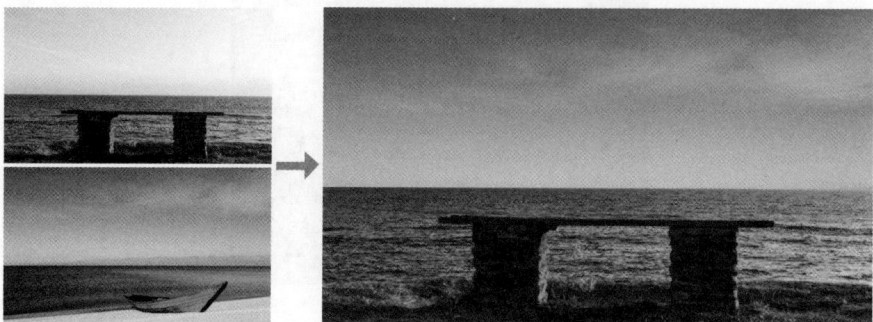

图 8-15

选择图层后，选择【图层】/【蒙版】/【新建蒙版】命令或按【Ctrl+Shift+N】组合键，此时图层中的对象周围出现一个带有颜色的路径所形成的矩形定界框。该定界框内的区域即为蒙版，且该定界框大小与图层中的对象相同，如图 8-16 所示。使用"选取工具" ▶ 直接拖动定界框上的锚点可改变蒙版的形状，即图层的显示范围，如图 8-17 所示。

图 8-16

图 8-17

8.2.2 课堂案例——制作青春微电影片头

【制作要求】为"时光织梦"微电影制作片头，要求分辨率为"1920 像素 ×1080 像素"，画面明亮、清新，采用创意性的方式展现微电影的相关信息。

【操作要点】结合 After Effects 蒙版属性和关键帧，先分割画面，然后逐渐显示标题文本，再分割文本，最后使用关键帧为其他文本制作渐显动画。参考效果如图 8-18 所示。

【素材位置】配套资源 :\素材文件\第 8 章\课堂案例、"微电影素材"文件夹

【效果位置】配套资源 :\效果文件\第 8 章\课堂案例\青春微电影片头 .aep

图8-18

具体操作如下。

STEP 01 在 After Effects 中新建项目文件，并新建名称为"青春微电影片头"、大小为"1920 像素 ×1080 像素"、持续时间为"0:00:12:00"的合成，导入所有素材。

STEP 02 依次拖动"人物 .mp4""小雏菊 .mp4"素材至"时间轴"面板中，选择"小雏菊 .mp4"图层，然后选择【图层】\【蒙版】\【新建蒙版】命令创建蒙版。

STEP 03 将时间指示器移至 0:00:02:15 处，依次展开"小雏菊 .mp4"图层的"蒙版""蒙版 1"栏，在"蒙版 1"右侧勾选"反转"复选框，单击蒙版路径属性左侧的"时间变化秒表"按钮◎开启关键帧，如图 8-19 所示。

STEP 04 在"时间轴"面板中单击蒙版路径属性，使蒙版路径显示在"节目"面板中，然后在按住【Shift】键的同时向右拖动其左上角的控制点，再使用相同的方法向左拖动右下角的控制点，拖动效果如图 8-20 所示。

视频教学：
制作青春微电影
片头

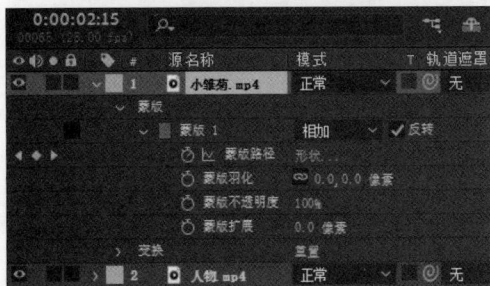

图8-19

图8-20

STEP 05 将时间指示器移至 0:00:01:12 处，在按住【Shift】键的同时单击选中蒙版路径左侧的两个控制点，将其向右拖动，再向左拖动右侧的两个控制点，与左侧的控制点重合，使画面完全显示，

如图 8-21 所示。

STEP 06 将时间指示器移至 0:00:04:00 处，调整控制点如图 8-22 所示，使小雏菊视频画面完全消失。"小雏菊 .mp4"视频的效果如图 8-23 所示。

图 8-21

图 8-22

图 8-23

STEP 07 选择"横排文字工具" T，在画面中间输入"时光织梦"文本，然后在"字符"面板中设置图 8-24 所示的参数，字体为"方正清刻本悦宋简体"。再选择【图层】/【图层样式】/【投影】命令，保持默认设置，文本效果如图 8-25 所示。

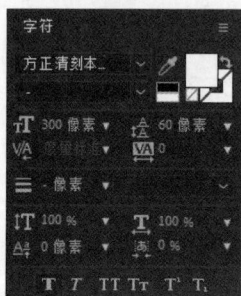

图 8-24

图 8-25

STEP 08 将时间指示器移至 0:00:05:11 处，选择文本图层，然后选择"矩形工具" ■，绘制图 8-26 所示的矩形作为蒙版，接着在"时间轴"面板中按【M】键显示蒙版路径属性，再单击蒙版路径属性左侧的"时间变化秒表"按钮 ⏱ 开启关键帧。

STEP 09 将时间指示器移至 0:00:04:00 处，拖动蒙版右侧的两个控制点至左侧，使文本完全消失，如图 8-27 所示。由此，制作文本从左至右逐渐显示的出场效果。

图8-26

图8-27

STEP 10 将时间指示器移至 0:00:07:00 处,使用与步骤 08 相同的方法,使用"矩形工具"■绘制图 8-28 所示的蒙版,然后开启蒙版属性的关键帧。将时间指示器移至 0:00:06:00 处,拖动蒙版右侧的两个控制点至左侧。

STEP 11 选择"横排文字工具"T,在文本中间输入"WEAVING DREAMS THROUGH TIME"文本,然后在"字符"面板中设置字体大小为"48 像素"、字符间距为"100",单击"全部大写字母"按钮TT,效果如图 8-29 所示。在 0:00:07:00 和 0:00:07:12 处分别添加不透明度为"0%""100%"的关键帧。

图8-28

图8-29

STEP 12 使用"横排文字工具"T在画面下方输入导演和主演文本信息,并结合位置和不透明度属性在 0:00:08:00 和 0:00:09:00 之间制作向上移动并逐渐显示的动画。预览后续文本的显示效果,如图 8-30 所示。最后按【Ctrl+S】组合键保存项目文件,并将项目文件命名为"青春微电影片头"。

图8-30

8.2.3 蒙版的基本属性

为图层添加蒙版后,展开该图层,可发现新增的"蒙版"栏,其下有蒙版路径、蒙版羽化、蒙版不透明度和蒙版扩展 4 种属性,用户可根据需要设置相应的参数。

1. 蒙版路径

蒙版路径用于调整蒙版的位置和形状参数，从而改变图层的显示区域。这里可直接使用"选取工具" ▶ 或钢笔工具组在"合成"面板中调整路径上的锚点；也可单击"时间轴"面板右侧的 形状... 按钮，打开图 8-31 所示的"蒙版形状"对话框，在"定界框"栏中调整蒙版的位置，在"形状"栏中设置蒙版的形状。图 8-32 所示为将矩形形状的蒙版设置为椭圆形状的蒙版前后的对比效果。

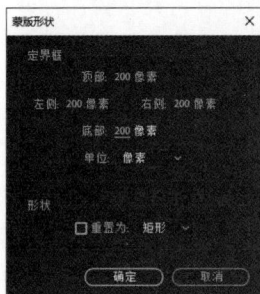

图 8-31   图 8-32

🔔 提示

若蒙版路径的颜色在"合成"面板中显示得不够明显，则可单击蒙版路径属性左侧的色块，在打开的"蒙版颜色"对话框中重新设置蒙版路径的颜色。

2. 蒙版羽化

蒙版羽化用于调整蒙版水平或垂直方向的羽化程度，为蒙版周围添加模糊效果，使其边缘的过渡效果更加自然。图 8-33 所示为蒙版羽化为"50.0 像素"的效果。

3. 蒙版不透明度

蒙版不透明度用于调整蒙版的透明程度，而不修改蒙版下方图层的不透明度。该属性参数为 100% 时完全不透明，为 0% 时完全透明。图 8-34 所示为蒙版不透明度为"40%"的效果。

图 8-33   图 8-34

🔔 提示

选择图层后，按【M】键可显示蒙版路径属性；按【F】键可显示蒙版羽化属性；按两次【T】键可显示蒙版不透明度属性。

4. 蒙版扩展

蒙版扩展用于控制蒙版扩展或者收缩程度。与等比例缩放不同，调整该属性的参数会使蒙版的形状发生改变。该参数为正数时，蒙版将向外扩展，图 8-35 所示为蒙版扩展为 "100 像素" 的效果；该参数为负数时，蒙版将向内收缩，图 8-36 所示为蒙版扩展为 "-100 像素" 的效果。

图 8-35

图 8-36

8.2.4　蒙版的布尔运算

布尔运算是一种数字符号化的逻辑推演法，常用于处理图形，可以使基本图形通过不同的方式产生新的形状。当图层中存在多个蒙版时，可利用布尔运算对这些蒙版进行计算，使其产生不同的叠加效果。在"时间轴"面板中单击蒙版右侧的下拉列表，打开的下拉列表中有 7 种运算方法，用户可根据需要进行选择。

- 无：选择该选项，蒙版仅作为路径形式存在，而不会被作为蒙版使用。
- 相加：选择该选项，蒙版内所有的区域将全部显示，蒙版之外的区域将全部隐藏，如图 8-37 所示。新创建的蒙版默认选择该选项。
- 相减：选择该选项，蒙版内所有的区域将被隐藏，蒙版之外的区域将全部显示，如图 8-38 所示。
- 交集：选择该选项，将仅显示所有蒙版有交集的区域，如图 8-39 所示。

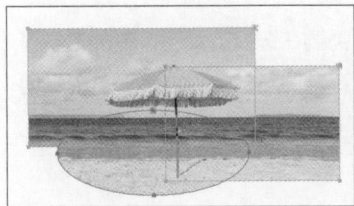

图 8-37

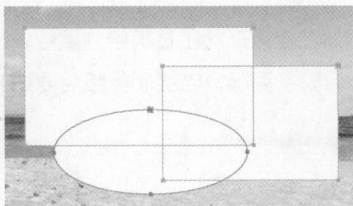

图 8-38

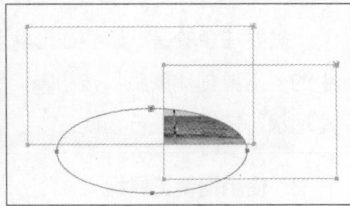

图 8-39

- 变亮：与"相加"选项效果类似，当图层中多个蒙版的不透明度存在差异时，蒙版重叠处将显示不透明度较高的蒙版，如图 8-40 所示。
- 变暗：与"交集"选项效果类似，当图层中多个蒙版的不透明度存在差异时，蒙版重叠处将显示不透明度较低的蒙版，如图 8-41 所示。
- 插值：选择该选项，可先对蒙版进行相加运算，然后将蒙版相交的部分减去，如图 8-42 所示。

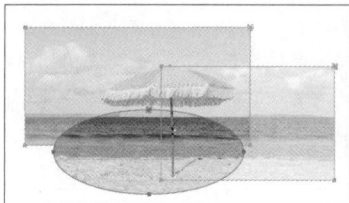
图8-40

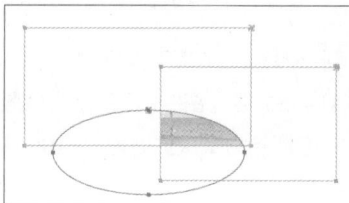
图8-41

图8-42

8.2.5 使用工具创建蒙版

除了使用菜单命令为图层创建蒙版，还可以直接使用形状工具组、钢笔工具组和文字工具组中的工具来绘制不同形状的蒙版。

1. 使用形状工具组

使用形状工具组中的工具可以绘制一些形状较为规则的蒙版，图8-43所示为不同形状的蒙版。具体操作方法为：选择图层后，选择形状工具组中的任一工具，直接在"合成"面板中按住鼠标左键不放并拖曳进行绘制，便可为该图层创建相应形状的蒙版。

图8-43

> 🔔 **提示**
>
> 需要注意的是，若要在形状图层上使用形状工具组绘制蒙版，则需要在选择工具后，单击工具箱中的"工具创建蒙版"按钮▨，然后绘制蒙版。若绘制蒙版后要绘制正常的形状，则需单击"工具创建形状"按钮★进行切换。

2. 使用钢笔工具组

使用钢笔工具组中的工具可以绘制一些复杂的、不规则的蒙版。具体操作方法为：选择图层后，使用"钢笔工具"▨在画面中单击绘制路径，当绘制的路径闭合后，便可创建相应的蒙版，如图8-44所示。若对绘制的路径不满意，则可使用"添加'顶点'工具"▨在路径上单击，以添加锚点；使用"删除'顶点'工具"▨单击锚点，可将其删除；使用"转换'顶点'工具"◣单击锚点，可改变锚点类型，使路径在直线与曲线之间转换。

图8-44

3．使用文字工具组

选择任意文本图层，然后选择【图层】/【创建】/【从文字创建蒙版】命令，将自动创建以该图层中文本内容为形状的纯色图层。展开该纯色图层，选择"蒙版"栏，按【Ctrl+C】组合键复制，再选择需要创建蒙版的其他图层，按【Ctrl+V】组合键粘贴，然后修改蒙版的布尔运算为"相加"，画面将仅在文本形状内显示，如图 8-45 所示。这样创建的蒙版数量由文本笔画是否有重叠现象决定。

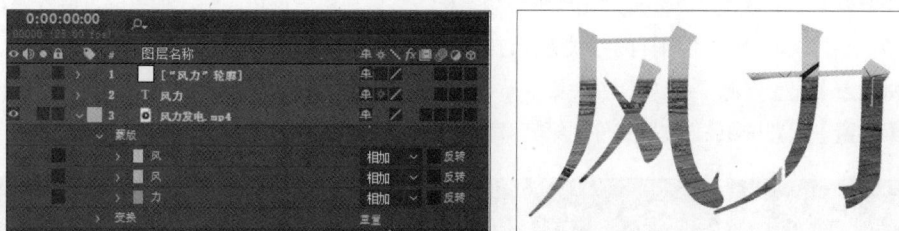

图8-45

8.3

使用遮罩合成

遮罩可以遮挡、遮盖部分画面内容，并显示特定区域的画面内容，相当于一个窗口。在 After Effects 中，遮罩用于控制图层中对象的可见性和透明性。用户可以根据遮罩的形状将图层的某个对象显示或隐藏，从而创造出特定的效果。

8.3.1 了解遮罩原理

在 After Effects 中，遮罩功能是将一个图层（即遮罩图层）设置为另一个图层（即被遮罩图层）的遮罩，然后根据遮罩所在图层中对象的颜色值，决定另一个图层中对象相应像素的透明度，从而确定该图层的显示范围。图 8-46 所示为应用遮罩的效果，其中黑色笔刷的画面为遮罩图层，城市画面为被遮罩图层。

图8-46

8.3.2 课堂案例——制作非遗文化科普短视频

【制作要求】为某科普账号制作一个非遗文化科普短视频，要求分辨率为"720 像素 ×1280 像素"，以生动的画面和通俗易懂的语言呈现非遗文化的独特魅力。

【操作要点】使用 After Effects 先剪辑视频素材，然后利用遮罩功能制作独特的过渡效果；在画面中输入相关介绍文本，并采用同样的方式进行过渡。参考效果如图 8-47 所示。

【素材位置】配套资源 :\ 素材文件 \ 第 8 章 \ 课堂案例 \ "非遗素材"文件夹

【效果位置】配套资源 :\ 效果文件 \ 第 8 章 \ 课堂案例 \ 非遗文化科普短视频 .aep

图8-47

具体操作如下。

STEP 01 在 After Effects 中新建项目文件，并新建名称为"非遗视频"、大小为"1280 像素 ×720 像素"、持续时间为"0:00:24:00"的合成，导入所有素材。

STEP 02 先拖动"背景音乐 .mp3"素材至"时间轴"面板中，再依次拖动与非遗相关的视频素材至"时间轴"面板中，按【Ctrl+Alt+F】组合键使它们符合合成大小，再适当调整入点、出点和伸缩，如图 8-48 所示。

视频教学:
制作非遗文化
科普短视频

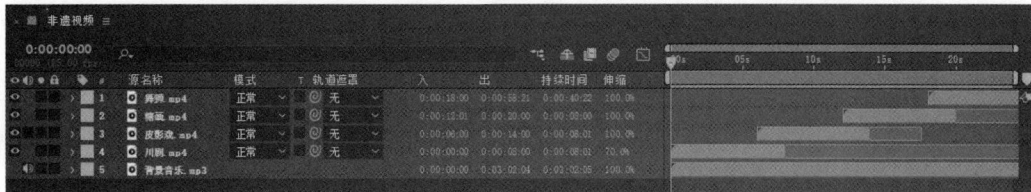

图8-48

STEP 03 拖动"水墨.mov"素材至"川剧.mp4"图层上方，先预览画面，再调整该素材的位置，使画面中的水墨效果从白色到逐渐晕染成黑色，参考位置为"172.0 100.0"。

STEP 04 在"川剧.mp4"图层右侧"轨道遮罩栏"下方的"无"下拉列表中选择"4.水墨.mov"选项，再单击右侧的 按钮和 按钮，使其分别变为 和 状态，表示采用亮度遮罩并反转遮罩，如图8-49所示。预览画面效果，如图8-50所示。

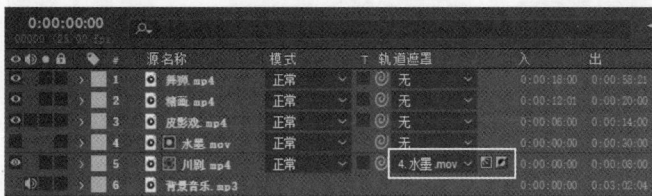

图8-49

图8-50

STEP 05 选择"水墨.mov"图层，按3次【Ctrl+D】组合键复制图层，分别将复制的图层移至其他非遗视频素材图层上方，然后分别调整其入点至对应非遗视频素材的入点处。使用与步骤04相同的方法，对每个非遗视频素材图层应用遮罩，并修改遮罩方式，画面效果如图8-51所示。

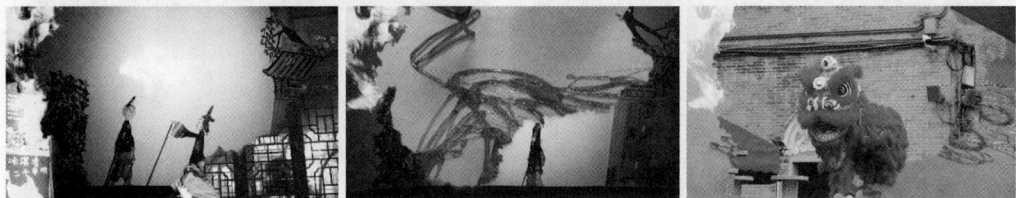

图8-51

STEP 06 在"时间轴"面板中单击鼠标右键，在弹出的快捷菜单中选择【新建】/【纯色】命令，打开"纯色设置"对话框，设置颜色为"#FFFFFF"，单击 确定 按钮，然后将该纯色图层移至最底层作为背景。

STEP 07 新建名称为"非遗文化科普短视频"、大小为"720像素×1280像素"、持续时间为

"0:00:24:00"的合成，然后创建一个黑色的纯色图层作为背景。再将"非遗视频"合成移至该合成中，设置缩放为"64.4% 64.4%"、位置为"360.0 588.9"，使其位于画面的中间区域。

STEP 08 选择"横排文字工具" T，在画面顶部输入"非遗文化"文本，然后在"字符"面板中设置图 8-52 所示的参数，文本颜色为"#A66810"。接着在画面底部输入与川剧相关的介绍文本，并设置图 8-53 所示的参数，文本效果如图 8-54 所示。

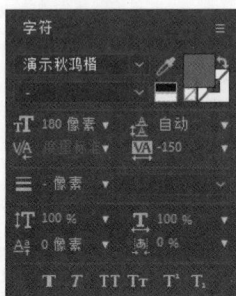
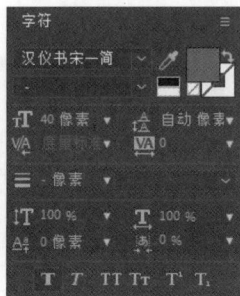

图 8-52	图 8-53	图 8-54

STEP 09 拖动"水墨 .mov"素材至川剧介绍文本的图层上方，并将这两个图层的入点都设置为"0:00:00:13"，然后设置"水墨 .mov"图层的缩放为"61.3% 61.3%"、位置为"44.1 896.7"。使用与步骤 04 相同的方法，对其应用遮罩并修改遮罩方式，效果如图 8-55 所示。

STEP 10 为川剧介绍文本的图层分别在 0:00:06:00 和 0:00:06:13 处添加不透明度为"100%""0%"的关键帧，使其逐渐消失。复制 3 次川剧介绍文本图层和"水墨 .mov"图层，调整图层顺序，再修改文本内容并调整图层入点，效果如图 8-56 所示。

图 8-55	图 8-56

STEP 11 按【Ctrl+S】组合键保存项目文件，并将项目文件命名为"非遗文化科普短视频"。

8.3.3　应用遮罩

After Effects 提供了 Alpha 遮罩、Alpha 反转遮罩、亮度遮罩和亮度反转遮罩 4 种类型的遮罩，分别通过 Alpha 通道和亮度像素来决定图层的显示范围，用户可根据需要进行选择。

- **Alpha 遮罩**：该遮罩能够读取遮罩图层的不透明度信息。应用该类型遮罩后，被遮罩图层中的内容将只受不透明度影响，Alpha 通道中的像素值为 100% 时显示为不透明。图 8-57 所示为遮罩图层；图 8-58 所示为被遮罩图层；图 8-59 所示为应用 Alpha 遮罩后的效果。

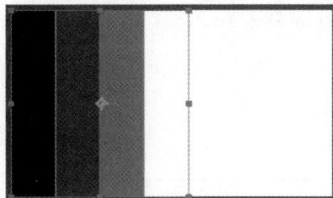　　

图 8-57　　　　　　　　　图 8-58　　　　　　　　　图 8-59

- **Alpha 反转遮罩**：该遮罩与 Alpha 遮罩的原理相反，Alpha 通道中的像素值为 0% 时显示为不透明，如图 8-60 所示。
- **亮度遮罩**：该遮罩能够读取遮罩图层的不透明度信息和亮度信息。应用该类型遮罩后，图层除了受不透明度影响，还将受到亮度影响，像素的亮度值为 100% 时显示为不透明，如图 8-61 所示。
- **亮度反转遮罩**：该遮罩与亮度遮罩的原理相反，像素的亮度值为 0% 时显示为不透明，如图 8-62 所示。

图 8-60　　　　　　　　　图 8-61　　　　　　　　　图 8-62

应用遮罩时，在被遮罩图层"轨道遮罩"栏的"无"下拉列表中可选择遮罩，如图 8-63 所示。应用遮罩后，遮罩图层将被隐藏，且图层名称左侧将显示◙图标，被遮罩图层名称左侧将显示◙图标，如图 8-64 所示。同时，在被遮罩图层右侧将显示两个按钮，其中第 1 个按钮代表 Alpha 遮罩◙和亮度遮罩◙，第 2 个按钮代表不反转■和反转◙，单击按钮可进行切换。

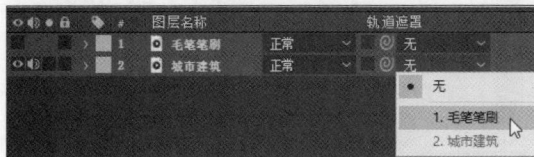　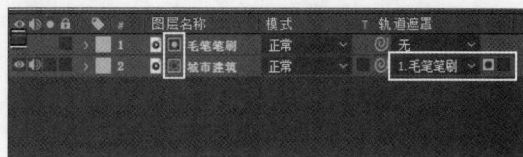

图 8-63　　　　　　　　　　　　　图 8-64

8.4 综合实训

8.4.1 制作农产品店铺视频广告

欣欣农产品店铺以销售当地特色农产品为主营业务,虽然拥有丰富的农产品供货渠道,但面临着线上市场份额有限、消费者认知度不高等问题。为了扩大市场份额,提升品牌影响力,该店铺准备开设网店,并计划制作一则视频广告作为宣传。表 8-1 所示为农产品店铺视频广告制作任务单,任务单中明确给出了实训背景、制作要求、设计思路和参考效果。

表 8-1 农产品店铺视频广告制作任务单

实训背景	为欣欣农产品店铺制作一个视频广告,以扩大市场份额,提升品牌影响力
尺寸要求	1920 像素 × 1080 像素
时长要求	12 秒左右
制作要求	1. 内容 内容需围绕农产品的品质、产地特色等方面进行展示,突出产品的独特性和优势 2. 画面 画面要清晰、美观,充分展示农产品的外观和细节;使用手机屏幕模拟播放广告的画面,以便客户可以直观地查看广告效果
设计思路	使用 After Effects 适当调整视频素材,并添加与"科学种植"相关的字幕和店铺名称文本;然后使用抠像效果抠取出农产品素材;输入农产品的名称和特点文本,并制作渐显动画,最后模拟手机播放视频的效果
参考效果	 效果预览: 农产品店铺视频广告
素材位置	配套资源:\素材文件\第 8 章\综合实训\"农产品素材"文件夹
效果位置	配套资源:\效果文件\第 8 章\综合实训\农产品店铺视频广告 .aep

操作提示如下。

STEP 01 在 After Effects 中新建项目文件和符合要求的合成，导入所有素材，先拖动 2 个视频素材至"时间轴"面板中，然后适当调整视频播放速度和入点。

STEP 02 输入与"科学种植"相关的字幕和店铺名称文本。创建纯色图层作为背景，并利用不透明度属性使其逐渐出现。

STEP 03 添加 3 个农产品图像素材，利用适合的抠像效果进行抠取，再在其下方输入描述文本。

STEP 04 依次为农产品及对应文本创建预合成图层，然后利用蒙版和蒙版属性分别为其制作渐显动画效果。

STEP 05 基于"黑色手机 .jpg"素材新建合成，利用抠像效果去除手机中的绿色区域，拖动制作好的广告合成至画面中，适当调整大小，最后保存项目文件。

视频教学：
制作农产品店铺
视频广告

8.4.2 制作水墨风景点展示视频

某旅游机构一直致力于为游客提供高品质的旅游产品和服务。为了继续提高自身在旅游市场的竞争力，该机构决定制作一则展示各地景点的视频，并采用水墨风格的艺术形式，为顾客带来全新的视觉享受和文化体验。表 8-2 所示为水墨风景点展示视频制作任务单，任务单中明确给出了实训背景、制作要求、设计思路和参考效果。

表 8-2 水墨风景点展示视频制作任务单

实训背景	为某旅游机构制作水墨风景点展示视频，以提高其在旅游市场的竞争力
尺寸要求	1920 像素 ×1080 像素
时长要求	20 秒左右
制作要求	1. 风格 将景点的风景以水墨画的形式呈现，营造出独特的艺术氛围 2. 画面 画面需采用左右排版的方式，分别用于展示景点画面和对应景点的相关介绍，并为文本制作动画效果
设计思路	使用 After Effects 先结合水墨素材为画面制作水墨晕染开的效果，然后在画面旁输入对应的介绍文本，并利用动画预设制作渐显效果
参考效果	

续 表

参考效果	
素材位置	配套资源 :\ 素材文件 \ 第 8 章 \ 综合实训 \ "景点素材" 文件夹
效果位置	配套资源 :\ 效果文件 \ 第 8 章 \ 综合实训 \ 水墨风景点展示视频 .aep

操作提示如下。

STEP 01 在 After Effects 中新建项目文件和符合要求的合成,导入所有素材,依次拖动"南浔古镇 .mp4""水墨素材 .mp4"素材到"时间轴"面板中,利用遮罩制作水墨晕染显示出画面的效果。

STEP 02 在画面左侧输入景点名称及介绍文本,并在合适的位置应用"淡化上升字符"动画预设。

STEP 03 复制并粘贴所有图层,重新调整图层的顺序及入点和出点。将复制的水墨素材水平翻转,接着将景点视频替换为其他景点视频,再修改文本的内容。

STEP 04 使用与步骤 03 相同的方法制作其他两个景点的展示视频,再利用不透明度为前 3 个景点在最后一秒制作逐渐消失的效果,最后保存项目文件。

视频教学:
制作水墨风景点
展示视频

8.5 课后练习

练习 1 制作航天宣传短视频

【制作要求】利用提供的素材制作航天宣传短视频,要求结合星空背景和宇航员素材展现出宇航员的工作内容,再通过相关文案激发大众对航天科技的兴趣与热爱。

【操作提示】使用 After Effects 选择适合的抠像效果抠取出宇航员,使其与各个背景相结合,然后输入相关文本并为其制作渐入的动画。参考效果如图 8-65 所示。

【素材位置】配套资源 :\ 素材文件 \ 第 8 章 \ 课后练习 \ "航天素材" 文件夹

效果预览:
航天宣传短视频

【效果位置】配套资源 :\ 效果文件 \ 第 8 章 \ 课后练习 \ 航天宣传短视频 .aep

图 8-65

练习 2　制作美食栏目包装

【制作要求】利用提供的素材制作美食栏目包装，要求采用具有创意性的方式展示美食的画面，然后展示栏目名称。

【操作提示】使用 After Effects 先剪辑视频素材，然后使用文本图层制作遮罩，并为文本制作源文本动画；再复制新的视频素材，并利用不透明度属性制作渐显效果；最后利用蒙版为栏目名称制作渐显效果。参考效果如图 8-66 所示。

效果预览：
美食栏目包装

【素材位置】配套资源 :\ 第 8 章 \ 课后练习 \ "美食素材" 文件夹

【效果位置】配套资源 :\ 第 8 章 \ 课后练习 \ 美食栏目包装 .aep

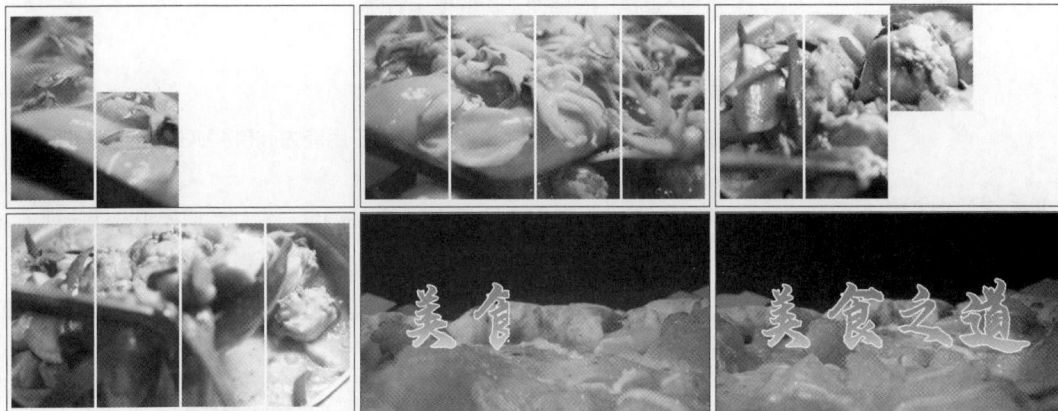

图 8-66

第9章 AIGC辅助工具

随着人工智能技术的飞速发展，AIGC（Artificial Intelligence Generated Content，人工智能生成内容）工具逐渐崭露头角，并在数字媒体后期制作中发挥着重要作用。它为用户提供了更多的创意空间和可能性，能帮助用户有效提升后期制作效率。

学习要点

◎ 熟悉不同AIGC辅助工具的作用。
◎ 掌握不同AIGC辅助工具的使用方法。

素养目标

◎ 提升跨学科知识的整合能力和综合应用能力，能将AIGC技术与其他领域的知识相结合。
◎ 遵守法律法规，确保使用AIGC生成的内容符合社会道德和法律法规要求。

扫码阅读

案例欣赏   课前预习

9.1 AI图像工具——文心一格

文心一格是由百度推出的AI艺术和创意辅助平台，利用深度学习技术和大量艺术作品数据进行训练，能够理解用户文本描述并生成对应图像。在数字媒体后期制作中，用户可以利用文心一格生成多样化的创意图像，突破传统思维束缚，激发新的创作灵感。同时，文心一格还支持图像的二次编辑，如涂抹、叠加等功能，使图像更加符合制作需求。

9.1.1 课堂案例——生成环保宣传插画

【制作要求】为一则普及环境保护，宣传绿色生态的环保宣传片生成一幅作为片尾背景的插画，要求画面比例为16：9，具有明亮、生动的色彩，营造舒适且充满活力的视觉效果。

【操作要点】在文心一格的创作界面中利用AI创作功能生成插画。参考效果如图9-1所示。

【效果位置】配套资源：\效果文件\第9章\课堂案例\环保宣传插画.png

图9-1

具体操作如下。

STEP 01 进入"文心一格"官方网站，登录账号之后在主界面单击 立即创作 按钮，进入创作界面。

STEP 02 单击左侧"AI创作"选项中的"推荐"选项卡，在文本框中输入与环保、绿色、生态相关的提示词语，如"茂盛的绿植、阳光透过树叶、自然的绿色调、错落有致的枝叶、光影交错的植物景象"，然后选择画面类型为"中国风"，比例为"横图"，如图9-2所示。设置生成数量后单击 立即生成 按钮，生成的图像如图9-3所示。

视频教学：
生成环保宣传
插画

图9-2

图9-3

STEP 03 若对生成的效果不满意可重新生成，或在左侧的"AI编辑"栏中选择相应的功能修改图像，最后单击右侧的 按钮将其下载到计算机中。

9.1.2 AI 创作

文心一格创作界面左侧的"AI 创作"栏中提供了 5 种图像创作模式，用户可根据需求进行选择。

- **推荐**：该模式是较为简单的文生图模式，可以根据用户输入的文字描述和设置的画面类型生成相应的图像。
- **自定义**：该模式允许用户根据自己的喜好和需求，选择不同的 AI 画师，以及单独设置画面风格、修饰词、艺术家和不希望出现的内容，还可以上传自己的图像作为参考，文心一格会根据图像特征生成与之相符的作品。
- **商品图**：该模式适用于电商、广告等行业。用户上传商品图像后，文心一格可以智能辨识并分离出商品主体，创作出不同场景和氛围的商品图。
- **艺术字**：该模式允许用户生成具有独特风格和创意的艺术字体，仅支持 1~5 个汉字或单个字母。输入文字后，用户可以设置字体的大小、位置和排版方向，再输入创意想法并生成相关的艺术字。
- **海报**：该模式可以生成竖版或横版的海报，通过设置布局样式、海报风格，以及描述海报主体和海报背景来生成相应的海报。

9.1.3 AI 编辑

文心一格创作界面左侧的"AI 编辑"栏中提供了 6 种图像编辑模式，用户可根据需要进行选择，从而使图像效果能够更加符合实际的制作需求。

- **图片扩展**：该模式下，用户可以对图像进行尺寸扩展，同时保持图像的清晰度和细节。
- **图片变高清**：该模式下，用户可以放大图像的尺寸，提升图像分辨率，一键生成高清、超高清图像，使画面细节更清晰，并且可以自定义分辨率。
- **涂抹消除**：该模式下，用户可以涂抹图像中不满意的地方，文心一格将对涂抹区域进行消除重绘。
- **智能抠图**：该模式下，文心一格可以自动识别并提取图像中的特定元素，如人物、动物或物品等，生成无损透明背景图，或替换为不同颜色的背景。
- **涂抹编辑**：该模式下，用户可以涂抹希望修改的区域，文心一格将按照指令自动重新绘制涂抹区域。
- **图片叠加**：该模式下，用户可以上传两张图片，文心一格将对两张图片进行融合叠加以生成新的图片，新的图片将同时具备两张图片的特征。

9.2
AI音频工具——魔音工坊

魔音工坊是由北京小问智能科技有限公司开发的一款配音软件，它提供一站式 AI 配音服务，支持智能语音合成、音频剪辑、音效库等多种功能。在数字媒体后期制作中，魔音工坊能够轻松地为视频制作高质量的配音和音效。

9.2.1　课堂案例——为公益短视频生成配音

【制作要求】为"节约粮食"公益短视频生成配音，要求富有感染力，语速自然流畅，既能传递严肃的信息，又能激发大众的情感。

【操作要点】在魔音工坊中输入文案并插入停顿，再选择合适的配音师并适当调整语速。

【素材位置】配套资源 :\素材文件\第 9 章\课堂案例\文案 .txt

【效果位置】配套资源 :\效果文件\第 9 章\课堂案例\公益短视频配音 .mp3

效果预览:
为公益短视频生成配音

具体操作如下。

STEP 01　进入"魔音工坊"官方网站，单击"软件配音"按钮 🔲，在打开的界面中输入"文案 .txt"素材中的文本。

STEP 02　单击右侧漂浮窗口的 🔳 按钮展开完整的窗口，在左侧选择配音师"魔墨渊"，在右侧单击 🔳 按钮试听效果，可发现语速较慢，因此可设置语速为"1.1x"，如图 9-4 所示。

STEP 03　在"支撑。"文本后单击鼠标左键插入鼠标指针，单击上方的"停顿调节"按钮 🔳，在鼠标指针下方弹出的下拉菜单中单击 🔳 按钮，插入一个短的停顿。使用相同的方法在"辛苦。"文本后也添加一个短的停顿，如图 9-5 所示。

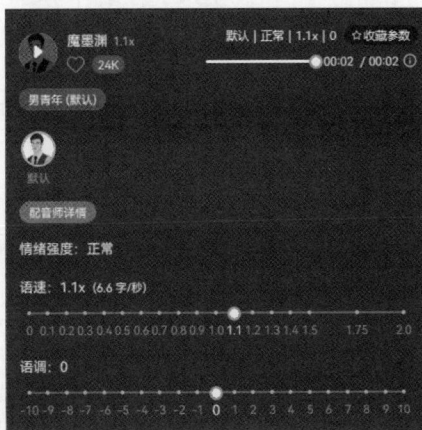

图9-4

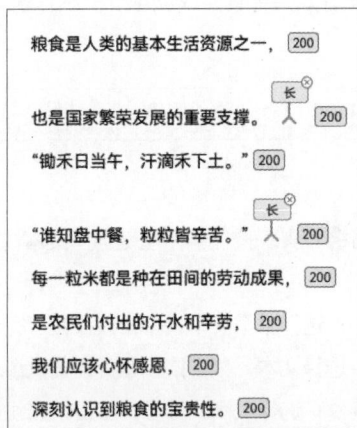

图9-5

STEP 04　单击界面右上方的 🔳 按钮保存配音。

9.2.2　选择配音师

魔音工坊提供了多种类型的配音风格，单击右侧漂浮窗口的 🔳 按钮展开完整的窗口（见图 9-6），在左侧可根据需求筛选男声或女声、适合的行业和语种，选择好配音师后可在右侧查看配音师的详情介绍，并单独设置语速、语调等，部分配音师还可以设置不同的角色。

图9-6

9.2.3 调整配音效果

为了使配音效果更真实或更符合视频需求，可以利用魔音工坊提供的编辑按钮（见图9-7）适当调整配音效果。

图9-7

- **24K 高清音质**：按住鼠标左键选择文本内容，或者将鼠标指针移至文本内容之前，单击该按钮进行试听。
- **多音字**：选择单个文本，单击该按钮可完成发言纠错。
- **重音**：选择文本，单击该按钮可设置重读或拖音。
- **数字符号**：选择数字或符号，单击该按钮可选择合适的读法。
- **连读**：选择不少于2个字的文本，单击该按钮可设置连读。
- **别名**：选择需要修改的名词，单击该按钮可设置别名。
- **音标**：选择英文，单击该按钮可输入音标。
- **局部变速**：选择文本，单击该按钮可调整语速。
- **多人配音**：选择文本，单击该按钮可设置不同的配音师。
- **局部变音**：选择文本，单击该按钮可选择实时录音或上传音频文件进行替换。
- **停顿调节**：单击该按钮可在鼠标指针处调整停顿级别，有无停顿、短、中、长4个选项。
- **插入静音**：单击该按钮可在鼠标指针处调整文本之间的静音时长。
- **符号静音**：单击该按钮可设置全文的符号（如逗号、分号、句号等）所对应的静音时长。
- **段落静音**：单击该按钮可设置段落静音时长。
- **解说模式**：单击该按钮可选择是否开启影视解说模式，开启时全文的中停顿、长停顿将改为短停顿，节奏更快；关闭时全文的中停顿、长停顿将恢复成默认（200ms），节奏偏慢。

- **音效**：单击该按钮可在鼠标光标处插入自带的音效或自定义音效。
- **配乐**：单击该按钮可增加全局配乐。
- **音量**：单击该按钮可调整音量。
- **批量替换**：单击该按钮可选择批量替换文字、多音字或别名等。
- **查看拼音**：单击该按钮可显示所有多音字的拼音。
- **敏感词**：单击该按钮可自动分析文案中的敏感词。
- **评论**：单击该按钮可展开"评论"面板，显示用户对其中某些文本的评论。

9.3 AI视频工具——一帧秒创

一帧秒创是基于 AIGC 技术的智能视频创作平台，它利用先进的 AI 算法和大数据分析能力，实现了视频内容的快速、高效和高质量生成。在数字媒体后期制作中，一帧秒创能够智能匹配文案，快速生成视频素材，并提供智能剪辑、智能配音和智能字幕等编辑功能。

9.3.1 课堂案例——生成"人与自然"视频素材

【**制作要求**】为"人与自然"公益广告生成一段视频素材，要求画面比例为 16：9，紧扣"人与自然"的主题，展现自然界的美好，强调保护自然的重要性。

【**操作要点**】使用一帧秒创生成符合主题的视频素材，然后调整字幕样式。参考效果如图 9-8 所示。

视频教学：
生成"人与自然"
视频素材

【**效果位置**】配套资源:\效果文件\第9章\课堂案例\人与自然的和谐共生 .mp4

图9-8

具体操作如下。

STEP 01 进入"一帧秒创"官方网站，单击"图文转视频"选项，在打开界面的"正文"输入框中输入"人与自然是生命共同体，我们要尊重自然、顺应自然、保护自然，坚持人与自然和谐共生的原则。"文本，然后在下方勾选"在线素材"复选框，设置视频比例为"16：9"，如图 9-9 所示。

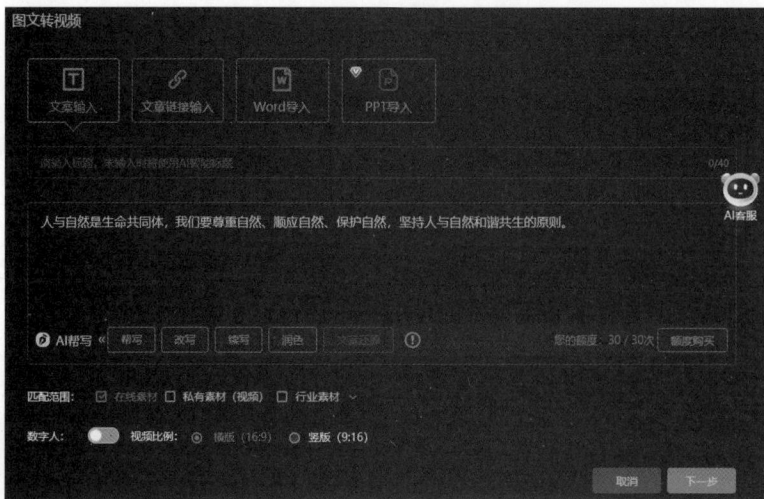

图9-9

STEP 02 单击 下一步 按钮生成视频素材，同时将打开编辑界面，若是对生成的素材不满意，可在左侧相应的素材处单击 替换 按钮，在打开的面板中选择其他素材进行替换。

STEP 03 在界面的最左侧单击"字幕"选项，然后选择图 9-10 所示的字幕样式，单击 保存 按钮。

STEP 04 预览视频效果，单击右上角的 生成视频 按钮，在打开的界面中将自动为视频命名"人与自然的和谐共生"，单击 生成视频 按钮合成视频，合成后将跳转到"我的作品"界面，如图 9-11 所示。此时将鼠标指针移至该作品上方，单击出现的 按钮可下载视频。

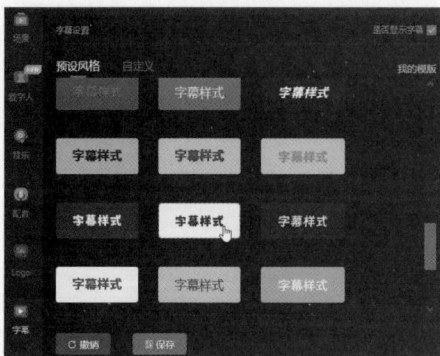

图9-10

图9-11

9.3.2 图文转视频

一帧秒创的"图文转视频"功能可以根据用户提供文案的语义，智能匹配相应的视频画面、音频和字幕等素材。

用户进入一帧秒创的"图文转视频"界面后，可以从直接输入文案、输入文章链接（当前支持百度百家号、微信公众号、今日头条、微博文章、知乎专栏、搜狐号）、导入 Word（体积不超过 5M，字数小于 5000 字）、导入 PPT（文件格式不超过 1G，默认读取 PPT 备注作为视频文案，PPT 备注内容不超过

5000字）这4种方式中任选其一导入想要生成视频的文案，然后在下方设置匹配范围、数字人和视频比例，再单击 下一步 按钮生成视频素材。其中匹配范围、数字人的介绍如下。

● 匹配范围：用于设置素材的来源，包括在线素材、私有素材（视频）和行业素材3种选择。其中，在线素材是指可以通过互联网直接获取的数字素材；私有素材（视频）是指用户自己上传的视频素材；行业素材是指为了满足特定行业需求的素材。

● 数字人：数字人是指运用数字技术创造出来的、与人类形象接近的数字化人物形象。

9.3.3 编辑视频

生成视频素材后将进入编辑界面（见图9-12），用户可通过替换素材、调整配音等方法来优化视频素材的效果。

图9-12

编辑界面左侧的部分功能介绍如下。

● 场景：用于调整视频素材。在其中单击 +插入 或 插入 按钮可插入文本或素材；单击 AI帮写 按钮可在打开的对话框中修改文案内容；单击 替换 按钮可在打开的对话框中替换其他素材；单击 更多 按钮可选择调整读音或删除该素材。

● 数字人：用于选择数字人，提供有全身、半身和坐姿3种类型。

● 音乐：用于设置背景音乐，可选择在线音乐或本地上传的音乐。

● 配音：用于设置配音的风格和语速。

● Logo/字幕/背景：用于设置Logo/字幕/背景样式。

● 配置：用于设置是否添加AI合成的标识。

编辑界面右侧的部分功能介绍如下。

● ▶按钮：用于预览该段视频素材的画面。

● 按钮：用于设置数字人的布局方式。

● 按钮：用于设置该视频素材的截取片段。

视频编辑完成后，单击右上角的 生成视频 按钮，在打开的界面中继续单击 生成视频 按钮合成视频，合成后将跳转到"我的作品"界面,以便对其进行下载或分享等操作。

9.4

综合实训——生成"保护野生动物"视频素材

随着人类活动的不断扩张,野生动物的生存环境日益受到威胁,许多野生动物面临灭绝的风险。为了唤起公众对野生动物保护的关注,提高环保意识,某宣传部门准备制作一则以"保护野生动物"为主题的宣传短视频。表9-1所示为"保护野生动物"视频素材制作的任务单,任务单中明确给出了实训背景、制作要求、设计思路和参考效果。

表 9-1 "保护野生动物"视频素材制作任务单

实训背景	为"保护野生动物"短视频生成相关的视频素材,激发公众对野生动物保护的热情
尺寸要求	1920 像素 × 1080 像素
时长要求	8 秒左右
制作要求	视频素材的内容应围绕"保护野生动物"这一主题展开,突出野生动物的重要性,同时画面清晰、色彩饱满,具有吸引力
设计思路	利用"保护野生动物,就是保护我们共同的家园。让我们携手行动起来,抵制非法猎杀和贩卖野生动物的行为,共同守护每一个生灵。"文案生成相应视频素材,再调整字幕样式
参考效果	 效果预览:"保护野生动物"视频素材
效果位置	配套资源 :\ 效果文件 \ 第 9 章 \ 综合实训 \ "保护野生动物"视频素材 .mp4

操作提示如下。

STEP 01 进入"一帧秒创"官方网站,单击"图文转视频"选项,在打开界面的"正文"输入框中输入相关文本,在下方勾选"在线素材"复选框,设置视频比例为"16:9",单击 下一步 按钮生成视频素材。

STEP 02 替换掉色彩不够美观的素材,然后调整字幕样式,再合成视频并进行下载。

视频教学:生成"保护野生动物"视频素材

9.5 课后练习

练习 1 生成短视频片头和片尾背景画面

【制作要求】为"秋季丰收"短视频生成两张以丰收为主题的画面,作为片头和片尾的背景,要求色调温馨,以暖色调为主,营造出秋天特有的温暖与丰收的氛围。

【操作提示】使用文心一格的AI创作功能,通过与"丰收""秋季""稻子"等相关的文本生成符合制作要求的画面。参考效果如图9-13所示。

【效果位置】配套资源:\效果文件\第9章\课后练习\片头画面.png、片尾画面.png

图9-13

练习 2 为科普短视频配音

【制作要求】为科普剪纸的短视频配音,要求发音清晰准确,语速适中,配音风格温暖、亲切,富有感染力。

【操作提示】使用魔音工坊为文案配音,选择合适的配音师,并适当调整配音效果。

【素材位置】配套资源:\素材文件\第9章\课后练习\短视频文案.txt

【效果位置】配套资源:\效果文件\第9章\课后练习\科普短视频配音.mp3

效果预览:
科普短视频配音

第 10 章　综合案例

本章将综合运用 Premiere 和 After Effects 的各项功能以及 AIGC 辅助工具完成 4 个商业案例的制作，包括宣传片、短视频、广告和短片，帮助读者进一步巩固前面所学的相关知识，并熟练掌握 Premiere、After Effects 和 AIGC 辅助工具的使用方法，从而积累数字媒体后期制作的实战经验。

📖 学习要点

◎ 熟悉Premiere和After Effects的各项功能和使用方法。
◎ 掌握使用Premiere和After Effects制作不同领域商业案例的方法。
◎ 在数字媒体后期中灵活运用不同的AIGC辅助工具。

✧ 素养目标

◎ 提高对Premiere、After Effects和AIGC辅助工具的综合运用能力。
◎ 增强对不同类型案例的分析和设计能力。

◈ 扫码阅读

案例欣赏　　　　　　　课前预习

10.1

制作"阅读的力量"宣传片

在当今的数字化时代，人们获取信息的方式越发多元化，而阅读作为一种传统的信息获取方式，其深度和内涵依然无可替代。近年来，随着社会的快速发展，人们普遍面临着生活节奏加快、信息过载等问题，导致深度阅读的时间和机会逐渐减少。因此，为了唤起大众对阅读的热爱，提升阅读在公众心中的地位，某阅读协会计划在4月23日"世界读书日"当天发布一个有关阅读的宣传片，旨在展现"阅读的力量"，让大众重新发现阅读的魅力，培养深度阅读的习惯。要求视频尺寸为"720像素×1280像素"，时长在30秒左右，契合"阅读的力量"主题，色调不能过于鲜艳，要尽量单纯、柔和一些，同时添加配音及字幕，语言简洁明了、表达清晰，能让观众产生情感共鸣。

本案例的参考效果如图10-1所示。

图10-1

【素材位置】配套资源:\素材文件\第10章\"阅读素材"文件夹
【效果位置】配套资源:\效果文件\第10章\"阅读的力量"宣传片.prproj

10.1.1　使用文心一格生成书籍图像

具体操作如下。

STEP 01 进入"文心一格"官方网站的AI创作界面，单击左侧"AI创作"选项中的"推荐"选项卡，在文本框中输入"七八本书堆叠在桌面上，书本是从左至右立着摆放的，矢量图，平面图，没有文字，背景简单。"文本。

STEP 02 选择画面类型为"智能推荐"，比例为"方图"，生成数量为"1"，然后生成图像。

STEP 03 利用"AI编辑"栏中的"智能抠图"功能将生成图像中的书本抠取出来，使背景变为透明，再下载到计算机中。

视频教学:
使用文心一格生
成书籍图像

10.1.2　剪辑宣传片

接下来使用 Premiere 剪辑视频，具体操作如下。

STEP 01 启动 Premiere，按【Ctrl+Alt+N】组合键打开"导入"界面，设置项目名称为"'阅读的力量'宣传片"，在左侧选择"阅读素材"文件夹，在右侧取消选中"创建新序列"选项，然后单击 按钮。

STEP 02 创建"视频"序列，依次拖动视频素材至 V1 轨道上，并适当调整入点、出点和播放速度，再分别在视频素材之间添加"交叉溶解"过渡效果，画面效果如图 10-2 所示。

视频教学：
剪辑宣传片

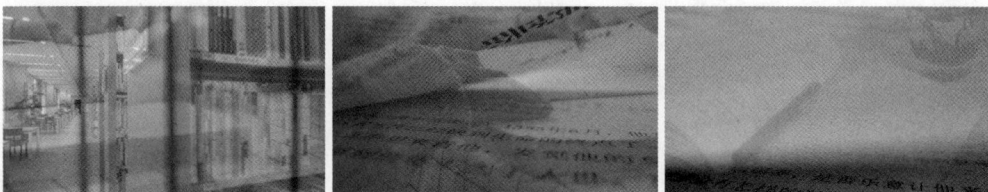

图 10-2

10.1.3　添加配音与字幕

剪辑好视频后，为视频添加配音与字幕，具体操作如下。

STEP 01 拖曳"配音 .mp3"素材至 A1 轨道上，利用"文本"面板将其转录为文本，然后从序列转录生成字幕，再根据文本的长短进行拆分，效果如图 10-3 所示。

视频教学：
添加配音与字幕

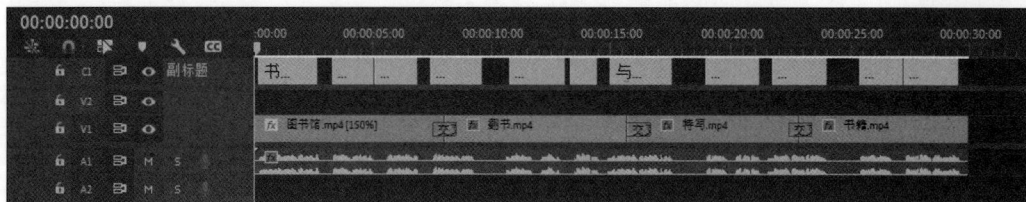

图 10-3

STEP 02 选择单个字幕，在"基本图形"面板中设置好参数后，将其应用到轨道上的所有字幕中，字幕效果如图 10-4 所示。

书籍 就像一扇扇通往世界的窗　　　拓展我们的视野和思维　　　让世界因理解而更加美好

图 10-4

10.1.4 制作片头动画

最后为宣传片加片头，提升整体效果，具体操作如下。

STEP 01 创建"片头"序列，拖动"书本和花朵.mp4"素材至画面中，在画面左侧依次输入"阅""读""的""力""量"文本，适当调整文本的大小、位置、投影，效果如图 10-5 所示。

STEP 02 创建在画面右下角输入"世界读书日"文本，适当调整文本的大小、位置、投影，然后添加"书籍.png"素材，缩小该素材，然后移至"世界读书日"文本右侧，效果如图 10-6 所示。

视频教学：
制作片头动画

图 10-5

图 10-6

STEP 03 为画面左侧的主题文本应用"随机擦除"过渡效果，使文本从上至下逐渐显示，画面效果如图 10-7 所示。

图 10-7

STEP 04 新建"'阅读的力量'宣传片"序列，依次拖动"片头""视频"序列和"背景音乐.mp3"素材到其中，然后调整音频素材的出点，预览画面最终效果，最后按【Ctrl+S】组合键保存项目文件。

10.2
制作企鹅科普短视频

企鹅作为南极地区的特有动物，以其憨态可掬的形象和独特的生存技能深受大众喜爱。然而，由于生态环境的特殊性和地理位置的遥远，大多数人对企鹅的生活习性和生存环境了解有限。因此，某动物保护组织准备制作一个关于企鹅的科普短视频，借助短视频的传播优势，扩大科普知识的覆盖范围。这样不仅能满足公众对企鹅的好奇心，还能普及科学知识。要求尺寸为"720 像素 ×1280 像素"，时长在 20 秒左右，画面清晰、稳定，能够充分展示出企鹅的生活环境和习性等内容，同时字幕要简洁明了，不能过于复杂，易于观众理解，还需添加 Q 版形象的企鹅，以吸引儿童的观看兴趣，同时增强视频的观赏性。

本案例的参考效果如图 10-8 所示。

图 10-8

【素材位置】配套资源 :\ 素材文件 \ 第 10 章 \ "企鹅素材" 文件夹

【效果位置】配套资源 :\ 效果文件 \ 第 10 章 \ 企鹅科普短视频 .prproj

10.2.1　使用一帧秒创生成企鹅视频素材

制作科普短视频前，先收集企鹅的相关素材，具体操作如下。

STEP 01 进入"一帧秒创"官方网站，单击"图文转视频"选项，在打开界面的"正文"输入框中输入"企鹅是一类不会飞行的鸟类，在南半球的水生环境中生活，能够在严寒的气候中生活、繁殖。"文本，然后在下方勾选"在线素材"复选框，设置视频比例为"16 : 9"。

STEP 02 生成视频素材，若是对生成的素材不满意，可选择其他素材进行替换，然后取消字幕和配音。

STEP 03 预览视频素材效果，如图 10-9 所示，然后合成视频并下载文件。

视频教学：
使用一帧秒创生成企鹅视频素材

图 10-9

10.2.2　剪辑视频素材并调色

具体操作如下。

STEP 01 启动 Premiere，按【Ctrl+Alt+N】组合键打开"导入"界面，设置项目名称为"企鹅科普短视频"，在左侧选择"企鹅素材"文件夹，在右侧取消选中"创建新序列"选项，然后单击 创建 按钮。

STEP 02 基于"浮冰上的企鹅.mp4"视频素材创建序列，并修改序列名称为"企鹅"，然后依次拖动"企鹅入水.mp4""企鹅日常.mp4"视频素材至 V1 轨道上，放大"企鹅日常"视频素材，适当调整所有视频素材的出点，再在后两个视频的入点处应用"划出""插入"过渡效果。

STEP 03 综合利用"Lumetri 颜色"面板调整"浮冰上的企鹅.mp4""企鹅入水.mp4"视频素材的色彩和明暗度等，调整两个视频的画面前后对比效果如图 10-10 所示。

视频教学：
剪辑视频素材并
调色

图 10-10

10.2.3 添加背景、字幕和音频

具体操作如下。

STEP 01 创建竖版的"企鹅科普短视频"序列，创建淡黄色的颜色遮罩作为背景，先拖动"企鹅"序列至该序列中，并适当调整大小和位置；再依次拖动"企鹅.png""对话框.png""文本背景.png"素材至画面中，并分别调整大小和位置，画面效果如图 10-11 所示。

视频教学：
添加背景、字幕
和音频

STEP 02 在画面顶部分别输入"关于企鹅""你了解多少？"文本，调整文本样式，然后适当进行旋转，使其与文本背景对齐，再调整所有图层的出点，使其与"企鹅"序列的出点对齐。

STEP 03 使用"文字工具" Ⓣ 在"对话框.png"素材中绘制一个文本框，并输入"文案.txt"素材中的第 1 段文本，然后调整文本样式，文本效果如图 10-12 所示。再设置该图层的出点为"00:00:10:00"。

STEP 04 按住【Alt】键向右复制步骤 03 中的文本图层，然后修改文本内容为"文案.txt"素材中的第 2 段文本。结合"线性擦除"效果和关键帧为企鹅的两段介绍文本制作逐渐显示的动画，效果如

图 10-13 所示。

STEP 05 按【Ctrl+S】组合键保存项目文件。

图 10-11   图 10-12   图 10-13

10.3
制作旅游促销活动广告

随着国内旅游市场的快速发展，旅游行业正面临着激烈的竞争。为了吸引更多的游客，某旅行社推出了"畅玩海南"的促销活动，并计划为该活动制作一则广告，以投放到各大平台，在即将到来的旅游旺季中脱颖而出，吸引潜在游客，提升品牌知名度，促进旅游产品的销售。要求视频尺寸为"1920 像素 ×1080 像素"，时长在 10 秒左右，视觉设计要美观、大气，且具有创意，能够引起游客的兴趣。同时要注重素材的选取，展示出旅游目的地"海南"的美景，突出旅游产品的特色与优势，以吸引不同年龄段、不同消费层次的游客。

本案例的参考效果如图 10-14 所示。

图 10-14

【**素材位置**】配套资源 :\ 素材文件 \ 第 10 章 \ "旅游素材" 文件夹

【**效果位置**】配套资源 :\ 效果文件 \ 第 10 章 \ 旅游促销活动广告 .aep

10.3.1 绘制形状并制作动画

先绘制形状并设置动画效果,为促销活动广告增添动感。具体操作如下。

STEP **01** 启动 After Effects,新建项目文件和合成,添加 "三亚南山文化旅游区 .mp4" 素材,为其制作从右至左移动的动画,使画面变化更加明显。

STEP **02** 在画面右侧绘制一个淡黄色的梯形,再为其制作从右至左移动的动画,使画面逐渐被覆盖到大概一半的位置,如图 10-15 所示。

视频教学:
绘制形状并制作
动画

图 10-15

10.3.2 添加字幕和图像并制作动画

添加促销活动的相关文本信息,并设置动态效果。具体操作如下。

STEP **01** 输入 "have a nice trip" 文本,调整文本的样式,使所有字母均为大写,然后适当旋转文本,使其与梯形的斜边对齐,再将其设置为梯形所在图层的遮罩,并为其制作从梯形外移至梯形内的移动动画,如图 10-16 所示。

STEP **02** 添加 "折扣 .png" 素材,然后分别在画面右侧输入多个文本、绘制装饰矩形,再适当调整文本的样式、位置等,效果如图 10-17 所示。

视频教学:
添加字幕和图像
并制作动画

图 10-16

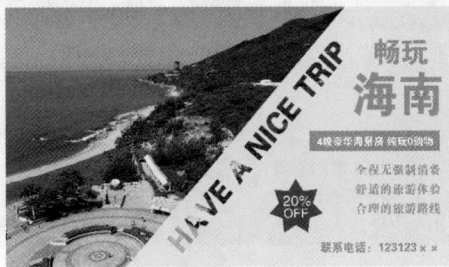

图 10-17

STEP **03** 分别利用缩放属性和不透明度属性为 "折扣 .png" 素材和装饰矩形制作渐显动画,利用动画预设分别为文本制作动画效果,效果如图 10-18 所示,最后按【Ctrl+S】组合键保存项目文件。

图 10-18

10.4

制作"魅力乡村"短片

随着对乡村振兴战略的持续深化和推进，各乡村迎来前所未有的发展机遇。在政策的引领和广大乡村干部群众的共同努力下，乡村地区正经历着从产业到文化、从环境到生活的全面变革，焕发出勃勃生机。为了激发更多人对乡村振兴的关注和参与，共同推动乡村地区实现全面振兴，某乡村准备制作一则以"魅力乡村"为主题的短片。要求视频尺寸为"1920 像素 ×1080 像素"，时长在 30 秒以内，画面要清晰、稳定，色彩要饱满、自然，能够充分展现乡村的美丽风光。同时通过添加配音和字幕，让观众能够从中获取到与乡村振兴相关的信息。

本案例的参考效果如图 10-19 所示。

图 10-19

【素材位置】配套资源:\素材文件\第 10 章\"短片素材"文件夹

【效果位置】配套资源:\效果文件\第 10 章\"魅力乡村"短片 .prproj、"魅力乡村"短片 .aep

10.4.1 使用 Premiere 剪辑素材并转录音频

在 Premiere 中导入素材后，对素材进行剪辑并添加音频。具体操作如下。

STEP **01** 启动 Premiere，按【Ctrl+Alt+N】组合键打开"导入"界面，设置项目名称为"'魅力乡村'短片"，在左侧选择"短片素材"文件夹，在右侧取消选中"创建新序列"选项，然后单击 创建 按钮。

STEP **02** 基于"田地 1.mp4"视频素材创建序列并修改序列名，拖动"配音 .mp3"素材至 A1 轨道上，拖动"背景音乐 .mp3"素材至 A2 轨道上，并降低音量。

STEP **03** 依次拖动"田地 2.mp4""大棚 1.mp4""大棚 2.mp4""慢镜头 .mp4""背景 .mp4"视频素材到 V1 轨道上，调整部分视频素材的大小，然后根据配音素材调整视频素材的出点和播放速度，再调整配音和背景音乐的出点，如图 10-20 所示。

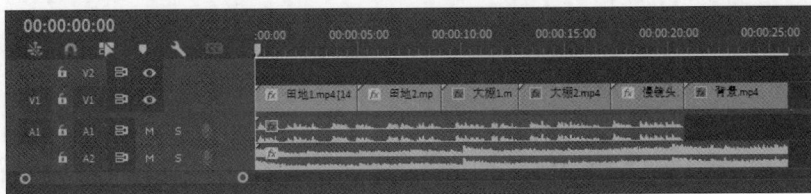

图 10-20

STEP **04** 在除"田地 1.mp4"视频素材外的所有视频素材入点处应用"交叉溶解"过渡效果。综合利用"Lumetri 颜色"面板调整"田地 2.mp4""慢镜头 .mp4"视频素材的色彩和明暗度等，两个视频画面调色后的效果如图 10-21 所示。

图 10-21

STEP **05** 利用"文本"面板将"配音 .mp3"素材转录为文本，然后从序列转录生成字幕，适当调整文本及文本样式，字幕效果如图 10-22 所示。

图 10-22

10.4.2 使用 After Effects 制作跟踪字幕和片尾

编辑好视频素材和音频后，使用 After Effects 制作跟踪字幕与片尾，完成短片的制作。具体操作如下。

视频教学：
使用 Premiere
剪辑素材并转录
音频

STEP 01 启动 After Effects，选择【文件】/【Adobe Dynamic Link】/【导入 Premiere Pro 序列】命令，在打开的"导入 Premiere Pro 序列"对话框中选择"'魅力乡村'短片"文件中的"'魅力乡村'短片"序列，然后单击 确定 按钮，再基于该序列创建合成。

STEP 02 为了节省内存，将"时间轴"面板中的图层分割成 3 段，选择第 2 段视频，然后选择【动画】/【跟踪摄像机】命令分析视频，再利用跟踪点创建摄像机、文本和实底，接着将实底替换为对应的视频素材，画面效果如图 10-23 所示。

视频教学：
使用 After Effects 制作跟踪字幕和片尾

图 10-23

STEP 03 对最后的画面应用"高斯模糊"效果，使其逐渐模糊。输入主旨文本，新建纯色图层，应用特殊效果、图层样式和遮罩功能进行美化，再将其转换为三维图层，并应用动画预设，效果如图 10-24 所示，最后按【Ctrl+S】组合键保存项目文件。

图 10-24

10.5 课后练习

练习 1 制作"环保节能"公益宣传片

【制作要求】 利用提供的素材制作"环保节能"公益宣传片，要求画面能清晰地说明环保节能对保护环境、减少能源消耗和降低碳排放的重要性，文案应简明易懂，强调宣传片主题，从而引起观众的关注和思考。

【操作提示】 使用一帧秒创生成符合主题的视频素材，使用 Premiere 调整视频播放顺序和速度，并根据画面内容分割视频素材，然后应用过渡效果制作转场效果，再美化视频画面，接着输入字幕，并调

整时长，最后输入主题文本并为其制作动画。参考效果如图 10-25 所示。

　　【素材位置】配套资源 :\ 素材文件 \ 第 10 章 \ 课后练习 \ "环保节能素材" 文件夹

　　【效果位置】配套资源 :\ 效果文件 \ 第 10 章 \ 课后练习 \ "环保节能" 公益宣传片 .prproj

图 10-25

练习 2　制作安心牛奶视频广告

　　【制作要求】利用提供的素材制作安心牛奶视频广告，要求展示安心牛奶的卖点、牧场环境及生产过程等内容，还要强调品牌的宣传语，引发消费者的共鸣和信任。

　　【操作提示】使用 After Effects 调整视频素材的播放顺序和速度，然后调整部分视频画面的色彩，再添加并调整卖点文本，接着为展示牛奶食用方式的画面制作分屏效果，再为广告片尾的画面制作动画，最后添加并调整音频。参考效果如图 10-26 所示。

　　【素材位置】配套资源 :\ 素材文件 \ 第 10 章 \ 课后练习 \ "牛奶素材" 文件夹

　　【效果位置】配套资源 :\ 效果文件 \ 第 10 章 \ 课后练习 \ 安心牛奶视频广告 .aep

图 10-26

附录A

　　数字媒体后期制作是一门综合性学科，需要掌握广泛的技术技能知识，而要想制作出具有吸引力的视频，需要持续不断地学习和实践。以下是整理的数字媒体后期制作中的一些学习重点，读者可以扫码查看，拓展自身的知识面，提升自己的综合能力。

1 知识拓展

　　一个优秀的数字媒体创作者需要具有独特的创意和故事讲述能力，更需要在后期制作过程中学会构建情节、塑造角色、运用叙事手法等，从而有效传达数字媒体作品的主题信息，引起观看者的共鸣。此外，还要不断学习和适应新的技术和发展趋势，以便创作出与时俱进的数字媒体作品。

| 资源链接：视频脚本策划 | 资源链接：视频创意构思 | 资源链接：常见配色网站 | 资源链接：视频画面构图 | 资源链接：AI视频生成 |

2 案例提升

　　数字媒体技术广泛应用在各行各业，且不同应用领域的制作要求和效果不同，读者可以多观看和研究一些优秀的数字媒体作品，提升自己的设计能力。

| 案例详情：制作宣传广告 | 案例详情：制作宣传片 | 案例详情：制作节目包装 | 案例详情：Vlog制作 | 案例详情：制作主图视频 |

| 案例详情：制作特效 | 案例详情：制作教程视频 | 案例详情：制作卡点视频 | 案例详情：制作影视片头 | 案例详情：制作开场视频 |